ANALYSE ET ESSAI

DES

MATIÉRES AGRICOLES

BEAUVISAGE. — *Les matières grasses.* 1892, 1 vol. in-18, figures, cart. . 4 fr.

BEL (J.). — *Les maladies de la vigne* et les meilleurs cépages français et américains. 1890, 1 vol. in-18, 111 figures, cart. . . . . 4 fr.

BERGER (E.). — *Les plantes potagères et la culture maraichère.* 1893, 1 vol. in-18, 64 fig., cart. 4 fr.

BOIS (D.). — *Le petit jardin.* 1889, 1 vol. in-18, 149 fig., cart. . . . . . 4 fr.

BOUANT (E.). — *Nouveau dictionnaire de chimie.* 1889, 1 vol. gr. in-8 de 1,120 pages, 650 fig. . . . . 25 fr.

BREVANS (J. de). — *Le pain et la viande.* 1892, 1 volume in-18 jés., figures, cart. . . . . 4 fr.

BREVANS (J. de). — *Les légumes et les fruits.* 1893, 1 vol. in-18 jés., figures, cart. . . . . 4 fr.

BUCHARD. — *Le matériel agricole.* Machines, outils, instruments employés dans la grande et la petite culture. 1891, 1 vol. in-8 jésus, fig., cart. . 4 fr.

BUCHARD. — *Constructions agricoles et architecture rurale.* 1889, 1 vol. in-18 de 392 pages, figures, cart. . . . . 4 fr.

CAZENEUVE (P.). — *La coloration des vins,* par les couleurs de la houille. 1886, 1 vol. in-16, 320 pages, 1 pl. . . . . 3 fr. 50

DENAIFFE (C. et H.). — *Manuel pratique de culture fourragère.* 1896, 1 vol. in-18 de 384 pages, avec 108 figures, cart.. . . . . 4 fr.

DUCLAUX (E.). — *Le lait,* études chimiques et microbiologiques. 1894, 1 vol. in-16 de 376 pages, fig. 3 fr. 50

FERVILLE (E.). — *L'industrie laitière:* le lait, le beurre et le fromage. 1888, 1 vol. in-18 jésus, figures, cart. . . . . 4 fr.

GAIN (Ed.). — *Précis de chimie agricole.* 1895, in-18 jésus de 436 pages, avec 93 figures. . . . . 5 fr.

HORSIN-DEON (P.). — *Le sucre et l'industrie sucrière.* 1891, 1 vol. in-18 jésus, figures, cart. . . . . 5 fr.

HUBERT (Paul). — *L'art de faire le cidre* et les eaux-de-vie de cidre, au point de vue agricole et industriel. 1895, 1 vol. in-16 de 172 pages, figures. . . . . 2 fr.

LARBALETRIER (A.). — *Les engrais et la fertilisation du sol.* 1891, 1 vol. in-18 de 352 pages, figures. 4 fr.

— *L'alcool* au point de vue chimique, agricole, industriel. 1888, 1 vol. in-16 de 312 pages, figures. 3 fr. 50

LOVERDO. — *Les maladies cryptogamiques des céréales.* 1892, 1 vol. in-16 de 312 pages, avec 35 figures. . . . . 3 fr. 50

PETIT (Paul). — *La bière et l'industrie de la brasserie.* 1895, 1 vol. in-18 jésus, fig. cart.. . . . . 5 fr.

SCHRIBAUX et NANOT. — *Éléments de botanique agricole,* à l'usage des écoles d'agriculture, des écoles normales et de l'enseignement agricole départemental. 1 vol. in-18 jésus de 328 pages, avec 260 fig., 2 pl. col., cart. 4 fr.

THIERRY (Émile). — *Les Vaches laitières.* Choix, entretien, production, élevage. 1895, 1 vol. in-18, 75 figures cart. . . . . 4 fr.

VESQUE. — *Traité de botanique agricole et industrielle.* 1885, 1 vol. in-8 de XVI — 970 pages, avec 578 fig., cart.. . . . . 18 fr.

A UGUSTE VIVIER

DIRECTEUR DE LA STATION AGRONOMIQUE DE SEINE-ET-MARNE

ANALYSE ET ESSAI

DES

MATIÈRES AGRICOLES

Avec 88 figures intercalées dans le texte

MÉTHODES GÉNÉRALES D'ANALYSE
Analyse des engrais — des sols — des eaux

ANALYSE DES MATIÈRES ORGANIQUES
Fourrages — Raisins — Betteraves — Pommes de terre
Sucres — Mélasses — Alcools — Farines
Vins — Cidres — Bières — Vinaigres — Huiles
Lait — Beurre — Fromage

PARIS

LIBRAIRIE J.-B. BAILLIÈRE et FILS

Rue Hautefeuille, 19, près du boulevard Saint-Germain

1898

AVANT-PROPOS

L'agriculture est entrée depuis le milieu de ce siècle dans une voie toute nouvelle que lui ont ouverte les travaux de Boussingault, de Liebig, de leurs émules et de leurs successeurs.

La pratique agricole actuelle doit être guidée par la connaissance de la composition des plantes, des sols et des engrais, pour arriver à son but : produire le maximum de matière vivante sur un espace donné, avec le moins de frais possible.

L'agriculteur doit donc prendre pour guide l'analyse chimique qui l'éclaire sur la composition du sol dont il dispose, sur celle des engrais qu'il emploie, sur les exigences des plantes qu'il cultive, sur la valeur alimentaire des fourrages dont il nourrit ses animaux, sur toutes les matières enfin qui concourent à la production végétale et animale.

De nombreux établissements scientifiques sont maintenant à la disposition du cultivateur pour exécuter les analyses qui lui sont nécessaires : les stations agronomiques et les laboratiores agricoles, introduits en France depuis trente ans par l'initiative de mon éminent maître M. L. Grandeau sont aujourd'hui répandus dans toutes les régions du territoire.

A côté de ces établissements officiels, de nombreux laboratoires privés existent surtout dans les grandes villes ; mais en pleine campagne on trouve aussi aujourd'hui dans la plupart des sucreries et des distilleries des chimistes qui pendant la période d'activité de l'usine exécutent les analyses spéciales qui guident la marche de la fabrication ; en dehors de cette période, le chimiste de l'usine peut jouer un rôle des plus utiles pour le progrès agricole en renseignant les cultivateurs voisins sur la composition des sols, des engrais et des récoltes, en entreprenant des recherches systématiques sur l'action des engrais.

Les questions relatives à l'analyse agricole ont même franchi le cercle des personnes spécialement adonnées à cette étude : il n'est pas rare de voir aujourd'hui des agriculteurs procéder eux-mêmes à la détermination de la densité des betteraves ou des pommes de terre, à l'analyse du lait et des vignerons faire l'analyse du moût de raisins, etc. Ce mouvement ne fera que s'accentuer, grâce aux nombreux agriculteurs instruits que forment chaque année les écoles d'agriculture dont le gouvernement de la République a doté libéralement toutes les régions de la France, grâce aux cours spéciaux d'agriculture et de chimie agricole qu'il a institués dans un grand nombre de collèges.

Pour contribuer à la diffusion des procédés analytiques, il m'a paru utile de réunir dans un ouvrage de format commode les méthodes qui s'appliquent à l'étude des produits agricoles : je me suis surtout attaché en l'écrivant à donner un choix de méthodes précises, d'une application relativement facile, qui ne nécessitent que les ressources que présente ordinairement un laboratoire agricole.

Dans la PREMIÈRE PARTIE, j'indique les *méthodes générales de séparation et de dosage des éléments les plus importants*, que l'on a le plus souvent à doser *dans les engrais, dans les sols et dans les plantes*.

La DEUXIÈME PARTIE est consacrée à l'*analyse des engrais et des amendements*. La TROISIÈME PARTIE comprend l'*analyse du sol* et celle des *roches*. La QUATRIÈME PARTIE est relative à l'*analyse des eaux*.

Pour l'analyse des matières végétales et animales, j'ai réuni dans la CINQUIÈME PARTIE les méthodes générales applicables à ces matières : *dosage de l'eau, dosage et analyse des cendres, dosage des sucres, de l'amidon, de la cellulose, du tannin,* etc.

Dans la SIXIÈME PARTIE, j'indique l'*application de ces méthodes aux cas particuliers, fourrages, matières premières végétales des industries agricoles, produits et sous-produits de ces industries, produits animaux.*

Pour ne pas interrompre l'exposé systématique du plan ci-dessus, j'ai omis à dessein de signaler dans la DEUXIÈME PARTIE un chapitre consacré à l'*emploi des engrais commerciaux*, dans lequel j'étudie les exigences des plantes, les engrais azotés, phosphatés, potassiques, ainsi que les conditions de leur emploi dans les différents sols et pour les différentes cultures.

J'ai l'espoir que ce chapitre sera de quelque utilité aux chimistes qui ne se sont pas livrés spécialement aux études agricoles, ainsi qu'à bon nombre d'agriculteurs.

Dans le même ordre d'idées, j'ai indiqué à la suite des méthodes d'analyse des terres préconisées par le Comité consultatif des stations agronomiques, les principes essentiels de l'interprétation des résultats des analyses de terres en vue du choix des engrais et des amendements convenables.

En ce qui concerne les sujets traités au point de vue analytique, j'ajouterai que j'étudie avec quelques développements ceux qui se présentent le plus fréquemment à l'analyste dans la pratique, laissant de côté les méthodes de recherches purement théoriques ou dont l'étude n'est guère accessible à la majorité des chimistes agricoles.

Je remplis un devoir bien agréable en signalant les services que m'ont rendus le *Traité d'analyse des matières agricoles* de mon cher maître, M. GRANDEAU, celui de M. MUNTZ et le *Traité des engrais* de MM. MUNTZ et GIRARD.

J'ai largement mis à contribution les beaux travaux de M. SCHLŒSING, qui a doté l'analyse agricole de tant de méthodes si élégantes et si précises qu'il serait à peu près impossible d'écrire un traité pratique d'où elles seraient exclues ; j'ai indiqué également un certain nombre de méthodes toutes récentes de MM. Berthelot, Aimé Girard, Joulie, Lindet, Fleurent, Garola, Aubin, Lasne, etc.

J'espère que cet ouvrage, fruit de vingt années de pratique, dont près de dix à la tête de la station agronomique de Seine-et-Marne, contribuera à répandre la connaissance si utile des méthodes d'analyse chimique appliquée à l'agriculture.

A. VIVIER.

Melun, 30 octobre 1897.

ANALYSE ET ESSAIS
DES MATIÈRES AGRICOLES

PREMIÈRE PARTIE

MÉTHODES GÉNÉRALES D'ANALYSES.

EAU. — MATIÈRE SÈCHE. — CENDRES. — AZOTE. — PHOSPHORE. POTASSE. — CHAUX. — ACIDE CARBONIQUE.

CHAPITRE PREMIER.

DOSAGE DE L'EAU ET DE LA MATIÈRE SÈCHE.

L'importance du dosage de l'eau et de la matière sèche dans les produits agricoles est de premier ordre. Dans certains cas (fourrages, végétaux divers, sols, etc.), il fournit un point de départ pour les opérations ultérieures ; dans d'autres (farines, matières sucrées, vins et autres boissons alcooliques, lait, etc.), ce dosage fournit par lui-même un élément d'appréciation sur la matière soumise à l'analyse.

Il convient donc d'étudier avec soin les divers procédés de dessiccation qui peuvent être utilisés, et leur application aux cas variés qui peuvent se présenter.

Nous les classerons de la façon suivante :

1° *A froid à l'air libre* ; 2° *à froid dans le vide sec* ; 3° *à une température de 50 à 60°* ; 4° *à 100° dans l'air* ; 5° *à 100° dans un gaz inerte.*

1° Dessiccation à froid à l'air libre. — Cette méthode s'applique aux plantes herbacées (fourrages, céréales, feuilles, litières) et aux sols.

On expose un poids connu de la matière étalée sur des feuilles de fort papier, des assiettes ou des plateaux, à l'air libre sous un abri, loin des émanations du laboratoire ; on la retourne fréquemment pour lui faire subir une sorte de fanage, jusqu'à ce que son aspect et son toucher indiquent que la dessiccation est terminée. On pèse de nouveau la matière, puis on l'introduit dans des bocaux bien secs et bien bouchés. C'est la matière séchée à l'air.

Souvent il est utile de la porter ultérieurement à 100° ou à une température voisine pour la diviser facilement.

Cette seconde dessiccation s'effectue comme il sera dit en 4° p. 5 ; on passe ensuite la matière au moulin, puis on étale la matière moulue à l'air libre pendant quelques heures ; elle reprend de la sorte un taux sensiblement constant d'humidité ; on l'enferme dans des flacons bien bouchés ; on prend une prise d'essai moyenne, et on détermine le taux d'eau volatile à 100°. On l'inscrit sur le flacon, pour pouvoir rapporter toutes les prises d'essai ultérieures à la matière sèche.

2° Dessiccation à froid dans le vide sec. — On peut arriver au résultat par deux méthodes.

Un procédé simple consiste à placer la matière pesée dans un grand verre de montre sous une cloche rodée à douille contenant un vase large rempli de chaux vive récemment calcinée, et un autre vase à large surface contenant de l'acide sulfurique concentré. La douille de la cloche porte un bouchon de caoutchouc muni de deux tubes à robinet dont l'un contourne la paroi et descend jusqu'à la plaque de verre rodé qui supporte la cloche ; l'autre s'arrête au ras du bouchon de caoutchouc. La cloche étant bien graissée sur son bord rodé, et appliquée sur la plaque rodée, on fait arriver par le long tube un courant d'acide carbonique sec que l'on prolonge assez longtemps pour chasser l'air ; on ferme alors les robinets.

L'acide carbonique est absorbé par la chaux, qui s'empare également de l'humidité dégagée par la matière ; l'acide sulfurique absorbe aussi la vapeur d'eau. Dans ces conditions, la dessiccation est relativement rapide.

Une autre méthode, qui est surtout utilisée pour doser l'extrait sec des vins, consiste à disposer un verre de montre contenant un volume connu de vin au-dessus d'un cris-

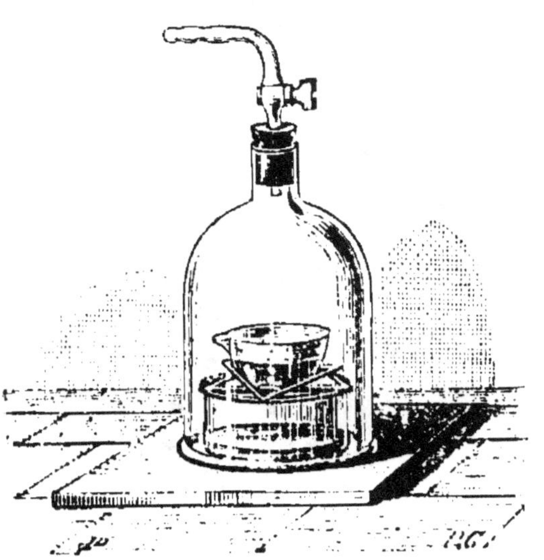

Fig. 1. — Cloche à dessécher dans le vide.

tallisoir contenant de l'acide sulfurique concentré placé sur une dalle de verre rodée (fig. 1). On couvre le tout d'une cloche rodée, graissée, munie d'un robinet, et l'on fait le vide, soit au moyen de la trompe à eau, soit au moyen de la machine Carré. De temps à autre on accélère l'opération en refaisant le vide. Dès que le liquide a disparu pour laisser un résidu pâteux, on rend l'air sous la cloche, on enlève celle-ci et on remplace le cristallisoir à acide sulfurique par un autre contenant de l'acide phosphorique anhydre. On replace la cloche et fait de nouveau le vide. Si l'on opère avec la trompe à eau, il est bon d'intercaler entre celle-ci et la cloche, en outre du vase de sûreté à soupape destiné à empêcher le retour d'eau qui noierait la cloche, une ou deux éprouvettes desséchantes à ponce sulfurique ou à chlorure de calcium. On obtient ainsi l'extrait de 5 centimètres cubes de vin en deux jours en été et en quatre jours en hiver.

On peut aussi utiliser l'appareil de Chancel (fig. 2), qui est d'un emploi très commode.

Fig. 2. — Vase à dessécher dans le vide de Chancel.

3º Dessiccation à l'air à 50-60º. — Lorsque l'on doit dessécher des substances capables de se *cuire* ou de former facilement de l'*empois*, par exemple des tranches de betteraves, de pommes, etc., ou de la fécule verte, on doit avant de procéder à la dessiccation définitive à 100º dessécher d'abord la matière à 50 ou 60º pour éliminer la majeure partie de l'eau.

Cette dessiccation se pratique à l'étuve à air chaud bien ventilée, que l'on règle entre 50 et 60° (fig. 3). On retourne de temps à autre la matière, jusqu'à ce qu'elle soit suffisamment durcie, et qu'elle paraisse sèche. A ce moment, on peut élever sans danger la température à 100° pour chasser la totalité de l'eau contenue dans la matière.

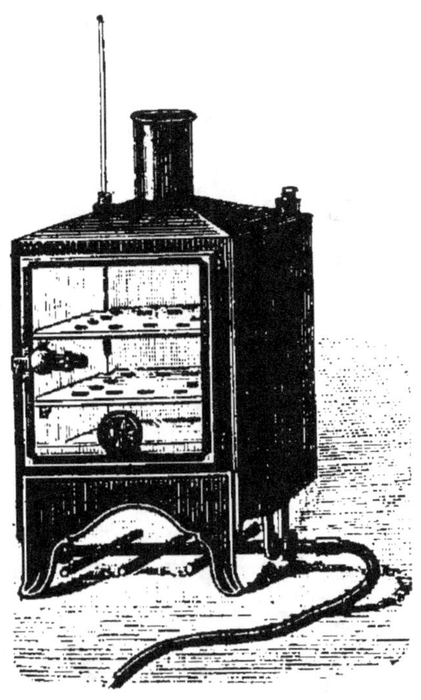

Fig. 3. — Étuve à air chaud.

4° **Dessiccation à 100° à l'air.** — Suivant les cas, on emploie divers procédés.

Lorsqu'il s'agit de doser l'extrait sec des vins à 100°, on fait couler un volume de 10 centimètres cubes de liquide dans une capsule de nickel de 70 millimètres de diamètre, tarée à l'avance. On place cette capsule sur un bain-marie disposé de façon que le fond de la capsule se trouve juste

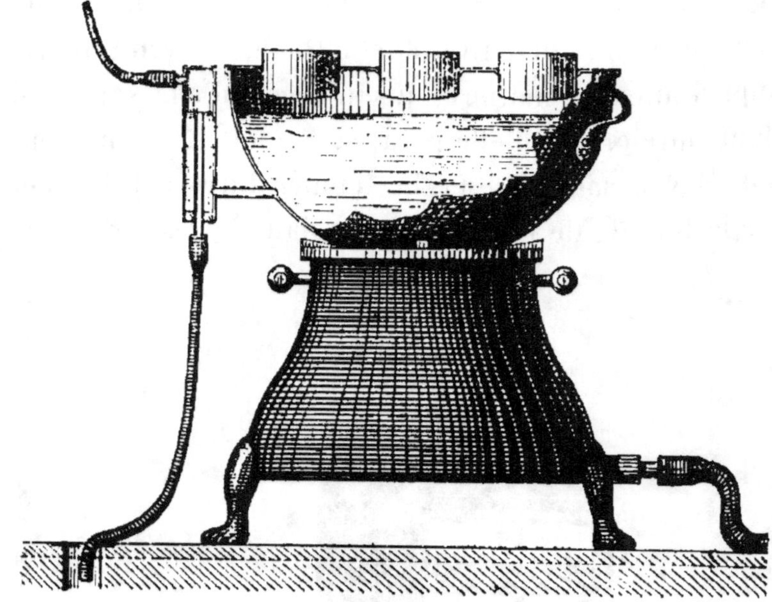

Fig. 4. — Bain-marie à niveau constant.

baigné par l'eau bouillante : un grillage métallique fixé

Fig. 5. — Étuve de Gay-Lussac.

horizontalement au niveau du liquide permet de réaliser cette condition (fig. 4). Généralement on est convenu d'un temps déterminé, 6 heures par exemple, pour la durée de la dessiccation. Au bout de ce temps, on retire la capsule, on l'essuie extérieurement, on la place sous un exsiccateur pendant

Fig. 6. — Régulateur de Chancel.

A, entrée du gaz ; B, sortie du gaz ; V, vis de réglage.

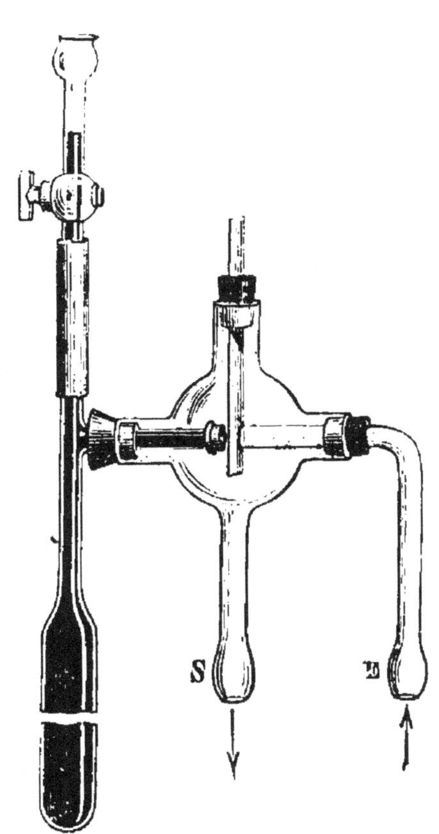

Fig. 7. — Régulateur de température de M. Schlœsing.

E, entrée du gaz ; S, sortie du gaz.

quelques minutes, puis on la porte à la balance. L'augmentation de poids de la capsule donne le poids de l'extrait.

On peut aussi réaliser la dessiccation à 100° dans l'étuve

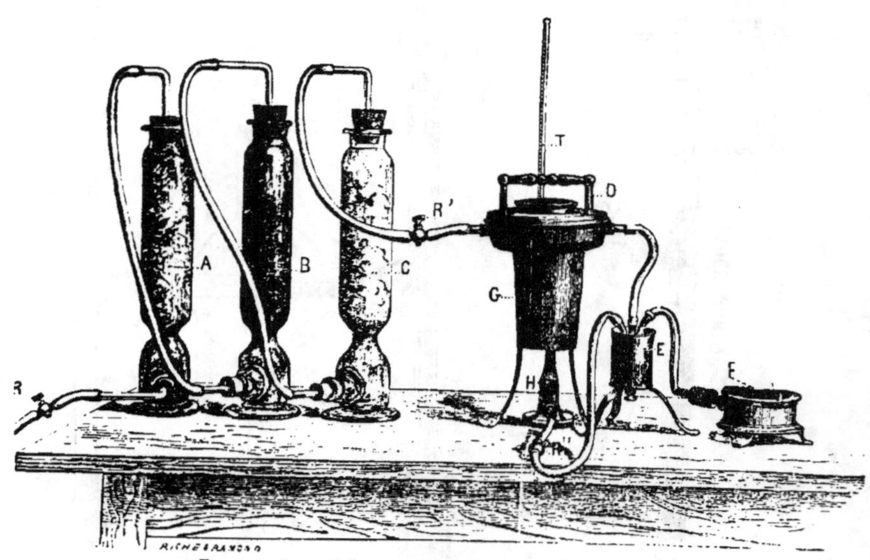

FIG. 8. — Appareil Laugier pour la dessiccation des jus sucrés.

A, chlorure de calcium fondu ; B, ponce sulfurique ; C, chaux sodée ; G, étuve en cuivre ; D, couvercle rodé ; E, condenseur ; H, brûleur de Bensen.

de Gay-Lussac fonctionnant à l'eau (fig. 5). Une disposition commode consiste à l'alimenter au moyen d'un tube à niveau constant.

Enfin, on utilise les étuves à air chaud de divers modèles qui permettent également, lorsque cela est nécessaire, de porter la température à 110° et même à 150°. Il est toujours prudent de munir ces étuves d'un thermo-régulateur (Chancel, fig. 6, Schlœsing, fig. 7, d'Arsonval ou autres).

5° Dessiccation à 100° dans un gaz inerte. — Certaines substances (matières sucrées, liquides organiques) s'oxydent lorsqu'on les chauffe vers 100° au contact de l'air. On a donc cherché divers dispositifs pour obtenir leur dessiccation dans un courant de gaz inerte.

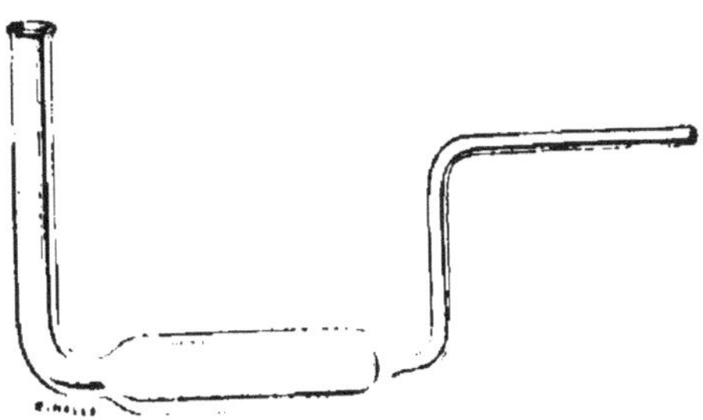

Fig. 9. — Ampoule à dessécher.

Je signalerai l'appareil Langier spécialement destiné à la dessiccation des jus sucrés (fig. 8).

Une disposition très simple permet d'arriver au même but à peu de frais. La substance à dessécher est introduite dans un tube à dessécher les matières organiques préalablement taré (fig. 9).

Ce tube est disposé dans un bain-marie à niveau constant et relié par sa grosse branche à une série de trois éprouvettes à dessécher les gaz contenant la première du chlorure de calcium fondu, la seconde de la ponce sulfurique et la troisième de la soude caustique à la chaux ou de la chaux sodée.

La dernière est reliée à une prise de gaz. L'extrémité étroite du tube à dessécher est raccordée par un tube de

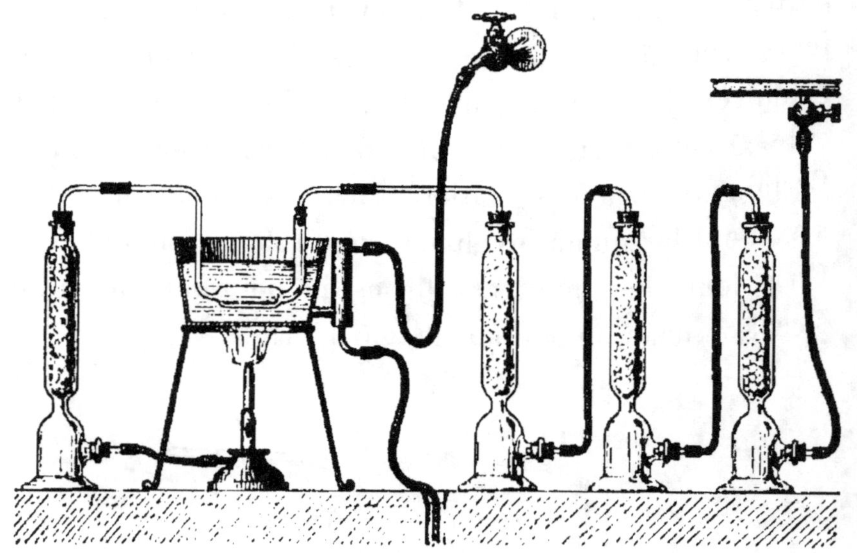

Fig. 10. — Appareil pour la dessiccation des matières organiques.

caoutchouc à une éprouvette pleine de chlorure de calcium qui absorbe l'eau évaporée ; le gaz qui l'a traversée est enfin conduit au brûleur de Bunsen qui chauffe le bain-marie (fig. 10). Cette disposition très simple est d'un excellent usage.

CHAPITRE II.

PRÉPARATION ET DOSAGE DES CENDRES. — DOSAGE DE LA MATIÈRE ORGANIQUE.

La calcination à l'air libre permet d'isoler à l'état de cendres les matières minérales qui peuvent accompagner les matières organiques.

Le procédé le plus simple et qui est encore le plus employé pour la détermination de la matière organique et des cendres dans les matières sèches consiste donc à calciner celles-ci à une température convenable et en ménageant un accès d'air suffisant pour la combustion complète du carbone.

Cette méthode est absolument insuffisante, car on n'obtient jamais la totalité du soufre et du phosphore qui sont éliminés en partie à l'état de composés minéraux ou organiques volatils, ni la totalité du chlore qui est le plus souvent chassé en grande partie par les phosphates acides et la silice (surtout si l'on dépasse la température du rouge sombre).

En réalité, la calcination directe ne peut donner que des résultats comparatifs, lorsqu'il s'agit, par exemple, de l'analyse des sucres ou liquides sucrés. Le plus souvent même dans ce cas on accélère et complète la calcination en carbonisant la matière en présence d'acide sulfurique. Le poids des cendres sulfatées et leur composition diffèrent évidemment du poids et de la composition réels de la matière minérale de la substance essayée; mais les renseignements obtenus sont suffisants pour les besoins de la pratique.

De même pour obtenir les cendres du vin, de la bière, du lait et de ses dérivés, beurre et fromage, etc., on se contente de calciner à l'air le résidu sec.

Nous décrirons donc rapidement cette méthode qui est fréquemment appliquée, puis ensuite la méthode de M. Schlœsing qui donne des résultats d'une précision parfaite.

1º **Calcination au moufle.** — a) *sans addition.* — La matière complètement desséchée, comme il est dit p. 5 pesée dans une capsule de platine ou de porcelaine préalablement tarée, est introduite dans le moufle (fig. 11), chauffé à une température inférieure à celle du rouge sombre, de façon à décomposer la matière organique sans arriver à la combustion : des goudrons se dégagent, la matière se boursouffle le plus souvent et se transforme en un charbon brillant et fragile. On élève alors la température jusqu'au rouge sombre qu'il ne faut dépasser dans aucun cas, surtout lorsqu'il s'agit de matières assez riches en sels alcalins : car ceux-ci en fondant recouvrent le charbon d'un vernis impénétrable à l'air et qui s'oppose à la combustion.

A cette température relativement basse, la combustion est lente, mais parfaite : quelquefois elle exige 24 heures et plus.

C'est pour l'abréger tout en arrivant à des cendres blanches par un chauffage plus énergique que l'on a imaginé la calcination sulfurique usitée surtout dans l'analyse des matières sucrées.

b) *Calcination en présence d'acide sulfurique.* — La

matière pesée dans une petite capsule de platine (capsule régie) est additionnée de quelques gouttes d'acide sulfurique concentré pur; la capsule est mise au bain de sable jusqu'à obtention d'un charbon brillant, puis portée au moufle chauffé au rouge sombre. Dans ces conditions, on obtient rapidement des cendres blanches.

Nous aurons l'occasion de revoir ce procédé dans l'analyse des matières sucrées.

Pour les calcinations à l'air libre, on peut employer le fourneau à moufle Wiesnegg représenté figure 11; lorsque l'on a de nombreuses calcinations à faire, le moufle Aubin (fig. 12) à deux étages, qui est parfaitement combiné, est très avantageux: on commence la calcination à l'étage supérieur et on la termine dans le moufle inférieur.

Fig. 11. — Fourneau à incinérer.

2° **Méthode de M. Schlœsing.** — Le principe de la méthode consiste à distiller la matière organique à une température inférieure au rouge sombre dans l'acide carbonique, c'est-à-dire sans combustion possible, et à déterminer ensuite une combustion complète, mais peu vive, du charbon obtenu presque à la même température par l'admission de petites quantités d'oxygène pur qui se trouve dilué dans l'atmosphère d'acide carbonique remplissant l'appareil.

La matière est contenue dans une nacelle de platine que l'on introduit dans un tube de verre vert entouré de carton

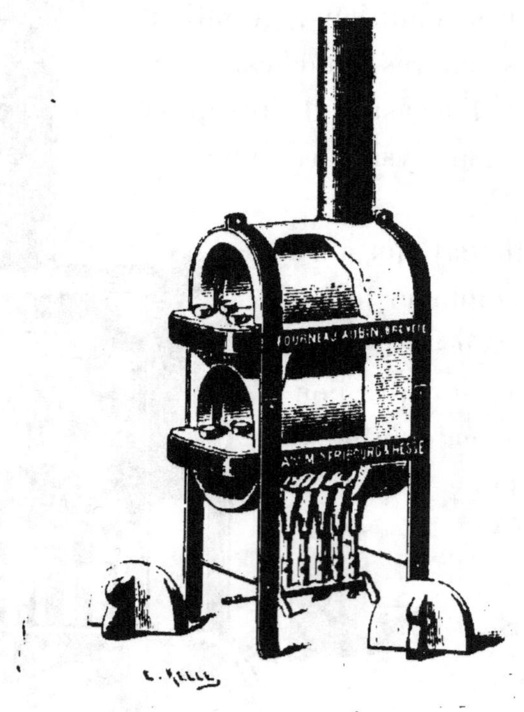

Fig. 12. — Nouveau fourneau à 2 moufles, Aubin.

d'amiante, recourbé et étiré à une de ses extrémités et placé sur une grille à gaz. Cette disposition nous paraît plus commode que l'emploi d'un tube de porcelaine, car en pratiquant quelques petites fenêtres dans le carton d'amiante, on peut surveiller et régler la combustion.

Par sa partie non étirée, le tube communique avec un

générateur d'acide carbonique muni d'un laveur et d'une éprouvette desséchante contenant du chlorure de calcium sec.

On commence par remplir complètement l'appareil d'acide carbonique, l'extrémité effilée du tube plongeant dans un verre plein d'eau ; on règle ensuite le courant de manière à dégager une ou deux bulles par seconde ; puis on allume la rampe à gaz de façon à ne pas atteindre le rouge sombre ; des goudrons distillent, des gaz inflammables se dégagent ; quand ce dégagement a cessé, on sépare l'appareil du producteur d'acide carbonique et on le relie à un gazomètre contenant de l'oxygène que l'on admet bulle à bulle dans le tube en surveillant la combustion ; il importe en effet que l'oxygène soit très dilué par l'acide carbonique, sans quoi la combustion prendrait par places une vivacité telle que la température s'élèverait au point de rendre l'emploi de la méthode illusoire.

La combustion se propage peu à peu jusqu'à l'extrémité de la nacelle, ce qu'on peut reconnaître à travers le tube de verre : à la fin il ne se dégage du tube que de l'oxygène pur. On éteint la rampe et laisse refroidir dans le courant d'oxygène, puis on pèse la nacelle dans un tube de verre bouché.

Les graines, qui décrépitent pendant la carbonisation, devront être préalablement carbonisées dans un creuset de platine bien clos ; on les placera ensuite dans la nacelle et on leur appliquera le traitement indiqué ci-dessus.

CHAPITRE III.

ANALYSE ORGANIQUE ÉLÉMENTAIRE.

Dosage du carbone et de l'hydrogène.

Lorsque l'on brûle complètement les matières organiques, le carbone donne de l'acide carbonique et l'hydrogène de l'eau.

Les poids d'eau et d'acide carbonique produits par une quantité connue de matière étant déterminés, on peut calculer la teneur de cette matière en carbone et hydrogène.

Pour obtenir à coup sûr une combustion complète, on chauffe la substance au rouge en présence d'un excès d'oxyde de cuivre, ou de chromate de plomb, ou d'un mélange d'oxyde de cuivre et de chlorate ou de perchlorate de potasse.

L'oxyde de cuivre suffit pour tous les corps facilement combustibles ; les autres comburants sont employés pour les corps difficilement combustibles et non volatils (houilles, résines, etc.). Dans ce cas, on peut aussi obtenir la combustion complète au moyen de l'oxyde de cuivre et d'un courant d'oxygène gazeux.

En règle générale, tous les produits organiques azotés devront être brûlés en présence de l'oxyde de cuivre seul, ou aidé d'un courant d'oxygène.

Cette dernière méthode est d'un emploi très général ; mais elle nécessite une installation compliquée, qui ne convient que lorsque l'on doit faire de très nombreuses analyses élémentaires ; la méthode à l'oxyde de cuivre seul (dans laquelle on utilise cependant l'air pour achever la combustion et balayer l'appareil) est d'un maniement plus simple, et suffit dans la plupart des cas. C'est la seule que nous décrirons ici.

Matériel et produits employés. — 1° *La substance.* — Elle doit être réduite en poudre très fine, parfaitement sèche et contenue dans un petit tube de verre bien sec de 1 centimètre de diamètre, de 5 centimètres de long, bouché à l'émeri, ou avec un bouchon de liège entouré de feuilles d'étain. Ce tube, dont on connaît le poids, est placé dans l'étuve à dessiccation à côté de la matière, jusqu'au moment de la pesée.

2° *Tube à combustion.* — On prend un tube de verre dur de 12 à 14 millimètres de diamètre et de 2 millimètres d'épaisseur ; on le nettoie parfaitement, et on l'effile à une distance de 60 centimètres d'une de ses extrémités, en donnant à l'effilure dont le verre doit être assez épais et cylindrique la forme d'une baïonnette ; l'autre extrémité est bordée à la flamme de manière à adoucir les angles vifs du verre.

On dessèche parfaitement le tube en le faisant traverser par un courant d'air sec pendant qu'on le chauffe légèrement. Ensuite on ferme à la lampe sa partie effilée et l'autre extrémité au moyen d'un bouchon traversé par un tube à chlorure de calcium.

3° *Un tube à potasse de Liebig* (ou une de ses modifications) (fig. 13).

On y introduit par aspiration une lessive de potasse à 40° Baumé (d. 1.38), de façon que les trois boules inférieures soient presque pleines ; ses deux extrémités sont fermées par de petits bouts de tubes de caoutchouc et des bouts d'agitateur.

4° *Un tube à potasse fondue* (fig. 14) que l'on place à la suite du tube à boules pour retenir les traces d'acide carbonique qui pourraient lui avoir échappé et la vapeur d'eau entraînée par le courant gazeux.

5° *Un tube à chlorure de calcium*, muni d'un appendice

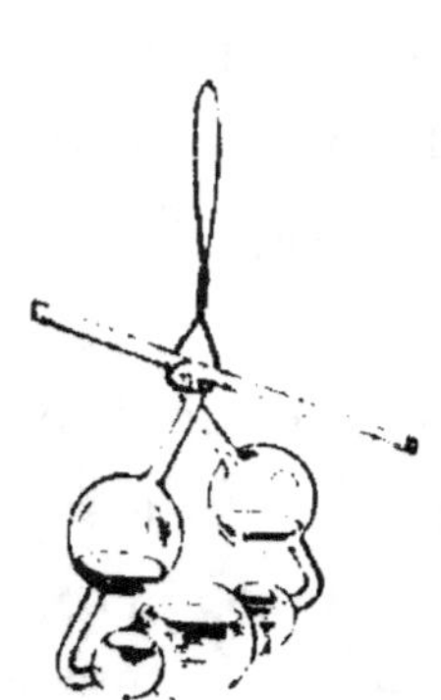

Fig. 13. — Tube de
Liebig modifié.

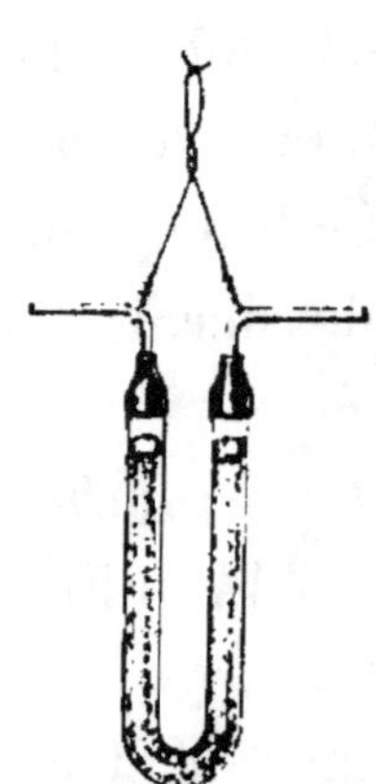

Fig. 14. — Tube à
potasse fondue.

PAC, destiné à retenir la plus grande partie de l'eau dégagée (fig. 15).

On le remplit de chlorure de calcium desséché à 200°, sur lequel on fait passer un courant d'acide carbonique sec pour saturer la chaux libre, puis un courant prolongé d'air sec pour expulser l'acide carbonique.

On peut aussi le remplir de ponce sulfurique, que l'on maintient à la partie supérieure par deux petits tampons d'amiante pour éviter le contact avec les bouchons. Ceux-ci doivent être lutés extérieurement au moyen de mastic

Golaz formant une couche lisse et continue du tube large au tube étroit. Les extrémités des petits tubes P et F doivent être obturées par des bouts de tube de caoutchouc et des bouts d'agitateur.

6° *De bons bouchons de liège fin ou de caoutchouc.* Ils servent à relier le tube P (fig. 15) au tube à combustion.

7° *Des tubes de caoutchouc bien secs,* pour relier entre eux le tube à potasse et le tube à chlorure de calcium et diverses autres parties de l'appareil.

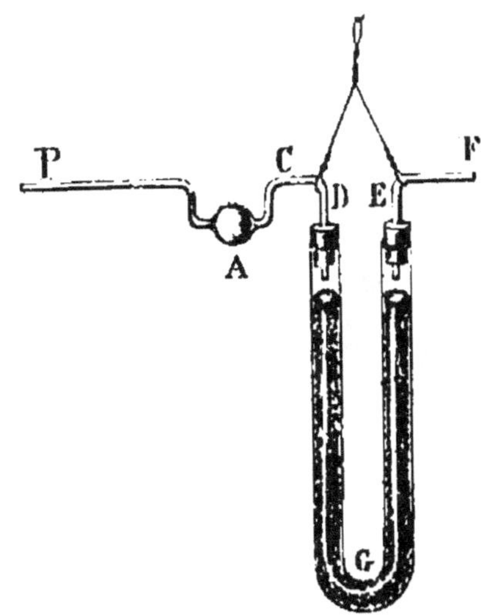

Fig. 15. — Tube à chlorure de calcium pour le dosage de l'eau.

8° *Une main de cuivre* (fig. 16) assez épaisse pour qu'on puisse la manier avec une pince, que l'on porte au rouge au moment de s'en servir, pour en purifier la surface.

On peut aussi employer une capsule de cuivre ou de nickel, ou un mortier de porcelaine de forme basse pour mélanger la matière avec l'oxyde de cuivre.

9° *Un ensemble de tubes pour purifier l'air :* P T T' (fig. 20, p. 24). Le tube P renferme de la potasse, T de la chaux sodée, T' du chlorure de calcium (ou de la ponce sulfurique).

10° *De l'oxyde de cuivre* préparé par le grillage du cuivre ; on le tamise de manière à en faire deux lots : l'un de la grosseur d'un grain de moutarde, pour mélanger avec la matière, l'autre de la grosseur d'un grain de chènevis pour remplir le tube.

Fig. 16. — Main de cuivre.

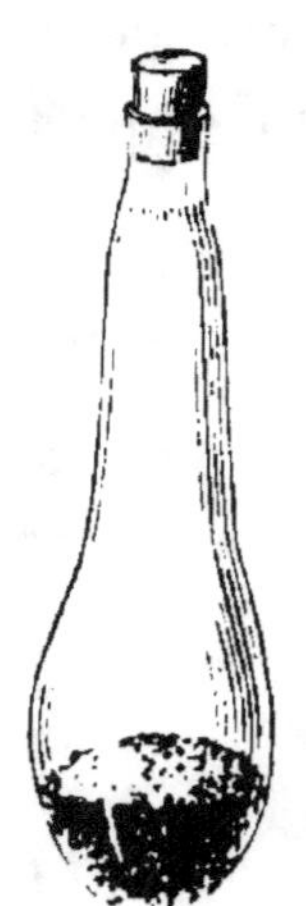

Fig. 17. — Matras à oxyde de cuivre.

Avant de s'en servir on le grille dans un têt, et quand il s'est refroidi à environ 200°, on le verse sur la main de cuivre, puis de là on l'introduit dans deux matras d'essayeur dont le tube est très raccourci (fig. 17) ; ces matras sont bien propres et secs ; on les ferme au moyen de bons bouchons secs et on les place sous un exsiccateur à acide sulfurique pour les laisser refroidir.

11° Un morceau de toile métallique en cuivre rouge de

10 à 12 centimètres de longueur que l'on roule serré de façon à obtenir un cylindre qui entre dans le tube à analyse.

On chauffe au rouge ce rouleau pour l'oxyder, puis on le réduit par l'hydrogène et on le conserve dans un tube à essais propre et sec, que l'on place, en attendant le moment de l'employer, dans une étuve chauffée à 100°.

12° *Une grille à analyser* à gaz ou à charbon, munie d'une rigole hémicylindrique en cuivre ou en tôle, garnie de carbonate de magnésie en poudre ou d'un peu d'amiante pour empêcher le tube d'adhérer au métal, lorsqu'il sera ramolli.

Si le verre dont on dispose est assez fusible, il faudra entourer le tube d'une bande de clinquant disposée en spirale et maintenue aux deux extrémités par un tour de fil de fer.

13° Pour éviter que la pression intérieure tende à produire des fuites, on gonfle le tube ramolli, il est bon d'exercer une aspiration modérée à l'extrémité du tube à potasse (K, fig. 20, p. 24).

On la produit au moyen d'une trompe à eau (fig. 18) dont on limite l'action au moyen d'un régulateur d'aspiration (fig. 19) que l'on règle en enfonçant plus ou moins le tube *ab*. La trompe est reliée à *t*, le tube à potasse K (fig. 20) communique avec *c* par l'intermédiaire d'un tube à ponce sulfurique destiné à empêcher un retour de vapeur d'eau du régulateur au tube à potasse.

PRATIQUE DE L'ANALYSE. — On tare d'abord les tubes absorbants H C K (fig. 20), puis le tube contenant la substance (6 décigrammes au plus), puis on étale sur la table de travail une feuille de clinquant bien propre que l'on vient de sécher ou une feuille de papier glacé à bords bien ébarbés.

On ouvre le tube à combustion dans lequel on introduit, au moyen d'un matras, 10 ou 12 centimètres d'oxyde de cuivre gros ; on place sur la feuille de clinquant une main de cuivre encore chaude sur laquelle on verse un peu d'oxyde de cuivre fin, puis la matière contenue dans le petit tube,

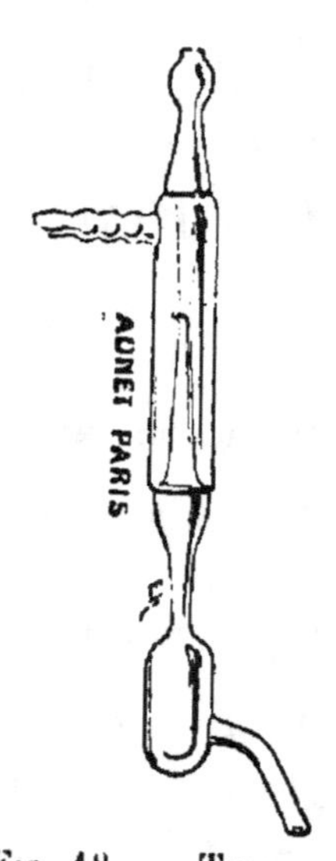

Fig. 18. — Trompe
en verre.

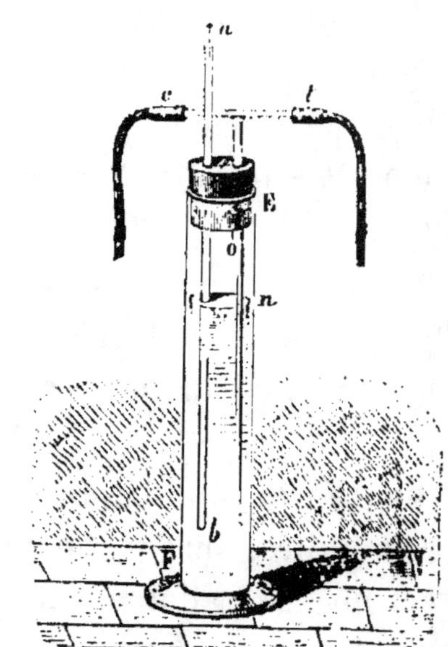

Fig. 19. — Régulateur de l'aspiration.

sans se préoccuper de le vider complètement. On rebouche immédiatement ce tube pour en reprendre la tare ultérieurement et en déduire le poids de matière employée.

On mélange rapidement et intimement la matière avec l'oxyde de cuivre au moyen d'une spatule, et on introduit le mélange dans le tube. (L'emploi d'une capsule et d'un entonnoir en cuivre ou en nickel est des plus commodes, et peut remplacer avantageusement l'emploi de la main de cuivre ou du mortier.)

On lave la main de cuivre avec de nouvel oxyde que l'on introduit également dans le tube, jusqu'à ce qu'on en ait employé une longueur de 15 centimètres environ.

On verse ensuite dans le tube une longueur de 20 centimètres environ d'oxyde de cuivre gros, au moyen du matras qui le contient, puis on place dans le tube le rouleau de toile de cuivre qui doit arriver à 3 ou 4 centimètres de l'orifice, que l'on bouche immédiatement avec un bouchon bien sec. Toutes ces opérations doivent être menées très vivement.

On place alors le tube dans la rigole disposée sur la grille à analyses, on adapte le tube à chlorure de calcium au tube à analyse, puis on joint successivement les tubes H, C, K, et celui-ci avec l'appareil régulateur que nous avons décrit plus haut, et qui n'est pas représenté sur la figure 20.

On vérifie l'étanchéité des joints en aspirant légèrement par l'extrémité K ; la potasse monte dans la grosse boule du tube C lorsque l'on cesse d'aspirer et la différence de niveau doit rester constante.

On chauffe d'abord la partie du tube contenant le cuivre de manière à atteindre le rouge ; puis l'oxyde de cuivre du côté du cuivre au rouge sombre seulement ; on arrive progressivement à la partie qui contient le mélange, et que l'on chauffe très lentement si la substance est azotée ; dans tous les cas, il faut que l'on puisse compter les bulles qui passent dans le tube de Liebig. On continue à chauffer vers B jusqu'à ce que l'on arrive à quelques centimètres de cette extrémité.

A ce moment, le dégagement de gaz cesse, quoique la combustion ne soit pas terminée ; on relie alors le système

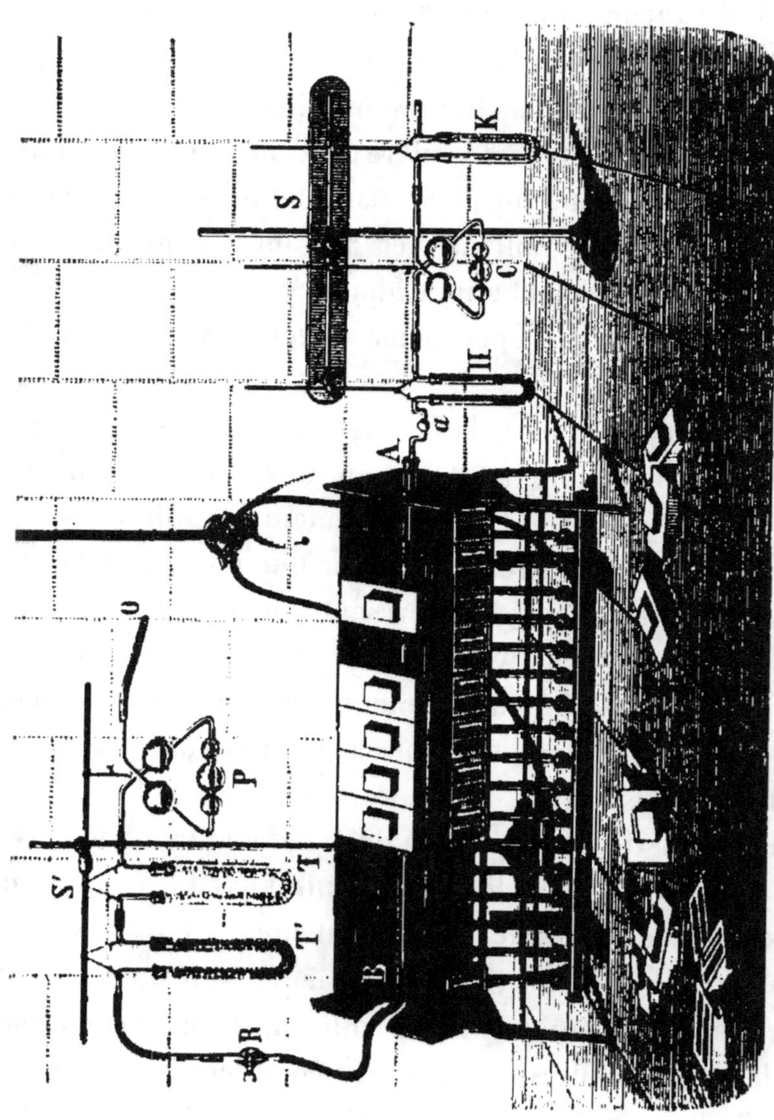

Fig. 20. — Dosage du carbone et de l'hydrogène dans les matières organiques.

des tubes T″ T′ P à l'extrémité effilée du tube à analyses au moyen d'un tube de caoutchouc sec portant un robinet (ou une pince de Mohr), et on écrase la pointe du tube effilé sous le tube de caoutchouc. On règle au moyen du robinet l'arrivée de l'air qui doit être lente.

Avant que tout le cuivre de la partie A soit réoxydé, on éteint progressivement les becs, puis on détache les tubes absorbants et on en reprend la tare, lorsqu'ils sont revenus à la température ordinaire dans la cage de la balance.

Le poids de l'eau est divisé par 9 pour donner l'hydrogène ; celui de l'acide carbonique est multiplié par $\frac{3}{11}$ ce qui donne le poids du carbone.

CHAPITRE IV.

DOSAGE DE L'AZOTE COMBINÉ.

L'azote se présente dans les produits agricoles sous trois formes principales de combinaison : *organique, ammoniacale* et *nitrique.*

On peut avoir à le déterminer séparément sous chacune de ces formes ; c'est le cas des engrais azotés simples, par exemple.

Quelquefois il est indispensable de doser l'azote total, lorsque les trois formes de l'azote ou deux seulement sont réunies dans la même matière : nous exposerons également les méthodes qui permettent cette détermination.

Quant à l'application de chacune de ces méthodes aux cas particuliers, nous l'indiquerons à propos de chaque matière dans la suite de cet ouvrage.

§ 1. Dosage de l'azote organique.

Il existe deux méthodes spéciales pour la détermination de l'azote des matières organiques. Toutes deux conduisent à obtenir l'azote sous forme d'ammoniaque.

Dans la première, due à Will et Warentrap, cette transformation est produite par la calcination de la matière avec la chaux sodée ; dans la deuxième, due à Kjeldahl, on l'obtient par un chauffage prolongé de la matière organique avec de l'acide sulfurique concentré, additionné ou non de mercure, d'oxyde de cuivre ou d'un bisulfate alcalin.

La méthode de Kjeldahl tend à se substituer à celle de la chaux sodée, surtout dans les cas où l'on a un grand nombre d'opérations à mener de front.

A. **Méthode de la chaux sodée.** — Elle est basée sur ce fait qu'une matière organique azotée, ne contenant ni nitrates, ni cyanures, ni dérivés nitrés, chauffée au rouge avec un alcali, dégage tout son azote sous forme d'ammoniaque.

Dans le procédé primitif de Will et Warentrapp, on recueillait l'ammoniaque dégagée dans du chlorure de platine ; puis on séparait avec les précautions convenables le chloroplatinate d'ammonium, dont le poids permettait de calculer le poids de l'azote.

Péligot imagina de recueillir l'ammoniaque dans un acide titré et de déterminer l'azote par un titrage acidimétrique ; cette modification, qui rend l'opération plus rapide, est seule employée aujourd'hui.

On étire un tube de verre vert de 12 à 15 millimètres de

diamètre intérieur de manière à le fermer à une longueur de 35 à 40 centimètres, puis on borde à la flamme du chalumeau son ouverture. On y introduit de l'oxalate de chaux sur une longueur de 4 à 5 centimètres, puis une longueur égale de chaux sodée en *petits fragments,* puis le mélange fait dans un mortier de $0^{gr},5$ à 1 gramme de matière suivant sa richesse présumée avec une quantité de chaux sodée en *poudre grossière* telle qu'elle occupe dans le tube une longueur de 10 à 12 centimètres ; on achève de remplir le tube jusqu'à 4 centimètres de l'orifice avec de la chaux sodée en *petits fragments.*

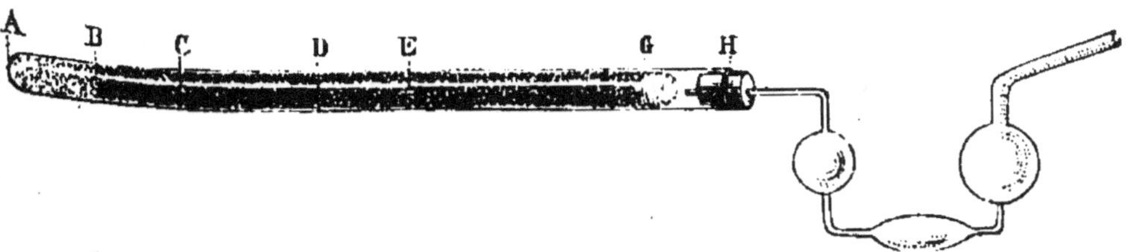

Fig. 21. — Dosage de l'azote dans les terres par la chaux sodée.

On essuie l'intérieur du tube vers l'orifice, puis on y place un tampon d'amiante calcinée assez serré pour empêcher tout entraînement de la chaux sodée ; puis on entoure le tube d'une bande de clinquant enroulée en spirale et fixée par deux fils de fer : cette enveloppe doit laisser libre les deux extrémités du tube sur une longueur de 3 à 4 centimètres.

On bouche le tube au moyen d'un bouchon de caoutchouc portant un tube de Will et Warentrapp, contenant un volume connu de liqueur acide titrée (voir plus bas sa préparation) ; puis on dispose le tube dans une grille à gaz (fig. 22, p. 29) ou à charbon.

On peut remplacer le tube de Will par un simple tube de verre coudé et étiré en pointe, plongeant dans un tube à essais contenant la liqueur titrée.

On commence à chauffer le tube vers le tampon d'amiante; lorsque cette partie atteint le rouge, on chauffe progressivement vers la partie du tube où se trouve la matière, en réglant le chauffage de manière à obtenir un dégagement régulier et pas trop rapide; la température ne doit pas dépasser le rouge sombre, mais doit y être maintenue.

Lorsque tout dégagement de gaz a cessé dans la région où se trouve la chaux sodée, on porte la température au rouge vif et on chauffe peu à peu l'oxalate de chaux dont les produits gazeux de décomposition balayent le tube et entraînent les dernières traces d'ammoniaque dans la liqueur acide.

Dès que le dégagement a cessé, on casse le tube à analyse à sa sortie du fourneau en y projetant quelques gouttes d'eau froide; on démonte le bouchon, on verse le liquide acide dans un verre à titrage dans lequel on fait arriver aussi les eaux de lavage du tube; puis on procède au titrage de la liqueur.

Modifications de l'appareil. — a) On peut employer au lieu d'un tube de verre, un tube de fer de 50 centimètres fermé à un bout; on ne le remplit que sur 40 centimètres, et on le place dans la grille de façon que son extrémité ouverte se trouve à 10 centimètres de la grille. On enroule sur le tube un peu avant la place du bouchon une mèche de coton sur laquelle on fait couler de l'eau goutte à goutte pendant le chauffage; un récipient placé au-dessous reçoit l'eau écoulée.

b). — On peut également employer avec avantage un tube de fer ouvert aux deux bouts ; le contenu du tube est maintenu entre deux tampons d'amiante ; la partie postérieure du tube est reliée à un appareil continu à hydrogène lavé et séché ; on commence par purger complètement l'appareil de l'air qu'il contient, avant de chauffer, pour éviter toute chance d'explosion.

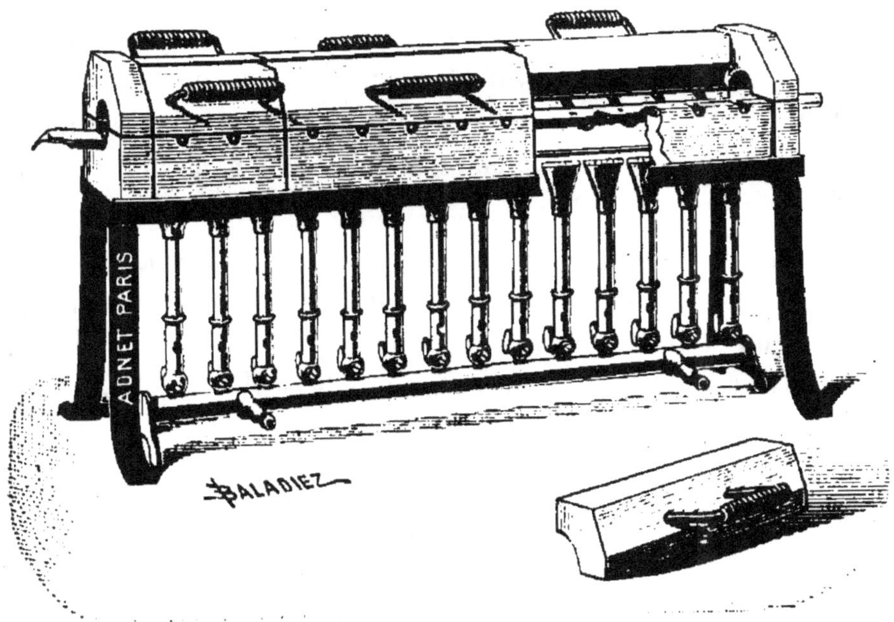

Fig. 22. — Grille à analyse de M. Schlœsing.

Préparation des réactifs. — *Chaux sodée.* — Dans une terrine en grès on incorpore à 600 grammes de chaux éteinte en poudre une dissolution de 260 grammes de soude caustique dans 250 grammes d'eau ; on malaxe la pâte obtenue puis on l'introduit dans un creuset de terre que l'on chauffe lentement au rouge.

Avant refroidissement on fait sortir la matière que l'on

concasse rapidement dans un mortier de fonte ou de cuivre et on la passe sur deux tamis de manière à la classer en grains de deux grosseurs : celle d'un petit pois et celle d'un grain de colza que l'on conserve à part. La poussière éliminée peut être mélangée avec une nouvelle quantité de pâte avant de subir la cuisson.

Oxalate de chaux. — Dans une bassine de cuivre on dissout dans l'eau à l'ébullition 100 grammes d'acide oxalique que l'on sature peu à peu au moyen de chaux éteinte en poudre, jusqu'à ce que la masse ait une réaction nettement alcaline ; on évapore à sec en agitant constamment pour éviter les projections, puis on achève la dessiccation au bain de sable.

Liqueurs titrées. — 1° *Acide sulfurique normal.* — On pèse rapidement 50 grammes d'acide sulfurique distillé pur que l'on a fait bouillir dans une capsule de platine pendant une demi-heure, et qu'on a laissé refroidir ensuite à l'abri de l'air sous une cloche rodée.

On les verse dans une fiole jaugée de 1 litre à moitié pleine d'eau distillée ; on y ajoute les eaux de lavage, on remplit jusqu'au trait avec de l'eau distillée, et quand le liquide a repris la température de 15° on complète exactement le litre.

Cette liqueur est sensiblement normale, c'est-à-dire que 10 centimètres cubes correspondent à peu près à 0^{gr},140 d'azote ; mais il faut établir exactement son titre.

Nous indiquerons pour cela quatre procédés, qui tous donnent de bons résultats et que chacun peut employer suivant ses préférences personnelles.

1° Vérification par l'oxyde de plomb. — Dans une

petite capsule ou dans un creuset de porcelaine, on place environ 5 grammes de litharge pure pulvérisée ; on chauffe au rouge sombre pour bien la dessécher et chasser les traces d'acide carbonique qu'elle pourrait contenir ; puis on tare la capsule sur la balance de précision. On y fait couler ensuite 10 centimètres cubes de l'acide à titrer, on mélange bien la masse avec un agitateur et on évapore au bain de sable, en agitant de temps en temps. Vers la fin on lave la baguette dans la capsule et on achève l'évaporation à sec ; puis on chauffe un peu plus fort sans cependant atteindre le rouge sombre. Après refroidissement on tare de nouveau la capsule ; l'augmentation de poids indique la quantité d'acide sulfurique anhydre (SO^3) contenue dans 10 centimètres cubes de la liqueur analysée ; on la multiplie par $\frac{49}{40}$ pour connaître le poids d'acide sulfurique monohydraté correspondant.

Cette méthode, comme la suivante, du reste, exige que l'acide employé à la préparation de la liqueur soit exempt de toute base, c'est-à-dire nouvellement distillé ; car on dose dans ce cas aussi bien l'acide sulfurique *combiné* que l'acide *libre* qui seul doit entrer en ligne de compte.

2° **Vérification par la pesée du sulfate de baryte.** — On place dans un verre de Bohême de 250 centimètres cubes de capacité, 10 centimètres cubes de l'acide à titrer, et environ 100 centimètres cubes d'eau distillée ; on porte à l'ébullition, et pendant qu'elle se produit, on fait couler goutte à goutte dans le liquide une solution contenant 1gr,500 de chlorure de baryum pur dans 50 centimètres cubes d'eau distillée ; on évite d'interrompre l'ébullition que l'on prolonge pendant huit à dix minutes ; on filtre sur un filtre Berzélius, on lave à l'eau bouillante jusqu'à ce que les eaux de lavage ne se troublent plus par l'addition d'une goutte d'acide sulfurique. On sèche le précipité que l'on sépare du filtre ; celui-ci est incinéré dans un creuset de platine ; ses cendres sont additionnées d'une goutte d'acide azotique puis d'une goutte d'acide sulfurique ; on chauffe avec précaution pour chasser les acides, puis on ajoute le sulfate de baryte extrait du filtre, on chauffe au rouge et on pèse. Le poids du sulfate de baryte multiplié par 0,4206 donne le poids d'acide sulfurique monohydraté contenu dans 10 centimètres cubes de l'acide titré.

3° Détermination du titre par le carbonate de chaux pur.

a). Préparation du carbonate de chaux (Deville). — On dissout 150 grammes de nitrate de chaux pur dans autant d'eau distillée placée dans une grande capsule de platine ; on y ajoute 1 à 2 grammes de chaux vive pure et on fait bouillir pendant une demi-heure en remplaçant l'eau évaporée, on filtre sur du papier Berzélius lavé, et on verse la dissolution refroidie dans un excès de carbonate d'ammoniaque pur en dissolution. Après dépôt on décante la partie limpide, puis on lave à l'eau distillée bouillante sur un entonnoir de verre obstrué par une mèche de coton ; on prolonge les lavages jusqu'à ce que l'eau écoulée ne donne plus ni la réaction des nitrates ni celle de l'ammoniaque. On sèche ensuite le produit, on le broie finement, on le dessèche complètement au bain de sable et on l'enferme dans un flacon sec bien bouché.

On vérifie sa pureté en en calcinant au rouge blanc un poids connu : il doit perdre exactement 44 pour 100 de son poids par la calcination.

b). Préparation de la liqueur alcaline demi-normale. — On dissout 50 grammes de potasse à la chaux dans 2 litres d'eau et on y ajoute 20 grammes de chaux éteinte ; on agite le tout dans un flacon bien bouché. Après repos, on décante au moyen d'un siphon la liqueur limpide que l'on filtre au besoin sur un tampon d'amiante ou de coton de verre ; on la conserve dans un flacon bien bouché au caoutchouc.

c). Titrage des deux liqueurs. — Dans une fiole conique d'une capacité de 300 à 400 centimètres cubes, on introduit un poids connu de carbonate de chaux pur, dont la pureté a été vérifiée comme il est dit ci-dessus : soit $0^{gr},500$. (On peut aussi employer la chaux provenant de la calcination au rouge blanc de $0^{gr},500$ de carbonate de chaux, qui ont dû perdre $0^{gr},220$ d'acide carbonique, si le carbonate était bien pur et sec).

On y ajoute 40 à 50 centimètres cubes d'eau distillée, on délaye la matière par agitation, puis on y laisse couler 20 centimètres cubes de la liqueur d'acide sulfurique normal à titrer.

Si l'on a employé le carbonate de chaux, on porte la liqueur à l'ébullition, de manière à chasser la totalité de l'acide carbonique ; puis on ajoute 8 gouttes de teinture de tournesol et l'on titre au bleu au moyen de la liqueur de potasse demi-normale, contenue dans une burette divisée en dixièmes de centimètre cube. Supposons qu'il faille employer 22,0 centimètres cubes de cette dernière.

On place ensuite dans un verre à titrage 20 centimètres cubes de la liqueur normale d'acide sulfurique; on y ajoute 40 à 50 centimètres cubes d'eau, 5 gouttes de teinture de tournesol sensible, puis on titre jusqu'à la teinte bleue au moyen de la même liqueur de potasse que précédemment.

Supposons que l'on emploie dans ce cas 43 centimètres cubes de cette dernière.

On posera les formules suivantes :

(1) 20 centimètres cubes SO^3HO = 43 centimètres cubes KO,HO.
20 centimètres cubes SO^3HO = 22 centimètres cubes $KO,HO + 0^{gr}500$ $CaO.CO^2$.

d'où

     43 centimètres cubes KO,HO — 22 centimètres cubes $KO,HO = 0^{gr},500$ CaO,CO^2.

soit

     21 centimètres cubes $KO,HO = 0^{gr},500$ $CaO,CO^2 = 0^{gr},280$ $CaO = 0^{gr},140$ Az.

(2) et 1 centimètre cube $KO,HO = 0^{gr},00666$ Az.

d'où, en portant cette valeur dans l'égalité (1),

20 centimètres cubes $SO^3HO = 43 \times 0^{gr},00666 = 0^{gr},279972$ Az.

d'où enfin (3)

(3) 1 centimètre cube $SO^3HO = 0^{gr},01399$ Az.

Les valeurs (2) et (3) seront inscrites respectivement sur les flacons des liqueurs alcaline et acide.

4° **Vérification au moyen de l'acide oxalique pur.** — On obtient facilement de l'acide oxalique pur pouvant servir de point de départ dans l'alcalimétrie par le procédé de Maumené. On dissout de l'acide ordinaire dans une quantité d'eau distillée chaude, telle que la dissolution donne par refroidissement environ 20 pour 100 de cristaux que l'on met à part. (Cet acide peut servir à préparer l'oxalate de chaux, ainsi que les eaux-mères que l'on obtient par la suite). La solution restante est évaporée de manière à obtenir par refroidissement sous forme de cristaux, environ 50 pour 100 du poids de l'acide employé; les eaux-mères sont rejetées; les cristaux sont soumis à deux ou trois cristallisations troublées, c'est-à-dire que l'on refroidit rapidement la solution tout en l'agitant vivement de manière à obtenir une bouillie cristalline, et l'on obtient ainsi de l'acide oxalique très pur. On essore le produit à la trompe, puis on le dessèche entre des feuilles de papier à filtrer jusqu'à ce que les cristaux n'offrent plus d'adhérence entre eux ou avec le papier.

Pour préparer la liqueur normale d'acide oxalique, on en dissout 63 grammes dans un litre d'eau distillée à 15° centigrades.

On titre par rapport à la solution obtenue une liqueur alcaline préparée comme nous l'avons dit plus haut (page 33) et l'on compare le résultat avec le titrage de l'acide sulfurique normal au moyen de la liqueur alcaline. Le calcul est facile à faire, car 63 d'acide oxalique représentent 14 d'azote ou 49 d'acide sulfurique monohydraté.

5° **Réactifs indicateurs.** — a) **Teinture de tournesol.** — Le tournesol se trouve dans le commerce sous forme de petits morceaux cubiques de couleur bleue, désignés sous le nom de tournesol en pains.

Pour obtenir une teinture sensible, on fait bouillir les

pains à trois ou quatre reprises avec de l'alcool à 85° que l'on remplace chaque fois. Puis on met le résidu dans quatre fois son poids d'eau distillée et on laisse macérer en remuant pendant 12 heures ; on laisse déposer pendant un temps égal, puis on décante la liqueur bleue que l'on peut filtrer à la trompe sur un tampon de verre filé. On partage la liqueur en deux parties égales, puis on rend l'une franchement rouge par addition d'acide chlorhydrique et on mélange les deux parties ; on porte à l'ébullition, puis on colore environ 30 centimètres cubes d'eau bouillie avec quelques gouttes de teinture et on partage l'eau colorée en trois fractions à peu près égales ; on ajoute à l'une d'elles une goutte d'acide décime normal, à la seconde une goutte de liqueur alcaline normale, et l'on compare ces deux essais à la troisième partie qui ne reçoit aucune addition : si la première vire franchement au rouge, la seconde au bleu, la troisième étant violette, la teinture est bonne ; sinon on lui ajoute, suivant les cas, un peu d'acide chlorhydrique ou de soude caustique jusqu'à ce qu'on obtienne ce résultat.

On peut obtenir une teinture très sensible à coup sûr par la méthode de M. Schlœsing. On traite 500 grammes de tournesol par son poids d'eau distillée bouillante ; on agite la matière pendant quelque temps pour favoriser la dissolution de la matière colorante, puis on laisse déposer et l'on décante ; on porte la liqueur à l'ébullition après addition de quelques grammes de chaux éteinte ; on laisse déposer, on décante le liquide lorsqu'il est parfaitement éclairci, puis on l'additionne de cinq fois son volume d'alcool concentré. On sépare par décantation le précipité bleu-indigo qui s'est formé ; on le jette sur un filtre et on le lave avec de l'alcool à 50°. On le conserve ensuite sous l'alcool dans un flacon fermé.

Pour préparer la teinture, on dissout dans l'eau ce précipité gélatineux, on sursature avec précaution par l'acide sulfurique étendu, on filtre pour séparer le sulfate de chaux, on fait bouillir pour chasser l'acide carbonique et on neutralise avec la soude caustique jusqu'à obtention d'une solution violette sensible.

b) Une solution d'orangé Poirrier n° III (orangé de méthyle) est très convenable pour la plupart des titrages alcalimétriques, sauf lorsqu'on emploie l'acide oxalique comme liqueur normale ; on en dissout 1 gramme dans un litre d'eau distillée, et on en ajoute au liquide à titrer environ 4 gouttes pour 100 centimètres cubes. La solution qui reste jaunâtre avec les alcalis et leurs carbonates passe au contact des acides au rouge pelure d'oignon, puis au rouge d'œillet. On doit toujours opérer à la température ordinaire.

c) La teinture de cochenilles, obtenue par la macération prolongée de 3 grammes de cochenilles entières avec un mélange de 60 centimètres cubes d'alcool et de 190 centimètres cubes d'eau distillée est un excellent indicateur pour l'alcalimétrie. Les alcalis et les terres alcalines la font virer au violet et les acides au jaune rougeâtre. La réaction est encore plus nette à la lumière artificielle. Lorsqu'on titre un acide au moyen d'un alcali, la teinture doit être violette avant l'emploi ; il suffit pour cela de l'agiter avec une goutte d'ammoniaque étendue.

La teinture de cochenilles ne peut pas être utilisée avec les acides faibles, ni en présence des sels des métaux proprement dits.

B. Méthode de Kjeldahl. — Dans un ballon de 200 centimètres cubes environ de capacité, à long col dont on a supprimé la bague, on introduit un poids connu de la matière (qui ne doit contenir ni nitrates, ni nitrites, ni composés nitrés ou nitrosés), variant de $0^{gr},500$ à 2 grammes;

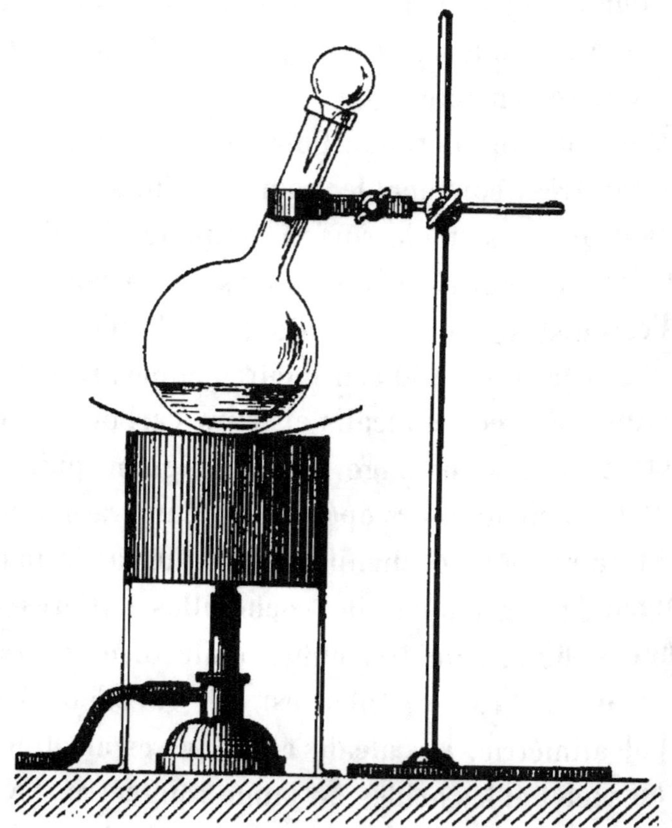

Fig. 23. — Attaque de la matière.

on y ajoute $0^{gr},25$ de sulfate de cuivre pulvérisé, ou bien 10 grammes de bisulfate de potasse, puis 20 centimètres cubes d'acide sulfurique concentré exempt de composés nitreux (fig. 23).

On chauffe sur une petite flamme de gaz sans atteindre l'ébullition, jusqu'à dissolution de la matière, ce qui demande en général une demi-heure ; puis on provoque une légère ébullition jusqu'à ce que la liqueur soit devenue limpide ; on augmente à ce moment le feu de manière à produire une franche ébullition pendant une demi-heure.

On laisse refroidir, puis on étend d'eau distillée petit à petit, de manière à obtenir environ 100 centimètres cubes de liquide qu'on transvase dans un ballon de un litre ; on lave le petit ballon à quatre ou cinq reprises avec 20 centimètres cubes d'eau distillée chaque fois, en recueillant les liquides de lavage dans le grand ballon, puis on ajoute au liquide un volume de lessive de soude, exempte d'acide carbonique, suffisant pour sursaturer les 20 centimètres cubes d'acide sulfurique concentré employés ; on jette rapidement dans le ballon un peu de

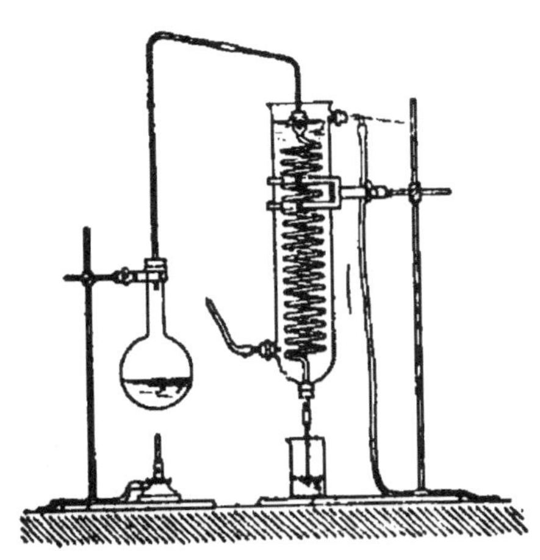

Fig. 24. — Dosage de l'ammoniaque appareil Boussingault.

zinc en grenailles qui assure une ébullition régulière, et on joint immédiatement le ballon au serpentin de verre de l'appareil de Boussingault (fig. 24) ou au serpentin d'étain de l'appareil de M. Aubin (fig. 25).

On recueille l'ammoniaque déplacée dans 10 centimètres cubes d'acide sulfurique normal, et on prolonge l'ébullition jusqu'à obtention de 150 centimètres cubes de liquide distillé si l'on emploie l'appareil de Boussingault, ou de

100 à 110 centimètres cubes si l'on se sert de l'appareil de
de M. Aubin.

On ajoute au liquide distillé 5 gouttes de teinture de
tournesol sensible, et on titre jusqu'à virage au bleu au
moyen de la liqueur demi-normale de potasse.

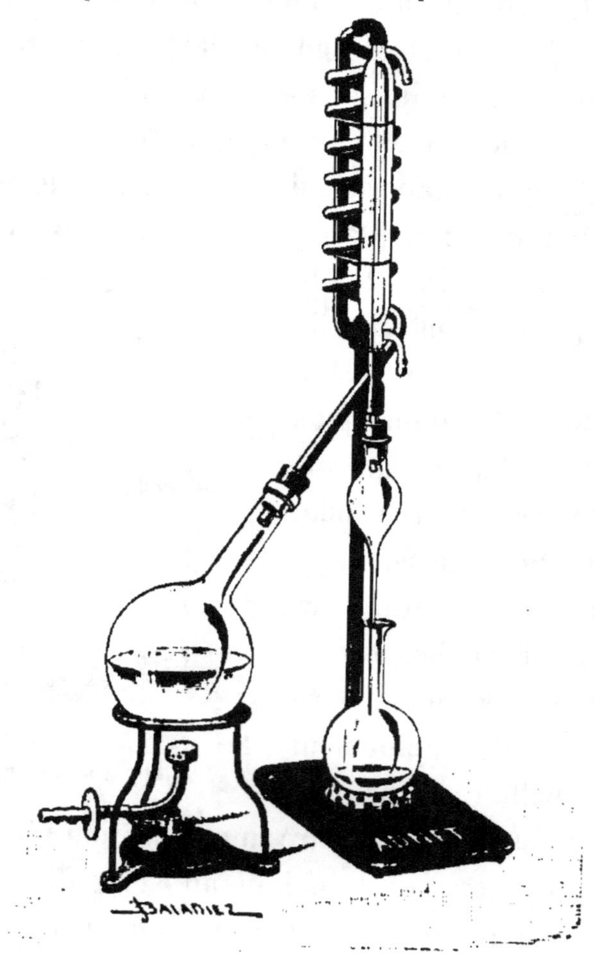

Fig. 25. — Appareil de M. Aubin pour le dosage de l'ammoniaque.

Observations. — 1° Une correction est à faire au résultat
obtenu ; on la détermine par une opération à *blanc* dans

laquelle on introduit dans l'appareil distillatoire 20 centimètres cubes de l'acide sulfurique employé, 0^{gr},25 de sulfate de cuivre ou 10 grammes de bisulfate de potasse et la quantité de lessive de soude suffisante pour sursaturer l'acide, et qu'on détermine une fois pour toutes. On distille en présence de zinc en grenailles, comme s'il s'agissait d'un dosage, et on recueille le produit de la distillation dans 10 centimètres cubes d'acide normal, dont on prend ensuite le titre au moyen de la potasse demi-normale. On calcule facilement la quantité d'azote contenu dans les réactifs employés.

2° Nous employons le sulfate de cuivre au lieu du mercure, ce qui supprime l'addition au liquide à distiller de sulfure de sodium destiné à décomposer le sulfate de mercure. De plus on obtient, en général, dans l'emploi du premier des résultats un peu plus forts ; si l'on emploie des doses croissantes de mercure, les résultats diminuent en même temps que la durée de l'attaque. Avec le sulfate de cuivre à la dose indiquée, il faut pour les matières les plus réfractaires au traitement, une heure environ par décigramme de prise d'essai ; mais on obtient d'excellents résultats. J'ai vérifié personnellement ces observations de M. Causse.

§ 2. Dosage de l'azote ammoniacal.

Le principe de la méthode consiste à mettre en liberté l'ammoniaque au moyen d'une base fixe non carbonatée, potasse, soude, chaux ou magnésie, à froid ou à chaud, et à recueillir l'ammoniaque mise en liberté dans un volume connu d'une liqueur acide titrée.

Il suffit ensuite de reprendre le titre de l'acide pour avoir les éléments du calcul de la quantité d'azote ammoniacal contenu dans la prise d'essai.

L'application de ce principe varie suivant les substances qui peuvent accompagner le sel ammoniacal dans la matière à analyser.

1° PRÉSENCE DE MATIÈRES ORGANIQUES AZOTÉES. — Lorsque le sel ammoniacal se trouve en présence de matières organiques azotées, on doit opérer *à froid* avec la potasse ou la soude, qui à l'ébullition transformeraient lentement l'azote organique en ammoniaque, ou bien à chaud en employant la magnésie comme base fixe.

2° PRÉSENCE DE PHOSPHATE AMMONIACO-MAGNÉSIEN OU DE PHOSPHATES EN GÉNÉRAL. — Si la substance contient du phosphate ammoniaco-magnésien, il convient de déplacer l'ammoniaque par la soude ou la potasse, car la magnésie ne décompose pas ce sel double à moins qu'il ne soit de formation très récente.

On pourra donc dissoudre la matière dans l'acide chlorhydrique faible, et la traiter pour une quantité de magnésie suffisante pour saturer et au delà l'acide employé.

Mais il est plus simple d'employer la soude.

Il en est de même dans le cas où des phosphates quelconques accompagnent le sel ammoniacal.

3° PRÉSENCE SIMULTANÉE DE PHOSPHATE AMMONIACO-MAGNÉSIEN, DE SUBSTANCES ORGANIQUES AZOTÉES ET DE SELS AMMONIACAUX. — Dans ce cas la difficulté est double; on peut la tourner en déplaçant l'ammoniaque à froid par la potasse ou la soude, ce qui évite l'attaque des matières organiques; ou bien en traitant la matière par l'acide chlorhydrique faible, sursaturant par la magnésie et distillant ensuite l'ammoniaque.

Ces réserves faites, nous allons exposer les trois méthodes les plus employées.

A. Dosage de l'ammoniaque à froid. — On couvre le fond d'une assiette d'une couche de mercure suffisante pour former fermeture hydraulique avec une cloche de dimension convenable ; puis on dispose dans l'assiette un petit cristallisoir à bord peu élevé contenant 10 centimètres cubes par exemple d'acide sulfurique titré.

Au-dessus de ce cristallisoir on en place un autre soutenu par un triangle de verre, dans lequel on a introduit la prise d'essai ($0^{gr},25$ à 1 gramme) et quelques centimètres cubes d'une solution assez concentrée de potasse caustique bien décarbonatée. On recouvre immédiatement le tout de la cloche, et l'on abandonne l'appareil dans un lieu à température constante pendant 24 à 48 heures suivant la température. Après ce temps on reprend le titre de l'acide, qui a absorbé l'ammoniaque diffusée dans la cloche.

B. Méthode de Boussingault. — Dans un ballon d'une capacité de 500 centimètres cubes à 1 litre ou plus, on introduit la prise d'essai dissoute ou délayée dans un assez grand volume d'eau distillée, puis une quantité de magnésie ou de lessive de soude telle que le liquide soit franchement alcalin ; on relie rapidement le ballon à un serpentin au moyen d'un tube large (fig. 24) dont la branche ascendante est assez longue pour éviter l'entraînement de l'alcali fixe dans le serpentin. L'extrémité inférieure de celui-ci plonge dans un volume connu d'acide sulfurique titré.

Le ballon étant disposé sur un fourneau, on porte son contenu à l'ébullition que l'on maintient jusqu'à ce que les 2/5 du liquide aient passé à la distillation.

Dans ces conditions la totalité de l'ammoniaque est entraînée dans l'acide titré.

On sépare le ballon du serpentin, on lave celui-ci à l'intérieur au moyen d'un peu d'eau distillée que l'on recueille dans l'acide titré ; on lave également son extrémité inférieure, et l'on reprend titre de l'acide.

On peut employer dans cette méthode l'appareil de M. Aubin (fig. 25, page 46), dans lequel le ballon est relié à un serpentin ascendant en étain.

L'emploi de cet appareil permet de pousser un peu moins loin la distillation, c'est-à-dire de réunir l'ammoniaque dégagée dans un moindre volume de liquide, et par conséquent d'obtenir plus de sensibilité dans le titrage.

C. **Méthode de M. Schlœsing.** — L'avantage de cette méthode est du même ordre que celui que nous venons de signaler à propos de la modification Aubin, à laquelle elle a servi de modèle.

L'appareil distillatoire de M. Schlœsing comporte un large serpentin de verre fonctionnant *per ascensum*, terminé à sa partie supérieure par un petit réfrigérant à tube d'étain, chargé de condenser les vapeurs ammoniacales et de déverser leur produit de condensation dans l'acide titré.

Le ballon distillatoire a une capacité de 1 à 2 litres ; on y introduit la prise d'essai, d'un poids tel que la quantité d'azote ammoniacal qu'elle contient ne dépasse pas 50 milligrammes, dissoute dans une quantité d'eau de 500 centimètres cubes au moins, et environ 1 gramme de magnésie récemment calcinée.

On maintient l'ébullition du liquide pendant une heure environ ; le volume du liquide distillé n'excède pas 50 cen-

timètres cubes, si le feu est bien réglé, car le serpentin de
verre donne lieu à une rétrogradation abondante ; dans le

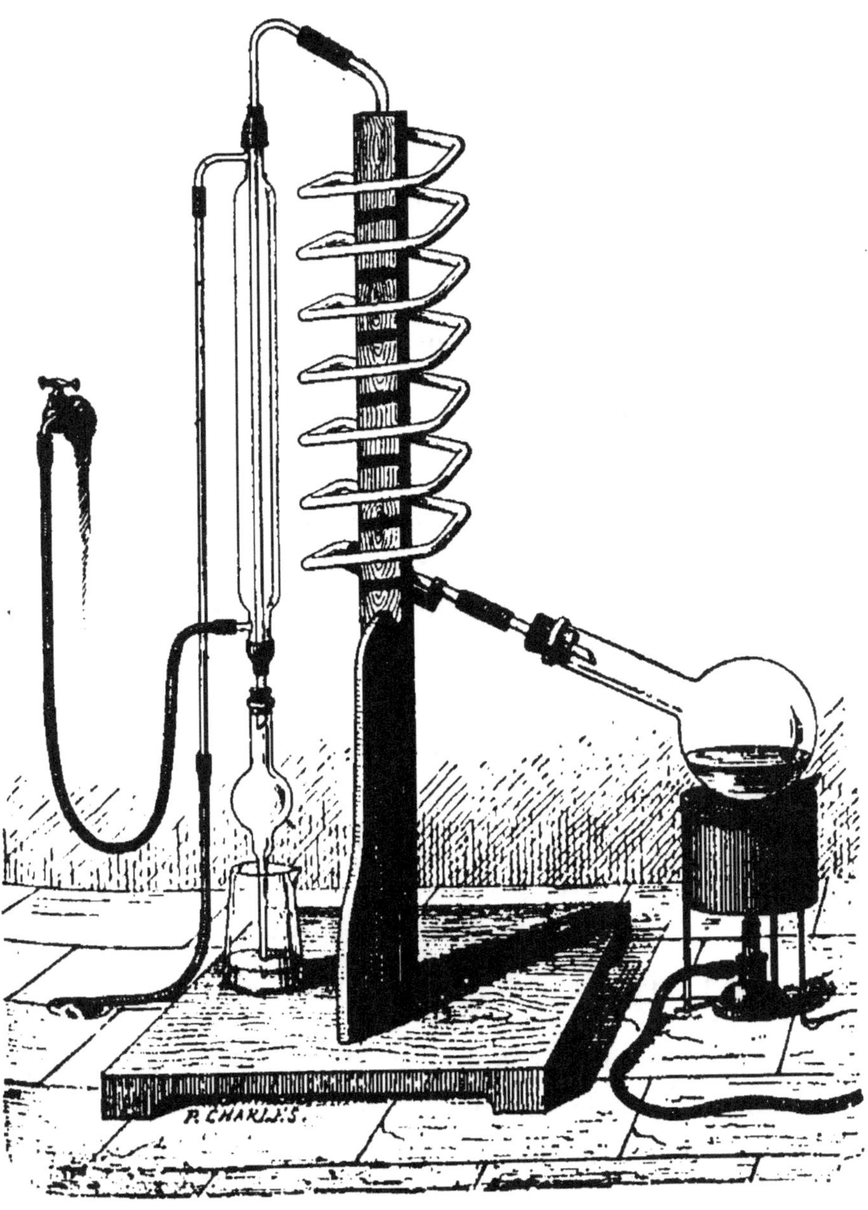

Fig. 26. — Appareil de M. Schloesing, pour le dosage de l'ammoniaque.

cas de matières pauvres en ammoniaque, le volume du liquide distillé peut être beaucoup plus restreint encore.

Le titrage de l'acide après l'opération peut donc s'effectuer avec une grande précision.

§ 3. Dosage de l'azote nitrique.

Généralités. — L'acide nitrique existe dans un grand nombre de matières agricoles : les unes, comme les eaux pluviales ou terrestres, les sols, les plantes, n'en contiennent que de très faibles proportions ; les autres, nitrates de soude ou de potasse, engrais complexes, sont au contraire riches en acide nitrique.

A ces deux groupes de substances s'appliquent deux méthodes, dues à M. Schlœsing : la première permet de doser avec une grande précision des quantités très minimes de nitrates ; la seconde, d'une manipulation beaucoup plus facile, donne une approximation suffisante pour les besoins du contrôle des engrais, mais ne suffirait pas pour les analyses délicates du sol, des eaux et des plantes.

Leur principe est le même : un mélange de nitrate, de protochlorure de fer et d'acide chlorhydrique en proportions convenables, porté à l'ébullition dégage tout l'azote du nitrate à l'état de bioxyde d'azote suivant la réaction :

$$2\ AzO^3K + 6\ FeCl^2 + 8\ HCl = 2\ AzO + 3\ Fe^2Cl^6 + 4\ H^2O + 2\ KCl$$

Dans la méthode rigoureuse (A) on recueille le bioxyde d'azote pur sur le mercure et on le transforme en acide azotique que l'on titre (*a*), ou bien on en détermine le volume (*b*).

Dans la méthode industrielle (B), on recueille le bioxyde d'azote sur la cuve à eau, on en détermine le volume dans les conditions de l'essai, et on le compare avec le volume de bioxyde d'azote donné par une quantité connue de nitrate pur.

(A). **Méthode rigoureuse.**

— L'appareil employé se compose d'une petite cornue tubulée C qui peut être reliée à un appareil producteur d'acide carbonique A par sa tubulure. Elle porte un tube abducteur dont l'extrémité plonge de quelques millimètres dans une cuve à mercure et peut être disposée sous une cloche formée d'un tube de 30 millimètres de diamètre étiré à partir de 15 centimètres de la base comme l'indique la fig. 27.

Cette cloche est remplie de mercure et de 15 centimètres cubes de potasse caustique au tiers.

Sur le caoutchouc qui relie la cornue au flacon laveur de l'appa-

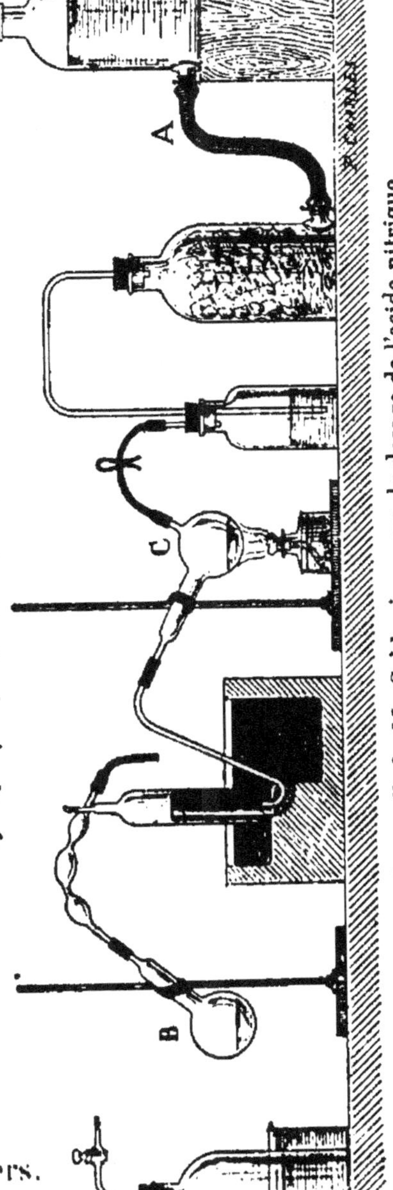

Fig. 27. — Appareil de M. Schlœsing pour le dosage de l'acide nitrique.

reil à acide carbonique on peut disposer une pince formée simplement d'un morceau de gros fil de fer replié.

A côté de la cuve à mercure sont disposés un gazomètre G contenant de l'oxygène (c'est une simple cloche à robinet placée dans un cristallisoir), et un ballon B à col étiré, de 125 à 150 centimètres cubes, contenant 25 à 30 centimètres cubes d'eau distillée, et muni d'un petit tube à trois boules terminé par un morceau de tube de caoutchouc.

Enfin on a préparé un petit appareil à hydrogène D consistant en un fort tube à essais contenant un long cylindre de zinc, fermé par un bouchon de caoutchouc portant un tube abducteur deux fois recourbé en crochet.

La solution aqueuse contenant le nitrate a été évaporée à sec dans une petite capsule de porcelaine à fond rond, après addition d'un peu de potasse pure si la dissolution était acide.

On délaye ce résidu dans 3 ou 4 centimètres cubes de protochlorure de fer, en s'aidant d'une petite baguette de verre; puis on fait passer ce liquide dans la cornue par l'intermédiaire d'un petit entonnoir spécial E dont la douille a été graissée extérieurement. On lave ensuite la capsule trois fois de suite au moyen de 1 à 2 centimètres cubes d'acide chlorhydrique que l'on introduit chaque fois dans la cornue, et on termine par un lavage au moyen de 1 centimètre cube d'eau qu'on verse doucement dans l'entonnoir de façon que cette eau s'étale en nappe à la surface du liquide déjà contenu dans la cornue.

On place le tube abducteur dans la cuve à mercure de manière que son orifice soit enfoncé de 3 à 4 millimètres, et on relie la cornue à l'appareil à acide carbonique qui a été préalablement purgé d'air. Pour arriver à ce résultat, on fait arriver l'eau acidulée d'acide chlorhydrique jusqu'au goulot du flacon contenant le marbre avant de placer le bouchon sur ce flacon ; puis on fait dégager l'acide carbonique pendant quelques minutes et l'on s'assure de sa pureté en en absorbant une vingtaine de centimètres cubes par la potasse sur la cuve à mercure : il ne doit y avoir qu'un résidu insignifiant ou nul.

L'appareil étant relié à la cornue, on fait passer le courant d'acide carbonique bulle à bulle pendant cinq minutes ; puis on place la pince sur le caoutchouc de manière à arrêter le dégagement.

On engage l'extrémité du tube abducteur sous la cloche et on chauffe légèrement la cornue au moyen d'une lampe à alcool à courte flamme de façon à faire dégager dans la cloche deux ou trois bulles par dilatation : ces bulles doivent être absorbées complètement par la potasse si la cornue est bien purgée d'air.

On continue alors à chauffer pour amener l'ébullition du liquide et le dégagement du bioxyde d'azote, et on continue à chauffer jusqu'à ce que plus de moitié du liquide de la cornue soit distillé ; on fait alors arriver quelques bulles d'acide carbonique à plusieurs reprises pour bien entraîner les dernières traces de bioxyde d'azote dans la cloche, puis on retire le tube abducteur du mercure pour éviter l'absorption.

On porte à ce moment à l'ébullition l'eau contenue dans le ballon B de manière à purger complètement ce ballon d'air, ce qui exige cinq ou six minutes de dégagement de vapeur, puis pendant que celle-ci s'échappe on engage le tube de caoutchouc sur la partie supérieure de la cloche et immédiatement après on casse la pointe sous le caoutchouc : la vapeur se précipite dans la cloche en chassant la potasse qui se trouvait dans la partie capillaire.

Aussitôt on écarte la lampe à alcool et on pince le caoutchouc entre les doigts pour modérer l'absorption du gaz dans le ballon ; dès que la potasse est arrivée au sommet de la cloche, on remplace les doigts par la pince ; puis on introduit dans la cloche 5 ou 6 centimètres cubes d'hydrogène pur.

(Pour l'obtenir, on remplit complètement le tube producteur avec de l'acide sulfurique étendu, puis on y place le zinc et ensuite le bouchon ; le dégagement d'hydrogène chasse une partie du liquide qui balaye l'air contenu dans le tube abducteur).

On fait absorber l'hydrogène de la cloche dans le ballon en desserrant la pince avec précaution, puis on recommence encore une fois ce lavage.

La pince étant replacée, on met le ballon en communication avec le gazomètre à oxygène ; on refroidit le ballon en l'immergeant dans de l'eau et on desserre la pince pour laisser absorber l'oxygène : il se forme immédiatement des vapeurs rutilantes que l'eau décompose, mais la transformation en acide nitrique n'est complète qu'au bout de 24 heures.

On attend donc au lendemain ; puis on transvase le liquide dans un verre à expériences et on titre l'acidité par l'eau de chaux en présence du tournesol. Un calcul très simple donne le poids de l'acide azotique ou de l'azote.

Remarque. — 1° Le bioxyde d'azote en présence de

l'oxygène et d'une dissolution alcaline se transforme en azotite et azotate ; une partie en poids d'oxygène fait perdre ainsi deux parties et demie d'acide azotique. Il faut donc apporter le plus grand soin à l'expulsion de l'air des appareils.

Pour éviter que des bulles d'air restent dans la cloche, on la remplit d'eau avant de la remplir de mercure, puis, lorsqu'elle est disposée sur la cuve à mercure, on y introduit la lessive de potasse au moyen d'une pipette courbe.

2° Lorsque la cloche se remplit de gaz, l'absorption de l'acide carbonique et des vapeurs n'est pas instantanée ; la cloche risque de se renverser ; on doit la maintenir au moyen d'une pince facile à manier, de façon qu'on puisse, si besoin est, enfoncer la cloche dans la cuve pour refroidir son contenu.

3° En règle générale, plus il y a de matières organiques dans la matière introduite dans la cloche, plus on doit employer de protochlorure de fer pour obtenir la totalité de l'azote.

(*b*). On peut opérer plus rapidement en n'utilisant que la partie droite de l'appareil et en remplaçant la cloche effilée par une cloche divisée contenant de la potasse au tiers et remplie de mercure.

A la fin de l'opération, après absorption complète de l'acide carbonique, on lit le volume du gaz, on note la hauteur du mercure et celle de la potasse dans la cloche, la température et la pression atmosphérique.

On remarquera que la tension de vapeur de la solution de potasse est égale aux $\frac{2}{3}$ de la tension de la vapeur d'eau à la même température, et que sa densité est 10 fois moindre que celle du mercure ; on ajoutera donc à la hauteur observée de la colonne de mercure le dixième de la hauteur de la colonne de potasse.

Chaque centimètre cube de bioxyde d'azote sec, ramené à zéro et à 760 équivaut à $2^{mgr},45$ d'acide azotique.

(B). **Méthode industrielle.** — Le principe de la méthode est le même que celui de la méthode rigoureuse : on transforme l'acide nitrique contenu dans un certain poids de nitrate en bioxyde d'azote par ébullition avec un mélange de protochlorure de fer et d'acide chlorhydrique ; mais le bioxyde d'azote est recueilli dans une cloche graduée, disposée sur la cuve à eau et l'on en détermine le volume sans se soucier de la température ni de la pression atmosphérique. On répète l'opération sur un même poids de nitrate pur de la même base que celui de l'essai, et on compare les volumes gazeux obtenus dont le rapport donne la richesse centésimale du nitrate essayé.

L'appareil employé se compose d'un ballon d'une capacité de 200 à 250 centimètres cubes dans lequel on introduit 40 à 50 centimètres cubes de perchlorure de fer et autant d'acide chlorhydrique.

Dans le col du ballon on dispose un bon bouchon de caoutchouc, à deux trous, dont l'un laisse passer un étroit tube de dégagement s'arrêtant à la face inférieure du bouchon et se rendant d'autre part dans une cuve à eau spéciale où il plonge sur une longueur d'environ 25 centimètres ; son extrémité recourbée arrive sous un petit têt en plomb sur lequel on disposera plus tard une cloche divisée de 100 centimètres cubes.

Le second tube est droit, presque capillaire ; il plonge

presque au fond du ballon et d'autre part il est relié par un tube de caoutchouc portant une pince à un petit entonnoir maintenu par le support qui sert à tenir le ballon. Celui-ci est placé au-dessus d'un bec de Bunsen (fig. 28).

L'appareil étant ainsi disposé, on verse quelques centimètres cubes d'acide chlorhydrique dans l'entonnoir et on ouvre la pince pour chasser l'air contenu dans le tube capil-

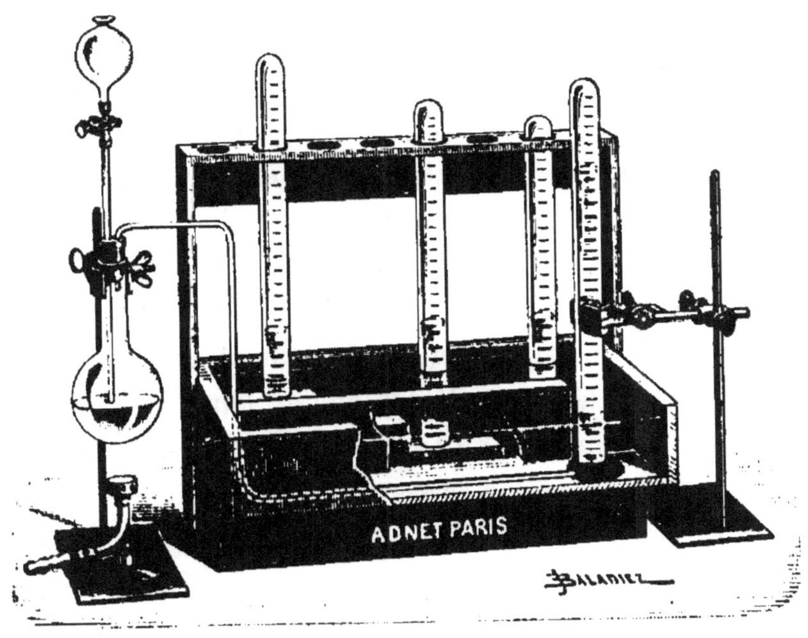

Fig. 28. — Appareil de Schlœsing pour le dosage des nitrates.

laire ; on referme la pince avant que l'entonnoir soit vide, puis on porte le liquide du ballon à l'ébullition.

Au bout de quelques minutes, l'air est complètement expulsé, ce dont on s'aperçoit à ce que les bulles se condensent complètement à l'extrémité du tube abducteur, en faisant entendre un bruit spécial ; on place la cloche sur le têt, où on la maintient au moyen d'un support, puis on introduit dans l'entonnoir 5 centimètres cubes de la solution à essayer.

Celle-ci se prépare en dissolvant 66 grammes de nitrate de soude ou 80 grammes de nitrate de potasse dans un litre d'eau.

S'il s'agit d'un engrais complexe, on en délaye 66 grammes dans 300 à 400 centimètres cubes d'eau, on filtre dans une fiole de 1 litre et on lave le résidu sur filtre jusqu'au trait de jauge.

Les liqueurs normales sont formées de 66 grammes de nitrate de soude pur et sec ou de 80 grammes de nitrate de potasse pur et sec dans 1 litre d'eau distillée.

On introduit avec précaution la solution de nitrate dans le ballon en desserrant légèrement la pince, qu'on referme avant que l'entonnoir soit tout à fait vide. On rince celui-ci en le remplissant presque complètement d'acide chlorhydrique que l'on introduit lentement dans le ballon, et on répète ce lavage deux ou trois fois. Le tube d'arrivée étant capillaire, le liquide ne cesse pas de bouillir, ce qui évite l'absorption.

Pendant ces opérations, le bioxyde d'azote se rend dans la cloche ; au bout de quelques minutes le dégagement se ralentit ; puis les vapeurs qui se dégagent balayent complètement l'appareil et le bruit spécial de la condensation se fait entendre de nouveau.

On peut alors enlever la cloche que l'on porte au moyen d'une petite capsule ou d'un verre de montre dans une grande éprouvette pleine d'eau ; on l'y laisse cinq minutes puis on lit le volume du gaz en soulevant la cloche au moyen d'une pince de bois en la tenant bien verticalement, de façon que le niveau de l'eau dans la cloche soit le même que dans l'éprouvette.

Pendant que la cloche prend la température de l'eau de l'éprouvette, on place une nouvelle cloche sur le têt, et on introduit dans le ballon 5 centimètres cubes de solution normale de nitrate de la même base que celle de l'engrais à essayer, en opérant comme précédemment, et on lit ensuite le volume du bioxyde avec les mêmes précautions. Soient V et N les volumes de bioxyde produits par 5 centimètres cubes de la solution de l'engrais et de liqueur normale ; le taux d'azote sera

$$\frac{V \times 16,47}{N}$$

s'il s'agit de nitrate de soude ou d'un engrais complexe, et

$$\frac{V \times 13,8}{N}$$

s'il s'agit de nitrate de potasse.

§ 4. Dosage de l'azote total.

Méthode de Dumas modifiée. — Cette méthode, basée sur la transformation en azote gazeux, dont on détermine le volume, de l'azote combiné sous toutes ses formes par calcination de la matière en présence d'oxyde de cuivre peut être appliquée à tous les produits azotés. Nous indiquerons ici deux modes opératoires qui nous paraissent à la fois simples et rigoureux.

1° *Description et fonctionnement de l'appareil.* — On ferme à une de ses extrémités un fort tube de verre vert bien propre de 80 centimètres de longueur et d'un diamètre intérieur de 13 à 15 millimètres, dont l'ouverture a été refondue à la lampe d'émailleur. On y introduit un mélange intime de 12 grammes de carbonate de manganèse et de 2 grammes de bioxyde de mercure (ce dernier destiné à brûler l'oxyde de carbone qui pourrait se former si le carbonate de manganèse contenait des traces de matières organiques). On place ensuite un léger tampon d'amiante calcinée, puis 1 gramme de bioxyde de mercure. Ensuite on introduit dans le tube le mélange de la matière finement pulvérisée ($0^{gr},5$ à $0^{gr},6$) avec 45 fois son poids d'un mélange de 4 parties d'oxyde de cuivre récemment calciné et de 6 parties de bioxyde de mercure, ce mélange ayant été préparé d'avance et bien desséché. On lave le mortier dans lequel on a mélangé la matière avec les oxydes au moyen de quelques grammes d'oxydes de cuivre et de mercure que l'on introduit dans le tube ; puis on place un tampon d'amiante calcinée qui doit balayer la partie antérieure du tube. Ce tampon doit se trouver à 30 centimètres environ du premier. On introduit ensuite 7 ou 8 centimètres d'oxyde de cuivre pur en paillettes que l'on maintient par un tampon d'amiante, puis une colonne de 20 à 25 centimètres de cuivre réduit de l'oxyde en paillettes ou en grains à basse température, que l'on serre au moyen d'un dernier tampon d'amiante.

On étire ensuite le tube au diamètre de 5 à 6 millimètres, ou on le ferme au moyen d'un bon bouchon de caoutchouc muni d'un tube et on le relie par un bout de caoutchouc à vide à la trompe de Schlœsing après l'avoir frappé légèrement à plat dans sa partie postérieure sur la table.

On le dispose ensuite dans une rigole de toile métallique

sur une grille à analyse, et on met la trompe en action, jusqu'à ce que le bruit sec de la chute du mercure dans le tube indique que le vide est obtenu ; à ce moment on arrête l'écoulement du mercure et l'on chauffe le carbonate de manganèse à l'extrémité du tube sur une longueur de 3 à 4 centimètres ; l'acide carbonique qui se dégage, accompagné d'un peu d'oxygène, remplit le tube ; lorsque le dégagement cesse, on éteint le gaz et l'on fait de nouveau le vide ; lorsqu'il est parfait, on arrête la trompe et on dispose sur l'extrémité de son tube une éprouvette de 200 centimètres cubes pleine de mercure et on y introduit environ 30 centimètres cubes de lessive de potasse concentrée.

On chauffe la partie antérieure du tube à combustion, en avançant progressivement vers la matière, de manière à attaquer celle-ci lorsque toute la partie antérieure est portée au rouge ; on allume un nouveau bec chaque fois que le dégagement s'arrête, jusqu'à ce qu'on arrive au carbonate de manganèse ; à ce moment on chauffe légèrement celui-ci pendant qu'on réduit le feu dans la partie antérieure, puis après avoir balayé le tube par le dégagement d'acide carbonique, on remet la trompe en marche pour faire le vide en ayant soin que le tube ne soit pas assez chauffé pour que la pression atmosphérique puisse le déformer.

Lorsque le vide est obtenu, on arrête la chute du mercure, on agite la cloche pour absorber l'acide carbonique, puis on la transporte dans un grand verre rempli d'eau distillée dans laquelle le mercure et la potasse s'écoulent.

On procède ensuite à la mesure du gaz et on note la température et la pression barométrique avec toutes les précautions d'usage.

2° *Appareil de M. Dupré.* — Lorsque l'on ne possède pas de trompe à mercure, il est commode d'employer la disposition imaginée par M. Dupré.

Le tube à analyse d'une longueur de 70 à 75 centimètres est coupé droit à une extrémité, et étiré régulièrement en un tube de 4 à 5 millimètres de diamètre et de 3 centimètres de longueur à l'autre.

On y introduit d'abord un tampon d'amiante qui vient obturer imparfaitement la partie rétrécie ; puis de l'oxyde de cuivre en grains sur une longueur de 5 centimètres, puis le mélange de la matière avec de l'oxyde de cuivre fin ; ensuite un colonne de 20 centimètres d'oxyde de cuivre en paillettes, puis 25 centimètres de cuivre réduit enfin un tampon d'amiante. On ferme le tube au moyen d'un bouchon de caoutchouc portant un petit tube de verre que l'on relie à l'appareil de M. Dupré (fig. 29).

Celui-ci se compose de deux vases communiquants contenant plus de lessive de potasse qu'il n'en faut pour remplir l'un d'eux, et supportés par un même support à deux tiges verticales. Le premier est en relation avec le tube à combustion par un tube siphoïde contenant dans sa courbure en *m* quelques gouttes de mercure destinées à empêcher l'absorption de la potasse vers le tube à analyse. Il est terminé à sa partie supérieure par un robinet supportant une petite cuve à eau.

L'extrémité étirée du tube à analyse est en relation par l'intermédiaire d'un tube desséchant et d'un flacon laveur avec un appareil continu à acide carbonique bien purgé d'air.

On commence par faire passer un courant prolongé

d'acide carbonique dans l'appareil, le robinet *r* étant ouvert,
en ayant soin d'abaisser le vase R de manière à laisser très
peu de potasse dans le vase C, pour ne pas la saturer inuti-
lement. Au bout de 10 minutes de dégagement, on relève le
vase R jusqu'à ce que le vase C soit plein de potasse, on
ferme le robinet *r* et l'on observe si les bulles d'acide car-

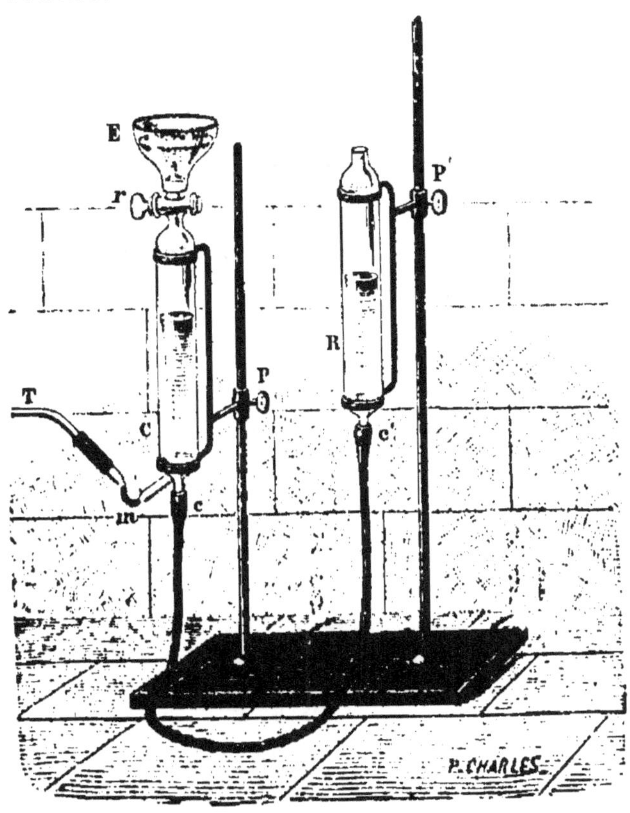

Fig. 29. — Appareil Dupré pour le dosage de l'azote.

bonique qui traversent la potasse s'y absorbent complètement. Lorsque ce résultat est atteint, on place une pince
près de l'extrémité du tube à combustion sur le tube de
caoutchouc qui amène l'acide carbonique, et on chauffe le
tube en commençant par la partie antérieure.

A la fin de la combustion, on chasse l'azote qui reste dans le tube en dégageant de nouveau de l'acide carbonique.

Lorsque le tube est balayé, on verse de l'eau dans la cuve E, on place sur le tube à robinet une cloche divisée contenant de la lessive de potasse diluée, et on fait passer dans cette cloche l'azote contenu en C en ouvrant le robinet r et élevant le vase R.

On porte ensuite la cloche divisée sur la cuve à eau ; on note le volume du gaz ; la température et la pression barométrique avec toutes les précautions requises et l'on procède aux calculs d'après la formule ci-dessous :

Soient V le volume d'azote mesuré à la température t, et exprimé en centimètres cubes ;

H, la hauteur barométrique (corrigée) ;

f, la tension maxima de la vapeur d'eau à t.

Le poids P de l'azote exprimé en grammes est :

$$P = V . \frac{1}{1 + 0.00367\, t} . \frac{H - f}{760}\, 1^{gr},256.$$

CHAPITRE V.

DOSAGE DE L'ACIDE PHOSPHORIQUE.

L'acide phosphorique existe dans un grand nombre de matières agricoles sous forme de phosphates alcalins, alcalino-terreux ou terreux.

Les méthodes à employer pour en déterminer la quantité diffèrent suivant qu'il s'agit de phosphates alcalins et alcalino-terreux seuls ou bien que ces phosphates sont associés à ceux de fer et d'alumine (phosphates terreux).

Le premier cas se présente rarement dans la pratique; mais comme les méthodes de séparation employées permettent de ramener le second cas au premier, nous étudierons d'abord celui-ci dans ses détails les plus nécessaires.

§ 1. Dosage de l'acide phosphorique

En l'absence du fer et de l'alumine et des métaux lourds.

A. **Méthode pondérale.** — L'acide phosphorique peut être associé : a) à la potasse, à la soude, à l'ammoniaque, à la chaux, à la magnésie, sous forme de combinaisons solubles dans l'eau ; ou bien : b) à ces deux terres alcalines, sous forme de phosphates insolubles dans l'eau, mais solubles dans les acides.

a) Dans le premier cas, s'il existe de la chaux dans la liqueur on la précipite par une addition d'oxalate d'ammoniaque en quantité convenable, à la température de l'ébullition ; on filtre, on lave le précipité à l'eau distillée, en recueillant les eaux du lavage dans la liqueur filtrée, et lorsqu'elle est refroidie on précipite l'acide phosphorique à l'état de phosphate ammoniaco-magnésien dans les conditions suivantes : la liqueur, qui doit contenir au maximum $0^{gr},100$ d'acide phosphorique dans un volume de 100 centimètres cubes environ, est additionnée de 10 centimètres cubes de mélange magnésien et l'on agite, puis on ajoute au mélange environ 30 centimètres cubes d'ammoniaque et l'on agite de nouveau en ayant soin de ne pas frotter l'extrémité de la baguette de verre contre la paroi du vase, ce qui occasionnerait des stries de phosphate ammoniaco-magnésien difficiles à détacher. On laisse déposer pendant 12 heures à froid en couvrant le vase. Puis on filtre sur un filtre Berzélius sans plis, on détache le précipité adhérant au verre au moyen d'une plume d'oie ou d'un agitateur entouré d'un bout de tube de caoutchouc ; on entraine le précipité sur le filtre par le jet d'une pissette contenant un mélange de 2 parties d'eau distillée pour 1 partie d'ammoniaque à 22°. On lave, jusqu'à ce que les eaux de lavage, sursaturées par l'acide azotique ne précipitent plus par le nitrate d'argent ; on essore le filtre soit en plaçant l'entonnoir sur un flacon en relation avec une trompe, soit en le secouant fortement et en épongeant le filtre plié en quatre entre des feuilles de papier à filtre blanc ; puis on le place dans un creuset de porcelaine de Saxe taré que l'on introduit dans le moufle chauffé au rouge-sombre. Lorsque le filtre est complètement carbonisé, on élève la température au rouge-vif que l'on maintient pendant environ deux heures. Au bout de ce temps, le précipité est en général parfaitement blanc. S'il n'en était pas ainsi, on additionnerait le précipité de deux gouttes d'acide azotique concentré ou d'une goutte de solution saturée de nitrate d'ammoniaque, puis on dessécherait complètement au bain de sable et calcinerait ensuite de nouveau avec beaucoup de précaution pour éviter des projections.

On pèse ensuite, et le poids du pyrophosphate de magnésie obtenu est multiplié par 0,6396, ce qui donne le poids d'anhydride phosphorique correspondant.

Le mélange magnésien se compose de:

    Chlorure de magnésium pur cristallisé.   150 grammes.
    Chlorure d'ammonium   —   150 grammes.
    Eau distillée. . . . . pour faire   1 litre.

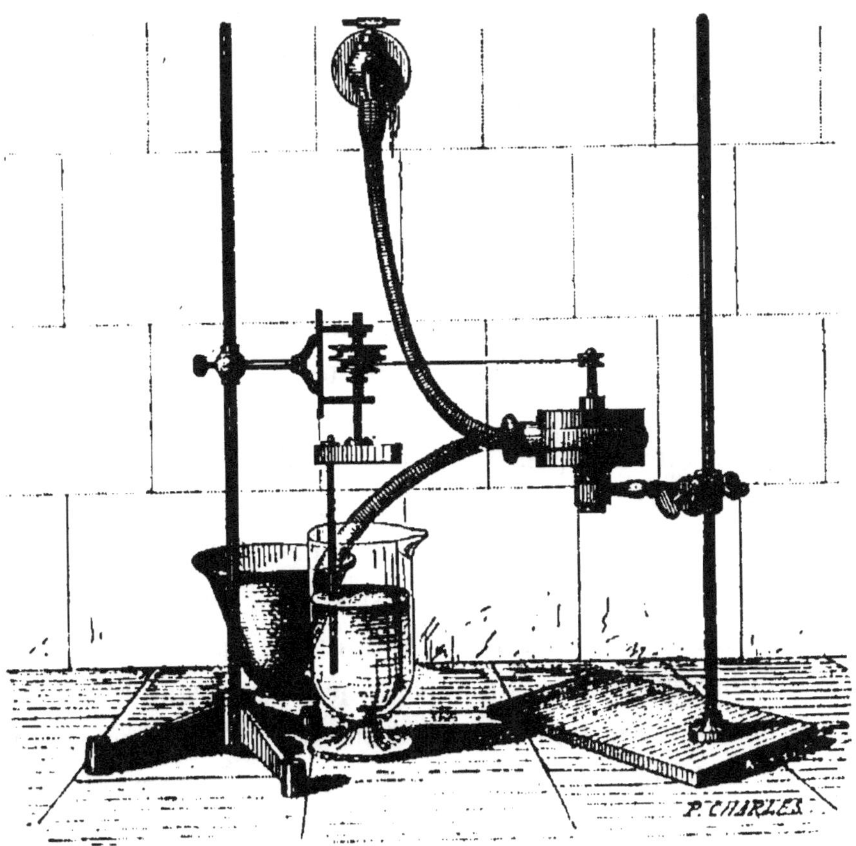

Fig. 30. — Agitateur mécanique.

On emploie depuis peu l'agitation mécanique qui donne d'excellents résultats, et qui permet d'obtenir la précipitation complète en moins d'une demi-heure.

L'appareil représenté par la figure 30 est très commode

lorsque l'on n'a qu'un petit nombre de précipitations à faire.

Il se compose d'une petite turbine à eau montée sur un support de laboratoire, actionnant au moyen d'un cordonnet fin un petit arbre vertical supportant à sa partie inférieure une pince de blanchisseuse dans laquelle est serrée une baguette de verre, constituant l'agitateur.

L'appareil ne nécessite qu'une faible dépense d'eau sous pression élevée, et fonctionne même très bien avec une pression de 4 à 6 mètres.

Lorsque l'on a un grand nombre de précipitations d'acide phosphorique à faire, on emploie avantageusement l'agitateur mécanique de E. Bartmann (fig. 30) qui permet d'opérer à la fois six précipitations.

Nota. — Au lieu de placer l'eau ammoniacale pour le lavage dans une pissette dont le maniement est désagréable, on se trouve bien d'adopter la disposition indiquée par la figure 32 qui ne nécessite aucune description.

On peut modifier cette disposition, lorsque l'on a un grand nombre d'analyses à faire, en faisant partir de la tubulure inférieure du flacon une longue rampe formée de tubes de verre, joints par des tubes de caoutchouc, soutenus par un fil de fer tendu entre deux murs, et passant à 1^m,50 au-dessus de la table de travail. De place en place, un branchement formé d'un T en verre terminé par un tube de caoutchouc de 1^m,50 de longueur muni à sa partie inférieure d'une pince de Mohr et d'un ajutage de verre effilé remplit l'office de la pissette. On dispose parallèlement un appareil pour l'eau distillée et un autre pour l'eau ammoniacale. Cette disposition est des plus commodes.

On peut l'appliquer également à l'eau distillée bouillante

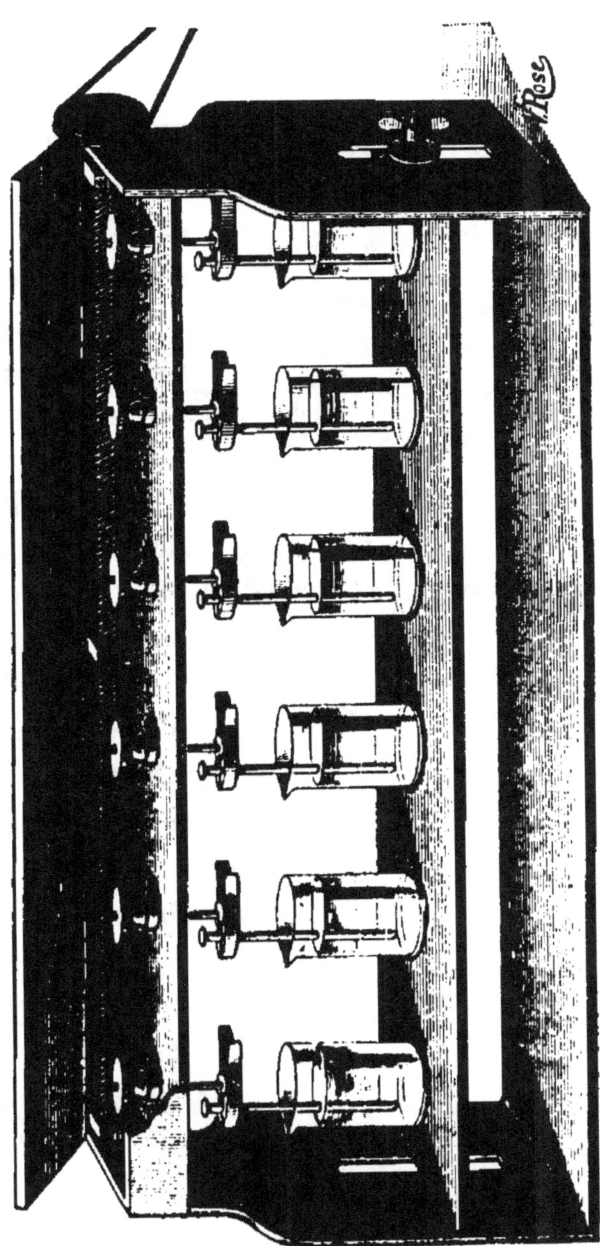

Fig. 31. — Agitateur mécanique.

en remplaçant le flacon tubulé par un grand ballon presque

plein d'eau distillée, placé sur un fourneau à gaz, et muni d'un siphon amorcé terminé par le caoutchouc, la pince et l'ajutage.

b) Lorsque les phosphates sont en dissolution acide, on neutralise par l'ammoniaque employée en léger excès, on redissout les phosphates de chaux ou de magnésie précipités par le moins possible d'acide acétique, on porte à l'ébullition, **on précipite la chaux par l'oxalate d'ammoniaque et l'on termine comme précédemment** (a) p. 61.

B. **Méthode volumétrique.** — L'acide phosphorique contenu dans la dissolution des phosphates de potasse, de soude, d'ammoniaque, de chaux et de magnésie, neutre ou acide, peut être déterminé avec précision au moyen d'une liqueur titrée d'urane.

Cette méthode due à Leconte a été étudiée et

Fig. 32. —
Flacon siphon-laveur [1].

F, flacon ; T, tube prise-d'air ; S, tube à l'eau distillée.

1. Cette figure est extraite de l'excellent ouvrage de M. G. Mercier, *Analyse des Urines* Paris, J.-B. Baillière et fils.

perfectionnée par plusieurs analystes; nous indiquerons le mode opératoire de M. Joulie.

Les liqueurs suivantes sont nécessaires :

1º *Liqueur titrée de nitrate d'urane.* — On dissout 40 grammes de nitrate d'urane aussi pur et neutre que possible dans 600 à 700 centimètres cubes d'eau distillée dans une fiole jaugée de 1 litre. On ajoute peu à peu de l'ammoniaque étendue jusqu'à ce qu'il se forme un léger trouble persistant après agitation ; on fait disparaître ce trouble par l'addition de quelques gouttes d'acide acétique ajoutées peu à peu, puis on complète le volume à 1 litre avec de l'eau distillée. On laisse reposer la liqueur pendant quelques jours, puis on la filtre dans un flacon de 1 litre que l'on bouche à l'émeri.

2º *Solution titrée de phosphate d'ammoniaque.* — On trouve dans le commerce du phosphate acide d'ammoniaque $AzH^4PhO^4H^2$ pur; mais il faut en vérifier la pureté. On dessèche à 100º quelques grammes de ce sel pulvérisé finement, puis on en introduit un poids connu, $0^{gr},500$ par exemple, dans un creuset de porcelaine que l'on a taré après y avoir fait dessécher jusqu'à commencement de fusion environ 2 grammes de litharge pure ; on y ajoute un centimètre cube d'acide azotique pur et 2 ou 3 centimètres cubes d'eau distillée, puis on évapore à sec au bain de sable ; à la fin on chauffe un peu plus fort jusqu'à commencement de fusion. Après refroidissement on pèse, et l'augmentation de poids constatée donne la quantité d'acide phosphorique anhydre contenue dans le poids de phosphate employé. Si l'on a pris $0^{gr},500$ de ce sel, l'augmentation de poids doit être de $0^{gr},3087$.

Le sel étant reconnu pur, on en dissout $3^{gr},239$ dans 1 litre d'eau distillée.

20 centimètres cubes de cette liqueur contiennent 40 milligrammes d'acide phosphorique.

3° *Solution d'acétate de soude acide.* — On prend :

Acétate de soude cristallisé pur.	100 grammes.
Acide acétique cristallisable. .	50 centimètres cubes.
Eau distillée, . . pour faire	1 litre.

4° *Solution de ferrocyanure de potassium.* – On prépare cette solution à raison de 1 gramme de sel pour 10 centimètres cubes d'eau distillée.

Il est préférable d'employer le sel solide; on le porphyrise et au lieu de placer des gouttes de solution sur une assiette graissée, on dispose systématiquement de très petits tas égaux de poudre sur l'assiette. On arrive commodément à ce résultat en renversant le flacon à large ouverture qui contient la poudre très fine (passés au tamis 80) contre la paume de la main; en relevant le flacon avec précaution son col se trouve rempli de poudre tassée sur laquelle on prélève de très petites prises égales au moyen d'une petite cuiller formée d'une lame de cuivre très étroite au bout de laquelle on a pratiqué une petite cuvette en y enfonçant au moyen d'un marteau un clou épointé.

Détermination du titre de la liqueur d'urane. — Dans un vase de Bohême de 150 centimètres cubes de capacité, marqué d'un trait au volume de 75 centimètres cubes, on introduit 20 centimètres cubes de la solution de phosphate d'ammoniaque et 5 centimètres cubes d'acétate de soude; on fait bouillir puis on verse rapidement 6 ou 7 centimètres cubes de la solution d'urane contenue dans une burette graduée. On laisse bouillir après avoir mélangé au moyen d'une baguette de verre, puis on porte une goutte du liquide sur une goutte (ou un petit tas) de ferrocyanure placée sur une assiette ; s'il y a un excès de sel d'urane, il se produit du ferrocyanure d'urane d'une couleur brun foncé. Sinon, on ajoute un demi-centimètre cube de liqueur d'urane environ, on essaye, et ainsi de suite, jusqu'à ce qu'on obtienne la réaction ; à ce moment on verse de l'eau bouillante dans le verre jusqu'au trait de jauge, on laisse bouillir un instant et on refait l'essai au ferrocyanure. On constate que la réaction ne se produit plus ; on ajoute goutte à goutte de la solution d'urane au liquide bouillant, en essayant après chaque addition, jusqu'à ce qu'on observe de nouveau la coloration brune au contact de la goutte du liquide uranique avec le ferrocyanure.

Supposons qu'il ait fallu $8^{cc},6$ de liqueur d'urane pour arriver à ce résultat.

On cherche maintenant par une opération à *blanc* quelle quantité de liqueur d'urane il faut ajouter en l'absence de phosphate à un mélange bouillant de 5 centimètres cubes d'acétate de soude et de 70 centimètres cubes d'eau pour obtenir la réaction : soit $0^{cc},2$.

La quantité réelle de liqueur d'urane employée pour précipiter $0^{gr},040$ d'acide phosphorique est donc de $8^{cc},4$.

1 centimètre cube de liqueur d'urane vaut $\frac{40}{8,4} = 4^{mg},76$.

On recommence la vérification du titre en employant cette fois 10 centimètres cubes de phosphate d'ammoniaque, ce qui doit donner le même titre.

Cette méthode exige une grande habitude pour saisir nettement la fin de la réaction sans employer un excès d'urane ; mais elle donne rapidement de bons résultats aux opérateurs exercés.

Modification de Malot. — Emploi de la cochenille. — On peut employer avec avantage, surtout au point de vue de la rapidité, le procédé Malot, qui dispense des essais à la touche.

Il est basé sur ce fait que la teinture de cochenille vire au vert en présence d'un sel d'urane soluble.

On additionne la solution à titrer de 15 gouttes de teinture de cochenille officinale, on porte à l'ébullition, et on ajoute la solution d'urane, d'abord rapidement, puis goutte à goutte ; il se produit au point où tombent les gouttes d'urane une tache verte qui disparaît facilemement par agitation au milieu du liquide rose, mais plus difficilement quand on approche du virage ; finalement le liquide vire du rose au vert ; on cesse de verser l'urane et on lit le volume employé.

On opère de la même façon pour la fixation du titre de la liqueur et pour les dosages.

§ 2. Dosage de l'acide phosphorique
En présence de l'oxyde de fer et de l'alumine.

La présence des oxydes terreux ne permet pas d'appliquer directement les méthodes du § 1 pour la détermination de l'acide phosphorique.

Mais il existe plusieurs méthodes de séparation au moyen desquelles on peut amener l'acide phosphorique en combinaison avec l'ammoniaque et la magnésie, et en déterminer le poids sous forme de pyrophosphate de magnésie ou par le titrage à l'urane.

Nous décrirons la méthode au molybdate d'ammoniaque et la méthode citrique qui répondent à tous les besoins.

A. Méthode de séparation par le molybdate d'ammoniaque. — Le molybdate d'ammoniaque en solution dans l'acide nitrique donne en présence des phosphates un précipité jaune de phosphomolybdate d'ammoniaque insoluble dans l'eau et dans les acides, mais soluble dans l'ammoniaque. La solution ammoniacale additionnée de mélange magnésien et d'ammoniaque laisse déposer l'acide phosphorique à l'état de phosphate ammoniaco-magnésien.

Comme l'arsenic et la silice donnent aussi des composés molybdiques, il est nécessaire de les éliminer avant de procéder à l'emploi du molybdate ; l'acide sulfhydrique permet de séparer l'arsenic, qui n'existe jamais d'ailleurs en quantité appréciable dans les matières agricoles, et l'évaporation au bain-marie de la solution chlorhydrique permet d'insolubiliser la silice.

Il est également nécessaire de détruire les matières organiques, ce à quoi on arrive facilement par la calcination, qui présente en outre l'avantage d'éliminer les sels ammoniacaux dont un excès (sauf en ce qui concerne le nitrate) est gênant.

Dans le cas où les phosphates sont accompagnés de matière organique, il est nécessaire, surtout s'il existe des phosphates acides, d'additionner la substance avant calcination d'un léger excès de chaux éteinte pour ramener tous les phosphates à l'état de phosphate tricalcique, et éviter ainsi des pertes dues à la réduction des phosphates acides par le charbon.

Enfin, la liqueur ne doit pas contenir beaucoup d'acide chlorhydrique.

Préparation de la liqueur molybdique. — On fait dissoudre 100 grammes d'acide molybdique dans 400 grammes d'ammoniaque d'une densité de 0,95; on filtre le liquide dans un grand verre contenant 1,500 grammes d'acide azotique d'une densité de 1,20, en agitant constamment; le liquide est abandonné au repos pendant quelques jours dans un endroit chaud; puis on décante la partie limpide pour l'emploi.

Précipitation de l'acide phosphorique. — La prise d'essai doit contenir au plus $0^{gr},100$ d'acide phosphorique et son volume ne doit pas dépasser 50 centimètres cubes; on y ajoute 10 centimètres cubes d'acide azotique, si elle n'en contient pas, 6 à 7 grammes de nitrate d'ammoniaque en cristaux, et on porte le tout à l'ébullition dans un vase de Bohème de 200 à 250 centimètres cubes de capacité; on y fait couler lentement tout en agitant, et sans interrompre l'ébullition, 50 centimètres cubes du réactif molybdique qui doivent suffire pour précipiter $0^{gr},100$ d'acide phosphorique; après quelques minutes d'ébullition on laisse déposer, on s'assure en prélevant une partie du liquide limpide qu'il ne précipite plus par l'addition d'une nouvelle quantité de liqueur molybdique et on filtre, sans envoyer le précipité sur le filtre; on le lave par décantation à plusieurs reprises, au moyen d'une solution contenant 3 pour 100 de nitrate d'ammoniaque et 1 pour 100 d'acide azotique; puis on dissout le précipité dans le verre au moyen de quelques centimètres cubes d'ammoniaque additionnés d'autant d'eau distillée bouillante; on place un verre à précipiter propre sous le filtre, et on dissout le précipité entraîné, au moyen du liquide ammoniacal ayant servi à dissoudre la plus grande partie du phosphomolybdate. On lave le verre et le filtre avec de l'ammoniaque au tiers, dont on emploie environ 25 centimètres cubes ; on neutralise à peu près complètement le liquide filtré par l'acide chlorhydrique, et quand il est refroidi, on précipite par la mixture magnésienne comme il est dit plus haut (voir § 1, page 61).

Le phosphate ammoniaco-magnésien obtenu peut être calciné, ce qui le transforme en pyrophosphate de magnésie que l'on pèse, ou titré par l'urane.

B. **Méthodes citriques.** — Les terres (Fe^2O^3, Al^2O^3) associées à l'acide phosphorique en solution acide ne sont pas précipitées par l'ammoniaque en présence d'une quantité suffisante d'acide citrique ; dans ces conditions, le mélange magnésien sépare la totalité de l'acide phosphorique.

Cette propriété de l'acide citrique est mise à profit pour l'analyse de la façon suivante.

a) *Emploi de l'acide citrique.* — La dissolution acide des phosphates est additionnée de petites quantités d'ammoniaque jusqu'à obtention d'un trouble persistant ; on le fait disparaître par une addition ménagée d'une solution aqueuse d'acide citrique à 250 grammes par litre, puis on le fait réapparaître par l'ammoniaque, disparaître par l'acide citrique, jusqu'à ce que la dernière addition d'ammoniaque ne provoque plus de précipité : à ce moment l'acide citrique est en quantité suffisante pour tenir le fer et l'alumine en dissolution ; on ajoute 10 centimètres cubes de mélange magnésien, puis le tiers du volume total d'ammoniaque, on agite longuement et on laisse déposer le phosphate ammoniaco-magnésien que l'on peut calciner pour le transformer en pyrophosphate que l'on pèse, ou dissoudre dans l'acide azotique au $\frac{1}{10}$ pour le titrer par la liqueur d'urane.

b) *Méthode de M. Joulie.* — Pour l'analyse de la partie soluble dans l'eau des superphosphates et pour le dosage de l'acide phosphorique total dans les engrais phosphatés, M. Joulie fait usage d'une liqueur citro-magnésienne ainsi composée.

Acide citrique. . . . . . 400 grammes.
Carbonate de magnésie pur. 22 grammes.
Eau distillée. . . . . . 200 grammes.

Après dissolution du carbonate de magnésie, on ajoute :

Ammoniaque à 22°. 400 centimètres cubes.

Le liquide s'échauffe, le reste de l'acide citrique se dissout ; on laisse refroidir, on verse dans une carafe jaugée de 1 litre et on complète le volume avec de l'eau distillée.

On additionne un volume de solution phosphatée tel qu'il contienne environ 40 milligrammes d'acide phosphorique de 10 centimètres cubes de liqueur citro-magnésienne ; on mélange bien les liquides, puis on ajoute un grand excès d'ammoniaque, environ 30 centimètres cubes. On mélange et agite fortement jusqu'à apparition du précipité : puis on laisse déposer pendant 12 heures.

On filtre sur un filtre sans plis placé sur un entonnoir Joulie et on lave avec l'eau ammoniacale (2 parties d'eau, 1 d'ammoniaque) sans se préoccuper de détacher le précipité du verre ; puis on place sous l'entonnoir un verre de Bohême de 150 centimètres cubes de capacité, portant un trait de jauge à 75 centimètres cubes : on verse dans le verre à précipiter 10 centimètres cubes d'acide azotique au $\frac{1}{10}$ qui dissout ce qui peut rester de précipité adhérent au verre, et on fait passer ce liquide sur le filtre.

On lave le verre, la baguette et le filtre à 4 ou 5 reprises en employant chaque fois 5 ou 6 centimètres cubes d'eau distillée, puis on ajoute dans le verre qui contient la liqueur filtrée et les eaux de lavage de l'eau ammoniacale au $\frac{1}{10}$ jusqu'à ce qu'il se produise un louche persistant. On le fait disparaître par quelques gouttes d'acide nitrique au $\frac{1}{10}$, on ajoute 5 centimètres cubes d'acétate de soude et l'on procède au titrage comme nous l'avons vu plus haut § 1 B.

c) *Modification de M. Aubin.* — Nous renvoyons pour cette méthode à l'analyse des phosphates, 2ᵉ partie, chap. 1ᵉʳ, § 2.

CHAPITRE VI.

DOSAGE DE LA POTASSE.

La potasse se rencontre dans la plupart des matières agricoles ; elle y existe sous deux formes :

1° *A l'état de sels solubles dans l'eau* (azotate, carbonate, phosphate, sulfate, chlorure, sulfure), dans les engrais, les cendres végétales, les sols, le sulfocarbonate de potasse;

2° *A l'état de sels insolubles dans l'eau et même dans les acides* (silicates polybasiques), dans les sols agricoles et dans un grand nombre de roches.

Nous admettrons que la potasse est à l'état de sel soluble dans l'eau, et nous verrons plus loin (3ᵉ partie, chapitre 11,

§ 1 et 3 et chapitre III) comment on l'amène à cet état lorsqu'elle n'y existe pas dans la substance à analyser.

Remarques. — Dans tout ce qui va suivre, nous supposerons : 1º que les sels organiques sont ramenés à l'état de carbonates par calcination, puis à l'état de chlorures ou d'azotates par traitement à l'acide chlorhydrique ou à l'acide azotique et évaporation à sec ;

2º Que les substances contenant des sulfures ou des cyanures seront traitées par l'eau régale, puis évaporées à sec, à plusieurs reprises après addition d'acides chlorhydrique ou azotique pour amener les sels alcalins à l'état de chlorures ou d'azotates suivant les cas.

Recherche qualitative de la potasse. — *Procédé Carnot*. — Ce procédé est basé sur l'insolubilité de l'hyposulfite double de potassium et de bismuth dans l'alcool concentré. Il est applicable en présence des sels de soude, de lithine, d'ammoniaque, de chaux, de magnésie, d'alumine, de fer et de manganèse ; mais non en présence de ceux de baryte et de strontiane et des métaux précipitables par l'hydrogène sulfuré, qui ne se rencontrent pour ainsi dire pas dans les substances agricoles, et que d'ailleurs on pourrait éliminer facilement.

RÉACTIFS. — 1º *Solution alcoolique de chlorure de bismuth*. — On dissout 100 grammes de sous-nitrate de bismuth dans la quantité d'acide chlorhydrique pur strictement nécessaire, en chauffant doucement : après refroidissement, on étend d'alcool à 95º jusqu'à un litre : on laisse déposer et on filtre.

2º *Hyposulfite de soude*. — On en fait une dissolution à 200 grammes par litre dans l'eau distillée.

Emploi. — On verse un ou deux centimètres cubes (mesurés) d'hyposulfite dans un égal volume de liqueur de bismuth, on agite, puis on ajoute quelques gouttes de la dissolution à essayer, aussi concentrée que possible, neutre ou très facilement acide ; on étend le liquide de trois ou quatre fois son volume d'alcool à 95°.

S'il y a de la potasse, on voit apparaître, surtout après agitation, le précipité jaune d'hyposulfite double de potassium et de bismuth.

On peut aussi évaporer quelques gouttes de la dissolution sur un petit morceau de papier à filtrer, puis, après dessiccation, le tremper dans le mélange alcoolique des deux réactifs.

Il se produit alors, en présence de la potasse, une coloration jaune, principalement sur les bords du papier.

Méthodes de dosage de la potasse. — Nous en décrirons trois : la première est applicable quand on se propose de doser séparément la potasse et la soude ; les deux autres sont principalement utilisables lorsqu'on ne cherche que le taux de la potasse.

1° **Dosage à l'état de chloro-platinate de potasse.** — La liqueur doit être débarrassée de la silice, du fer, de l'alumine, du manganèse, de la chaux (éventuellement de la magnésie), de l'ammoniaque, des acides sulfurique et phosphorique.

La méthode la plus sûre et la plus rapide pour arriver à ce résultat consiste à traiter la solution chlorhydrique aussi peu acide que possible et assez étendue par de l'eau de baryte en léger excès ; on fait bouillir et on étend le liquide refroidi à un volume connu, 200^{cc} par exemple ; on mélange bien, on laisse déposer et on filtre sur un filtre sec. On prélève 100^{cc} du liquide filtré (ou une fraction connue), on évapore presque à sec après addition d'un léger excès de carbonate d'ammoniaque.

On filtre dans une capsule de platine, on évapore la liqueur filtrée, à laquelle on ajoute les eaux de lavage ; finalement on évapore à sec, calcine légèrement pour éliminer les sels ammoniacaux et on pèse le mélange de chlorures de potassium et de sodium.

On le redissout ensuite dans un peu d'eau ; on y ajoute assez de chlorure de platine pour transformer les chlorures alcalins en chloroplatinates, en supposant qu'il n'y ait que du chlorure de sodium, de manière à avoir un excès de chlorure de platine.

On évapore à consistance sirupeuse au bain-marie, sans atteindre 100°, puis on reprend par un mélange d'alcool et d'éther (9 parties d'alcool à 95° pour 1 partie d'éther à 65°).

On laisse digérer pendant quelques heures, après avoir bien délayé la matière dans le liquide éthéro-alcoolique ; puis on lave le précipité par décantation, jusqu'à ce que le liquide de lavage soit bien incolore et qu'il ne donne plus de coloration par addition d'iodure de potassium dissous.

On sèche ensuite le chloroplatinate à l'étuve à 100° jusqu'à constance du poids.

On multiplie le poids du chloroplatinate par 0,193 pour connaître le poids de la potasse.

DOSAGE DE LA SOUDE. — On peut achever l'analyse par voie indirecte, car il suffit de retrancher du poids total des chlorures alcalins, celui du chlorure de potassium obtenu en multipliant le poids du chloroplatinate de potasse par 0.305.

Mais il est préférable de déterminer directement le chlorure de sodium.

Pour cela on distille les liquides de filtration et de lavage de manière à réduire le volume à 15 ou 20^{cc} ; on transvase dans un petit verre de Bohème et on évapore à sec. On place sur le vase un bouchon de liège qui le ferme à peu près et qui livre passage à un tube coudé amenant un courant d'hydrogène. Le verre est placé sur un bain de sable chauffé vers 250°.

Dans ces conditions, les sels de platine sont réduits ; quand la réduction est très avancée, on laisse refroidir ; on reprend par quelques gouttes d'eau distillée, on évapore de nouveau et on recommence à faire agir l'hydrogène. La réduction est ainsi mieux assurée. Quand elle est complète, on filtre et lave le platine réduit en recevant les liquides dans une capsule tarée ; on évapore à sec, chauffe à 200° et pèse le chlorure de sodium.

On en déduit le poids de la soude en multipliant par 0,53 [1].

2° Méthode de Corenwinder et Contamine. — Cette méthode, d'une application très générale, donne facilement et rapidement des résultats d'une grande précision.

Il suffit pour l'appliquer que la liqueur soit exempte d'ammoniaque, et autant que possible de grandes quantités de fer et d'alumine.

Lorsque ces derniers corps abondent dans la solution,

1. On peut aussi réduire le résidu de la distillation par le formiate d'ammoniaque pur.

on les élimine par précipitation au moyen d'un léger excès d'ammoniaque ; on filtre (ou on fait un volume déterminé dont on prélève une partie aliquote après dépôt des oxydes), on évapore à sec, on reprend par l'eau régale pour détruire les sels ammoniacaux ; on reprend une ou deux fois par l'acide chlorhydrique pour chasser l'acide nitrique, enfin on évapore presque à sec, le tout au bain de sable. On ajoute alors une solution de chlorure de platine (à 100 grammes de platine par litre) en quantité telle que le platine employé représente trois fois le poids de la potasse supposée (s'il n'y a que peu de soude) et quatre fois le poids supposé des alcalis estimés en potasse, si la soude est abondante dans la matière analysée ; dans tous les cas, il doit y avoir assez de chlorure de platine pour que non seulement toute la potasse, mais aussi toute la soude, passe à l'état de chloroplatinate.

On évapore au bain-marie jusqu'à consistance simpeuse, puis on reprend par un mélange de 9 volumes d'alcool à 95° et de 1 volume d'éther et on laisse digérer quelques heures en couvrant la capsule ou le verre contenant les matières. On décante ensuite sur un filtre sans plis, puis on lave parfaitement le précipité avec le mélange d'alcool et d'éther, de façon à dissoudre le chloroplatine de soude et l'excès de chlorure de platine.

Quand le lavage est terminé, on installe l'entonnoir sur un support au-dessus d'un vase de Bohême à bec de 500ᶜᶜ de capacité, contenant de 10 à 30ᶜᶜ de formiate de soude (préparé comme il est indiqué ci-après), porté à l'ébullition.

On dissout alors le chloroplatinate en envoyant au moyen

d'une pissette un jet d'eau distillée bouillante dans le filtre et on lave complètement celui-ci.

Le chloroplatinate est réduit par le formiate ; on continue à faire bouillir pendant un quart d'heure environ, assez longtemps, dans tous les cas pour qu'après quelques minutes de repos le liquide paraisse incolore ; puis on acidifie franchement ce liquide par de l'acide chlorhydrique versé goutte à goutte, et l'on fait de nouveau bouillir pendant un quart d'heure pour concréter le platine réduit.

On filtre alors sur un filtre lavé sans plis de 9 centimètres placé dans un entonnoir Joulie ; on entraîne le précipité, qui n'adhère pas au verre, au moyen d'un jet d'eau chaude lancé par la pissette, et on lave jusqu'à ce que l'eau de lavage ne donne plus la réaction de l'acide chlorhydrique par addition d'une goutte de nitrate d'argent.

On sèche le filtre, on calcine et on pèse.

Le poids du platine multiplié par 0.4757 donne le poids de la potasse.

Préparation du formiate de soude. — a) *Préparation de l'acide formique.* — Dans une cornue tubulée de 2 à 3 litres de capacité, munie d'un thermomètre, on introduit 750 grammes de glycérine à 30° Baumé et 750 grammes d'acide oxalique ordinaire pulvérisé. On place la cornue dans un bain de sable disposé sur un fourneau, et l'on y ajuste un ballon tubulé à long col, dont la tubulure est fermée par un bouchon muni d'un tube de verre de un mètre de longueur. Le ballon est placé dans un cristallisoir plein d'eau.

On chauffe de manière à atteindre la température de 100° que l'on ne doit pas dépasser. Il se dégage de l'acide carbonique et il distille en même temps de l'acide formique à 18° Baumé contenant environ 56 pour 100 de son poids d'acide formique pur.

De temps à autre, on ajoute de l'acide oxalique pulvérisé, par la tubulure, de manière à maintenir le niveau constant dans la cornue.

On obtient facilement 300 grammes d'acide formique à la concentration indiquée par jour.

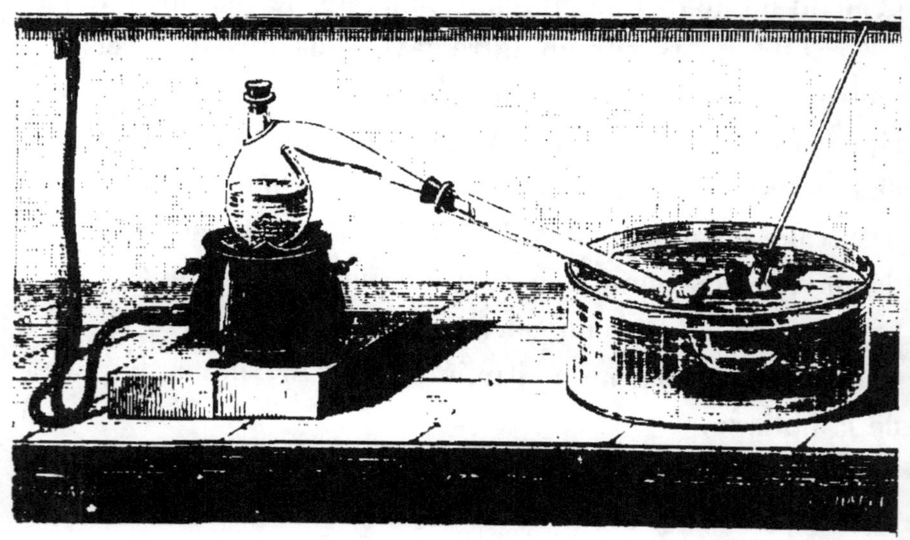

Fig. 33. — Préparation de l'acide formique.

b) *Préparation du formiate de soude.* — Dans un verre à précipiter de 2 litres on place 450ᶜᶜ d'acide formique ; puis on y projette par petites portions environ 875 grammes de carbonate de soude cristallisé, broyé, jusqu'à saturation de l'acide.

On obtient 1 litre de formiate à 29° Baumé, prêt à être employé.

3º **Méthode de M. Schlœsing.** — Elle est basée sur l'insolubilité du perchlorate de potasse dans l'alcool concentré, et applicable après élimination de la silice, des acides sulfurique et phosphorique et de l'ammoniaque.

La solution, acidulée au besoin par l'acide chlorhydrique, est évaporée à sec, reprise par l'eau, puis additionnée d'un léger excès de chlorure de baryum, à l'ébullition ; on filtre, sature par l'ammoniaque et précipite l'excès de baryte, en même temps que la chaux, s'il en existe, par le carbonate d'ammoniaque.

On filtre de nouveau, dans une capsule de porcelaine de 100^{cc}, on lave à l'eau bouillante, puis on évapore à sec la liqueur filtrée.

On traite alors le résidu par l'eau régale (6^{cc} d'acide nitrique, 3^{cc} d'acide chlorhydrique), pour détruire les sels ammoniacaux, en couvrant la capsule d'un entonnoir pour éviter les projections, et on pousse l'évaporation jusqu'à sec. On lave l'entonnoir dans la capsule, on évapore de nouveau avec un peu d'eau régale pour assurer la décomposition complète de l'ammoniaque, on reprend par un peu d'eau bouillante et on transvase dans une petite capsule de porcelaine tarée.

On ajoute 5^{cc} d'acide perchlorique pur contenant 1^{gr},565 d'acide réel, pour 1 gramme de sels alcalins (quantité suffisante pour transformer en perchlorate 1 gramme de chlorure de sodium).

On évapore à sec jusqu'à apparition de fumées blanches dues à l'acide perchlorique en excès.

On reprend par de l'alcool à 92º saturé de perchlorate de potasse, et on décante sur un filtre sans plis ; on lave quatre ou cinq fois le perchlorate avec 10ᶜᶜ du même alcool chaque fois ; puis on fait passer complètement le précipité sur le filtre ; après écoulement du liquide de lavage, on place la capsule tarée sous l'entonnoir, et on dissout le perchlorate au moyen d'un jet d'eau distillée bouillante ; on lave complètement le filtre, puis on évapore à sec le liquide contenu dans la capsule.

L'augmentation du poids de celle-ci, multipliée par 33.93 donne le poids de la potasse.

Observation. — On trouve dans le commerce l'acide perchlorique à un état de pureté satisfaisant. Nous ne décrirons donc pas sa préparation qui est assez compliquée.

CHAPITRE VII.

DOSAGE DE L'ACIDE CARBONIQUE COMBINÉ.

Principe des méthodes. — Tous les carbonates sont décomposables à la température ordinaire par les acides solubles plus fixes que l'acide carbonique. C'est à cette propriété que l'on a recours pour effectuer le dosage de ce dernier.

Il existe trois groupes de méthodes basées sur ce principe ; dans le premier, on expulse l'acide carbonique gazeux seul de l'appareil où se fait la décomposition : on opère par *perte de poids* ; dans le second, on fait absorber par un réactif convenable l'acide carbonique dégagé et l'on détermine l'augmentation de poids du réactif : c'est le dosage de l'acide carbonique *en poids* ; dans le troisième enfin, on recueille l'acide carbonique à l'état gazeux et l'on en mesure le *volume*.

La première méthode ne donne qu'avec peine des résultats précis; mais elle n'exige que peu de temps et des appareils peu encombrants; les deux autres donnent des résultats très exacts.

§ 1. Dosage de l'acide carbonique par perte de poids.

Il existe un nombre considérable d'appareils pour cet usage; celui auquel je donne la préférence et qui est probablement le plus ancien est très facile à construire; en le maniant avec quelque précaution il fournit des résultats satisfaisants: c'est l'appareil de Berzélius et Rose (fig. 34).

Dans le petit ballon on place la prise d'essai avec quelques centimètres cubes d'eau distillée; le tube latéral est presque rempli d'acide sulfurique étendu de son volume d'eau; le tube horizontal, muni d'un fil métallique qui sert à le suspendre au crochet de l'étrier d'une balance de précision est rempli de chlorure de calcium sec[1], destiné à retenir la vapeur d'eau entraînée par l'acide carbonique.

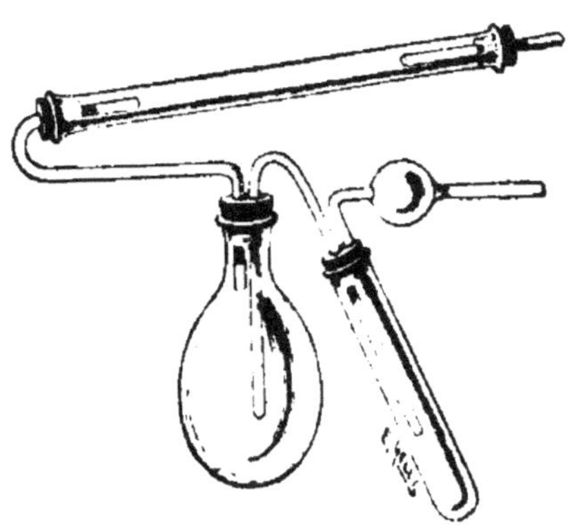

Fig. 34. — Appareil de Berzélius et Rose, pour le dosage de l'acide carbonique.

1. Lorsqu'on emploie le chlorure de calcium pour dessécher l'acide carbonique, on doit, avant de s'en servir, le soumettre au passage d'un courant prolongé d'acide carbonique sec pour saturer

L'appareil étant ainsi monté, on le tare exactement ; puis on ajuste sur le tube à chlorure de calcium un morceau de tube de caoutchouc, et l'on aspire doucement jusqu'à ce que quelques gouttes d'acide viennent tomber sur la matière ; il est quelquefois plus commode de souffler doucement au moyen d'un tube de caoutchouc par le tube à acide ; dans tous les cas le dégagement d'acide carbonique doit être très lent. On continue jusqu'à cessation d'effervescence ; on chauffe avec une flamme très réduite le fond du petit ballon pendant qu'on fait traverser l'appareil par un courant d'air sec. Au bout de quelques minutes, on laisse refroidir et on prend la nouvelle tare de l'appareil : la perte de poids représente l'acide carbonique contenu dans la prise d'essai.

§ 2. Dosage de l'acide carbonique en poids.

L'appareil employé se compose d'un ballon de 200 à 500 centimètres cubes placé sur un fourneau muni d'un bouchon de caoutchouc à deux trous dont l'un livre passage à la queue très effilée à son extrémité d'un petit entonnoir à brome et l'autre à un tube de 8 millimètres de diamètre coudé à angle droit, terminé en biseau à sa partie inférieure. (Il est bon, quoique cela ne soit pas indiqué sur la figure, de l'entourer d'un manchon dans lequel circule un courant d'eau froide.)

Ce tube est relié à une série de trois tubes en U assez grands S, C, D, contenant respectivement de la ponce sul-

la chaux libre qu'il peut contenir, puis enlever l'acide carbonique restant par un courant d'air sec.

furique, de la ponce au sulfate de cuivre anhydre, du chlorure de calcium sec.

Une seconde série de trois petits tubes en U suit la première (p, p', pp''); les deux premiers contiennent de la ponce potassée et le troisième de la chaux sodée en grains dans sa branche de gauche et du chlorure de calcium sec dans sa branche de droite. (On peut avec avantage remplacer le premier tube p et le second p' par un tube de Liebig modifié (fig. 35) contenant de la potasse caustique à 40° Baumé.)

L'appareil se termine à droite par un barboteur b à acide sulfurique que l'on relie à une trompe ou à un aspirateur. Enfin sur la gauche est disposée une colonne à ponce potassée P qui peut être reliée au moyen d'un tube de caoutchouc à l'ouverture de l'entonnoir à brôme (fig. 36).

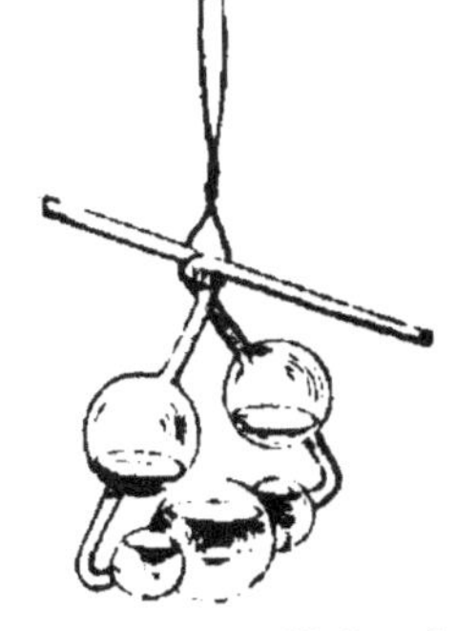

Fig. 35. — Tube de Liebig modifié.

Avant l'opération, les tubes p, p', p'' (ou ceux que nous avons indiqués) sont tarés séparément, chacun étant obturé par de petites baguettes de verre qui doivent toujours être pesées avec le même tube (fig. 37).

La matière (0^{gr}5 de calcaire, 4 à 5 grammes de cendres, 1 à 20 grammes de terre, 250 centimètres d'eau) est introduite dans le ballon, avec 50 à 150 centimètres cubes d'eau distillée bouillie, si elle est solide; on relie tous les tubes comme l'indique la figure 36, puis on introduit au moyen du tube à brôme de l'acide chlorhydrique pur (ou azotique suivant les cas) en ayant soin que la douille soit toujours pleine d'acide; on règle l'arrivée de l'acide de manière à obtenir un dégagement lent et régulier d'acide carbonique, tout en faisant fonctionner doucement l'aspirateur.

Quand le dégagement à froid est terminé, on porte peu à peu le liquide à l'ébullition; pendant ce temps on relie le tube à brôme à la colonne P de ponce potassée, on ouvre le robinet de ce tube, de manière à admettre dans le liquide

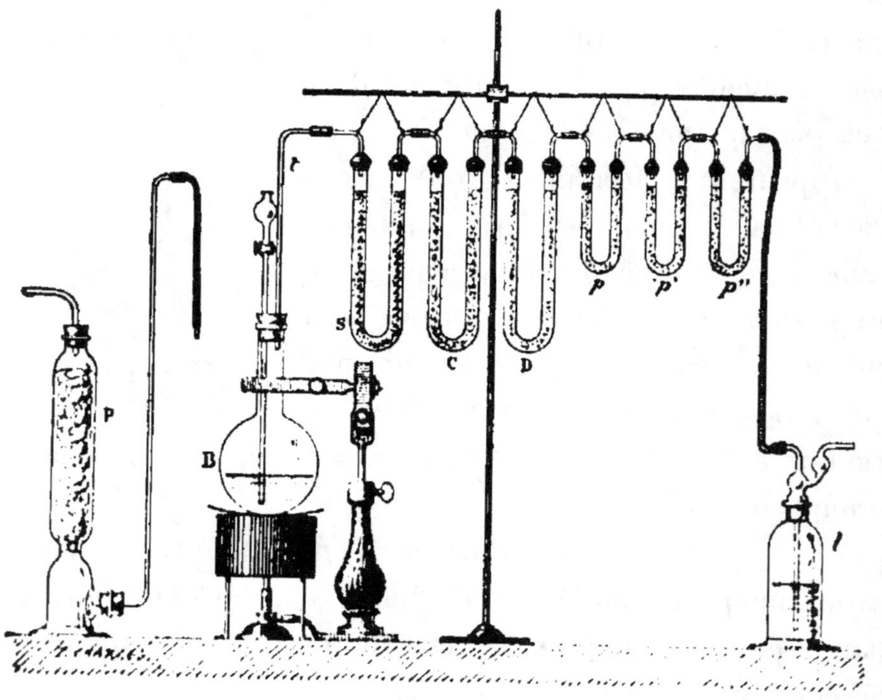

Fig. 36. — Dosage de l'acide carbonique par pesée.

du ballon un faible courant d'air pur arrivant par bulles fines.

Quand l'ébullition faible est obtenue, on la maintient pendant un quart d'heure, ainsi que l'aspiration de manière à bien purger l'appareil.

On détache ensuite les tubes p, p', p'' et l'on détermine leur augmentation de poids, dont le total correspond à l'acide carbonique contenu dans la prise d'essai.

Nota. — La ponce sulfurique se prépare en faisant bouillir la ponce granulée dans un excès d'acide sulfurique concentré contenu dans une capsule de platine; après un quart d'heure d'ébullition on place la capsule sur une dalle et on la couvre d'une cloche; après refroidissement on la vide dans un entonnoir que l'on couvre pendant l'égouttage de l'acide; puis on l'introduit dans le tube en U.

La ponce au sulfate de cuivre anhydre s'obtient en imprégnant la ponce granulée de la quantité suffisante de solution saturée de sulfate de cuivre; on laisse égoutter puis on dessèche à l'étuve à 110°.

Quant au chlorure de calcium, on aura soin de le traiter comme il est indiqué en note au numéro précédent.

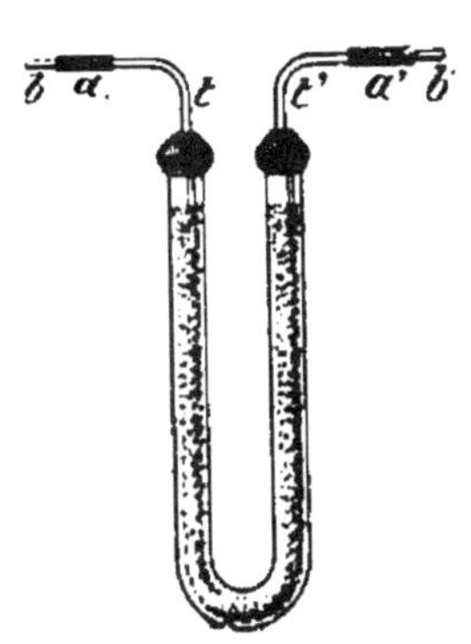

Fig. 37. — Tube en U.

§ 3. Dosage de l'acide carbonique en volume
(Méthode de M. Schlœsing).

L'appareil employé se compose d'un ballon tubulé de 200 centimètres cubes ou plus, disposé sur un bec de Bunsen ou un fourneau à gaz. Le col du ballon est étiré et se relie au moyen d'un bout de tube de caoutchouc à vide à un réfrigérant ascendant dont le tube intérieur a au moins 8 millimètres de diamètre intérieur.

L'autre extrémité de ce dernier est étirée et adaptée au tube de plomb d'une trompe à mercure au moyen d'un caoutchouc à vide.

La tubulure du ballon porte un bouchon de caoutchouc à un trou livrant passage à un tube de verre presque capillaire, relié par un tube de caoutchouc à vide à un petit entonnoir; entre le tube et l'entonnoir il doit y avoir place pour une bonne pince à vis.

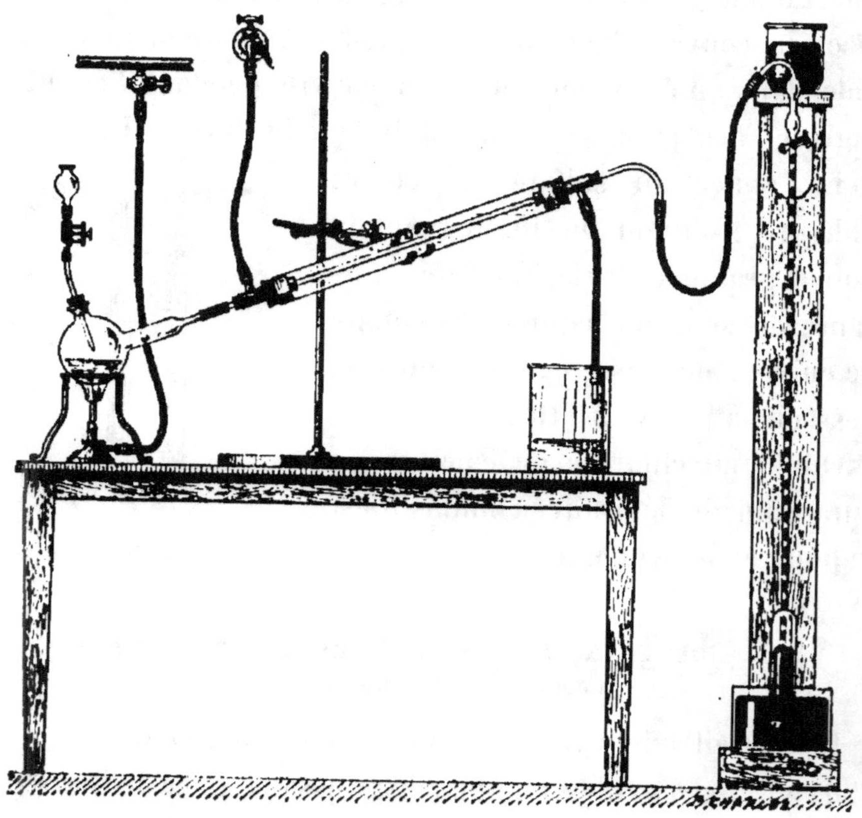

Fig. 38. — Dosage de l'acide carbonique en volume.

Le tube de verre doit être luté dans le bouchon et le bouchon dans la tubulure au moyen d'un mélange de gélatine et de glycérine.

Tous les joints des tubes de caoutchouc sont ligaturés solidement avec du fil de cuivre.

Dans le ballon, on introduit la matière ($0^{gr},5$ de calcaire, 1 gramme de cendres, $0^{gr},5$ à 10 grammes de terre) avec 30 à 50 centimètres cubes d'eau distillée bouillie; on remplit complètement de cette eau la douille de l'entonnoir.

On porte le contenu du ballon à l'ébullition en faisant fonctionner le réfrigérant; dès que l'ébullition est obtenue, on met la trompe en action; la plus grande partie de l'air est expulsée par la vapeur, de sorte qu'au bout de cinq minutes environ le vide est fait dans l'appareil; on s'en aperçoit au bruit sec que produit la chute du mercure dans la trompe, et à ce que la colonne de mercure soulevée dans le tube de la trompe a environ 75 centimètres de hauteur.

On enlève alors le feu et l'on arrête la trompe; on place sur l'extrémité du tube de celle-ci dans la cuve à mercure une cloche graduée remplie de mercure de 125 centimètres cubes au moins; puis on fait arriver peu à peu dans le ballon 20 centimètres cubes d'acide azotique étendu de trois volumes d'eau, au moyen de l'entonnoir dont on desserre la pince avec précaution, de façon à éviter un dégagement tumultueux d'acide carbonique. On a soin de resserrer la pince avant que le tube de l'entonnoir soit vide.

Lorsque le dégagement cesse, on remet la trompe en marche, puis pour terminer l'extraction, on fait de nouveau bouillir le liquide du ballon.

Quand le bruit sec du mercure indique que le vide est obtenu, on arrête la trompe, on éteint le feu, et on mesure le gaz avec toutes les précautions requises.

Pour plus de sécurité, on absorbe ensuite l'acide carbonique par la potasse, et on retranche s'il y a lieu du volume primitif celui du résidu gazeux.

DEUXIÈME PARTIE.

ENGRAIS ET AMENDEMENTS.

On désigne pratiquement sous le nom *d'engrais*, toute substance contenant, sous une forme assimilable par les plantes, un ou plusieurs de leurs aliments principaux : AZOTE, ACIDE PHOSPHORIQUE, POTASSE.

Nous les diviserons en deux grands groupes :

1° Les *engrais naturels* ou *fondamentaux*, qui sont produits à la ferme, ou que le cultivateur peut se procurer facilement dans son voisinage ;

2° Les *engrais commerciaux* ou *complémentaires*, souvent appelés *engrais industriels* ou *engrais chimiques*, dont le commerce est régi par la loi du 4 février 1888.

Engrais naturels.

Nous appelons engrais naturels ou fondamentaux des engrais d'origine végétale, animale ou mixte, produits ou importés dans l'exploitation, généralement pauvres en éléments fertilisants et riches en matières organiques, employés presque toujours à haute dose, et agissant aussi bien comme amendements organiques que comme aliments pour les plantes.

Ce sont des plantes spontanées (bruyères, fougères, plantes marines), des plantes cultivées (trèfles, lupin, moutarde, seigle, etc.), ou des résidus de récoltes (feuilles de betteraves, etc.) constituant les *engrais verts*, ou bien des résidus des industries agricoles (tourteaux, pulpes, drèches, vinasses, etc.). Tels sont les *engrais végétaux*.

Quelques-uns d'entre eux peuvent remplir utilement le rôle de litières pour les animaux avant d'être incorporés au sol (bruyères, fougères, etc.).

D'autres (certains tourteaux, les résidus de brasserie, les pulpes, les marcs de raisins et de pommes, etc.) peuvent être consommés par les animaux.

On leur fera remplir un de ces rôles utiles lorsque cela sera possible, les services qu'ils auront ainsi rendus diminuant leur prix de revient comme engrais.

Parmi les *engrais animaux*, nous trouvons les déjections, le sang et les débris d'animaux et d'insectes.

Enfin dans les engrais naturels d'*origine mixte,* qui sont de beaucoup les plus importants, nous groupons les fumiers, les composts, les gadoues et boues de ville.

CHAPITRE PREMIER.

ENGRAIS COMMERCIAUX.

À l'inverse des engrais naturels, ce sont des substances renfermant les éléments des plantes à l'état de concentration et dont la composition est en général relativement simple.

Ce sont, ou des matières extraites du sol ou des produits manufacturés.

Les premières subissent des opérations mécaniques qui les amènent à la richesse et à la forme convenables pour l'emploi ; les autres sont soumises à des traitements chimiques qui les modifient ou les amènent à un degré de concentration compatible avec leur composition à l'état de pureté.

Les engrais commerciaux contiennent donc une grande proportion de substance utile sous un faible poids ; ils peuvent s'emmagasiner facilement et être transportés à de grandes distances de leurs lieux de production.

On peut les employer isolément ou groupés suivant la composition des sols et les besoins des récoltes ; fractionner leur emploi de manière à ne les distribuer qu'au moment où ils paraîtront utiles.

Ils sont plus maniables que les engrais naturels.

Enfin, ceux-ci sont en général incapables d'enrichir le sol, car ils ne procurent le plus souvent qu'une restitution *partielle* des éléments enlevés par les récoltes, et dans des proportions différentes de celles qui seraient nécessaires pour parer à l'appauvrissement du sol en certains principes ; tandis que les engrais chimiques permettent non-seulement de compenser les pertes, mais encore d'augmenter presque à volonté la richesse du sol en un ou plusieurs éléments fertilisants. Ajoutons que l'action des engrais chimiques est beaucoup plus rapide que celle du fumier et des engrais naturels, et par conséquent plus facile à régler suivant les besoins des récoltes successives.

En résumé, les engrais naturels doivent servir à la fois de base à la fumure par une restitution partielle des éléments fertilisants enlevés par les récoltes, et par leur heureuse action sur les propriétés physiques du sol (ameublissement, etc.); les engrais commerciaux viendront compléter les fumures suivant les besoins, ou enrichir le sol en un ou plusieurs éléments lorsque cela sera nécessaire.

CLASSIFICATION DES ENGRAIS.

Engrais naturels ou fondamentaux.

- d'origine végétale.
  - engrais verts
    - produits sur l'exploitation. — Engrais verts cultivés. Résidus des récoltes.
    - importés dans l'exploitation. — Plantes des forêts et des landes. Plantes marines.
  - déchets des industries agricoles. — Marcs de raisins, de pommes, etc. Tourteaux. Résidus de sucrerie, de distillerie, etc.
- d'origine animale.
  - produits ou non dans l'exploitation. — Déjections de l'homme et des animaux. Débris d'animaux et d'insectes.
- d'origine mixte.
  - produits dans l'exploitation. — Composts. Fumier de ferme
  - importés dans l'exploitation. — Gadoues et boues de ville. Eaux d'égouts.

Engrais commerciaux ou complémentaires.

- phosphatés.
  - phosphates naturels. — Phosphates minéraux. Phosphates d'os. Phosphates métallurgiques.
  - phosphates traités chimiquement. — Superphosphates minéraux. Superphosphates d'os. Phosphates précipités.
- azotés. — engrais azotés minéraux, engrais azotés organiques. — Nitrate de soude. Sulfate d'ammoniaque. Sang desséché, viande, cornes, etc.
- potassiques. — Chlorure de potassium. Sulfate de potasse. Kainite.
- mixtes.
  - naturels. — Nitrate de potasse. Guanos.
  - mélangés ou à formules. — Complets ou incomplets.

§ 1. Engrais azotés.

Engrais minéraux azotés.

Ils comprennent le nitrate de soude (et celui de potasse) d'une part et les sels ammoniacaux.

Analyse des nitrates. — Au point de vue du dosage de l'azote, nous réunirons le nitrate de soude et celui de potasse, quoique le premier soit un engrais simple et le second un engrais mixte azoté et potassique.

Nous n'avons rien à ajouter sur ce sujet à ce que nous avons dit page 52, où nous avons donné toutes les indictions pour le dosage de l'azote nitrique.

Nous devons seulement signaler ici les falsifications que l'on peut rencontrer dans les nitrates.

Le nitrate de soude a été fréquemment falsifié par le sable blanc en petits grains (sable de Nemours).

J'ai signalé autrefois cette fraude, et j'ai rencontré des échantillons de nitrate contenant jusqu'à 50 pour 100 de ce sable.

On s'aperçoit facilement de cette falsification à l'importance du résidu insoluble dans l'eau, qu'il suffit de laver, sécher et peser pour se rendre compte de son importance.

Les nitrates peuvent être aussi mélangés de sel marin ; un dosage du chlore au moyen de la liqueur titrée de nitrate d'argent en présence de quelques gouttes de chromate neutre de potasse permet d'estimer rapidement et avec précision la quantité de sel ajoutée au nitrate.

On a aussi trouvé du sulfate de soude, dont on peut doser

l'acide sulfurique en le précipitant en solution acidulée par l'acide azotique, au moyen du nitrate de baryte.

Enfin, on a falsifié le nitrate de soude en le mélangeant de carbonate de soude, qui fait effervescence avec les acides, et qu'on peut déterminer par un titrage alcalimétrique à chaud, et de kaïnite qui est elle-même un mélange de sulfates de potasse de soude et de magnésie contenant une proportion parfois élevée de chlorure des mêmes bases, que l'on décèle comme il est dit plus haut.

Quant au nitrate de potasse, il est quelquefois falsifié par un mélange de nitrate de soude et de chlorure de sodium en proportions telles que sa richesse en azote nitrique soit normale. Le seul moyen de constater cette fraude est de procéder au dosage de la potasse comme nous l'indiquons plus loin.

Analyse des sels ammoniacaux. — Les sels ammoniacaux susceptibles d'être employés comme engrais sont : le sulfate, le chlorhydrate, l'azotate, le carbonate et le phosphate.

Le premier seul est employé pratiquement.

Le dosage de l'azote se pratiquerait d'ailleurs pour tous à peu de chose près par la même méthode que nous avons décrite page 43.

Nous ajouterons les observations suivantes : le sulfate d'ammoniaque pur contient 21,21 pour 100 d'azote ; les sulfates du commerce dosent de 20 à 21, généralement 20,50 pour 100 d'azote.

On dissout 20 grammes de sel dans une quantité d'eau suffisante pour faire 1 litre à la température ordinaire ; on prélève 25 centimètres cubes de la dissolution rendue homogène par agitation, et on les introduit dans le ballon de l'appareil distillatoire de M. Aubin, qui contenait préalablement 200 centimètres cubes d'eau distillée et 2 grammes de chaux éteinte ou 1 gramme de magnésie récemment calcinée. On relie rapidement le ballon au serpentin ascendant, puis on dispose une fiole contenant 10 centimètres cubes d'acide sulfurique normal de telle façon que l'extrémité du tube effilé qui termine l'appareil plonge dans l'acide ; on établit la circulation d'eau dans le réfrigérant et on allume le gaz sous le ballon.

On chauffe assez rapidement au début ; puis on ralentit le chauffage dès que la distillation commence, et l'on recueille dans l'acide titré environ 60 centimètres cubes de liquide distillé.

Après avoir détaché le tube effilé, on éteint le feu, puis on lave au moyen de la pissette le tube effilé au dehors et en dedans en recueillant les eaux de lavage dans le vase contenant l'acide et l'on procède au titrage au moyen de la liqueur alcaline demi-normale, en opérant comme il est dit pages 33 et suivantes.

Impuretés et falsifications. — Lorsque le sulfate d'ammoniaque ne contient pas au minimum 20 pour 100 d'azote, on doit rechercher les matières étrangères qu'il peut contenir.

Quelquefois le faible titre en azote tient à ce qu'une partie de l'ammoniaque est à l'état de bisulfate ; le produit est fortement acide au tournesol. On détermine facilement la proportion d'acide sulfurique libre par un titrage de la solution du sel à analyser au moyen de la liqueur alcaline demi-normale.

Le sulfate d'ammoniaque peut aussi contenir du sulfocyanate d'ammonium qui est un poison pour les végétaux. Dans ce cas, sa solution aqueuse se colore en rouge par l'addition de perchlorure de fer en solution étendue.

Enfin, le sulfate d'ammoniaque peut être additionné frauduleusement de sable, de chlorure de sodium, de sulfates de soude ou de protoxyde de fer. Pour mettre en évidence ces falsifications il suffit de calciner au rouge sombre un poids connu du sel dans une capsule de platine tarée ; le sulfate d'ammoniaque se volatilise et la matière ajoutée reste dans la capsule : on en prend le poids, et on en détermine facilement la nature par les procédés de l'analyse qualitative.

Engrais azotés organiques.

Les matières organiques azotées employées comme engrais sont nombreuses, mais d'une importance très diverse ; les formes sous lesquelles elles se présentent sont également très différentes : de sorte qu'on ne peut pas leur appliquer à toutes le même traitement pour les amener à l'état convenable pour le dosage de l'azote.

Les principales sont : le sang desséché, la viande sèche moulue, les débris de corne torréfiés ou non, les déchets de laine et de drap, le cuir moulu torréfié ou non.

La préparation mécanique de l'échantillon est très importante, surtout lorsqu'on applique la méthode de la chaux sodée. Lorsque la matière est friable, comme le sang desséché, la viande sèche, la corne torréfiée, le cuir torréfié, on la passe au moulin à noix d'acier ou au moulin Girard (voyez figure 48) de manière à la réduire en poudre très fine.

On en pèse ensuite $0^{gr},500$ à 1 gramme suivant sa richesse présumée (10 à 14 pour 100 pour le sang, 6 à 10 pour la viande, 10 à 13 pour la corne, 8 à 10 pour le cuir), et on lui applique soit la méthode de la chaux sodée, soit la méthode de Kjeldahl (voir pages 26 et 38).

Lorsque la matière est difficile à réduire en poudre fine ou que par sa nature même elle est peu homogène, comme il arrive pour les débris de laine, de drap, de cuir, etc., on commence par la diviser en fragments assez petits sur un billot de bois dur au moyen d'une hache ou d'un couperet ; puis on mélange intimement la masse et on en prélève un échantillon important, 100 grammes par exemple, que l'on traite par la méthode suivante due à M. Grandeau.

On dessèche l'échantillon pesé à l'étuve à 100-110° ; puis on l'introduit dans un vase de Bohême d'une capacité de 1 litre, et on l'arrose d'une quantité d'acide sulfurique monohydraté suffisante pour recouvrir complétement la matière ; on place le vase à l'étuve à air ou sur le bain de sable de M. Schlœsing (fig. 39) et on chauffe vers 70 ou 80° pendant 6 à 12 heures en agitant fréquemment. La matière se dissout dans l'acide qui finit par former un liquide homogène contenant une partie de l'azote sous forme ammoniacale. A ce moment on la verse sur du blanc d'Espagne en poudre fine contenu dans un grand mortier de porcelaine, et on saupoudre de blanc d'Espagne le liquide qui reste attaché à la paroi interne du verre de Bohême ; en s'aidant d'une spatule et répétant les additions de carbonate de chaux, on détache complétement tout ce qui restait dans le verre et on l'ajoute au contenu du mortier ; on continue à ajouter dans celui-ci du carbonate de chaux que l'on incorpore dans la masse au moyen de la spatule et du pilon, et on finit par obtenir une poudre grise presque sèche que l'on rend homogène en la broyant dans le mortier. Le plâtre qui s'est formé par l'action de l'acide sulfurique sur le carbonate de chaux a fait prise et absorbé l'eau contenue dans la masse.

Si l'on a eu soin de noter la quantité d'acide sulfurique employé, on a pu calculer à l'avance le poids de blanc d'Espagne nécessaire pour sa saturation et préparer cette quantité à l'avance.

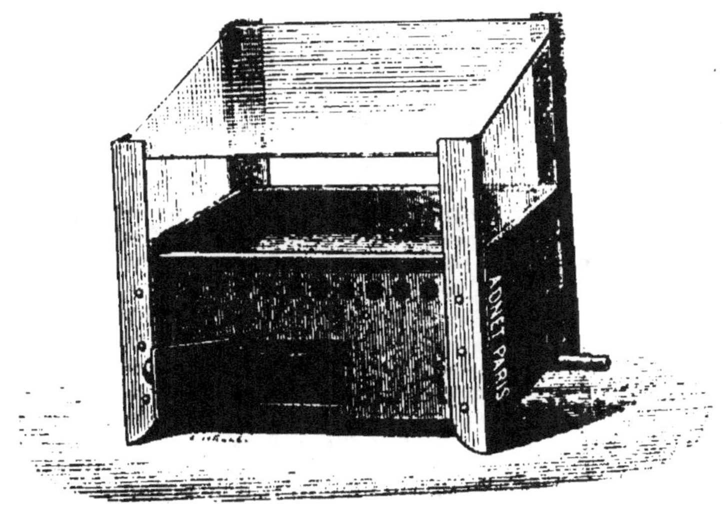

Fig. 39. — Étuve à bain de sable.

L'opération étant terminée, on pèse la poudre obtenue, puis on en prélève 2 ou 3 grammes pour le dosage de l'azote par la chaux sodée, que l'on conduit comme s'il s'agissait d'une substance homogène.

On peut également, comme l'indique M. Vivien, prendre une partie aliquote de la bouillie sulfurique homogène et la traiter par le procédé de Kjeldahl.

Remarque. — L'acide sulfurique employé doit être exempt de composés nitreux ; or un tel acide contient presque toujours de petites quantités d'ammoniaque provenant du traitement destiné à détruire les composés nitreux. On doit donc faire subir aux résultats obtenus une correction dont on détermine l'importance par un dosage d'azote ammoniacal pratiqué sur 20 centimètres cubes d'acide sulfurique que l'on verse d'abord lentement dans 100 centimètres cubes d'eau distillée, puis que l'on sature ensuite avec précaution par de la lessive de soude décarbonatée dans le ballon de l'appareil de M. Schlœsing. On distille ensuite de manière à obtenir 50 centimètres cubes de liquide que l'on reçoit dans 10 centimètres cubes d'acide décime normal.

On titre cet acide au moyen de la liqueur alcaline vingtième normale et l'on détruit du titrage la teneur de l'acide sulfurique en azote.

§ 2. Engrais phosphatés.

1º Engrais phosphatés naturels. — *Composition.* — Les phosphates naturels contiennent tous une proportion plus ou moins élevée d'acide phosphorique à l'état insoluble dans l'eau, en combinaison avec la chaux (phosphate tricalcique) ou avec l'alumine et le sesquioxyde de fer.

On aura donc toujours à déterminer, au point de vue agricole, l'acide phosphorique insoluble dans tous ces produits.

Souvent il faudra doser la chaux, l'oxyde de fer et l'alumine, la magnésie, l'acide carbonique et le fluor, au point de vue de la fabrication des superphosphates.

Enfin, quelques phosphates d'os (poudres d'os verts, dégraissés, dégélatinés, noirs d'os) renferment de l'azote, dont il y aura lieu de faire le dosage.

A. Phosphates fossiles. — a) *Méthode molybdique.* — On attaque 10 grammes de phosphate dans une fiole d'Erlenmayer par un mélange de 50^{cc} d'eau et de 50^{cc} d'acide azotique à 40° Baumé. Lorsque le phosphate est très calcaire, on doit verser l'acide avec précaution ; on fait bouillir pendant un quart d'heure, puis après refroidissement, on amène le volume total à 200^{cc}, en transvasant, sans filtrer, dans une fiole jaugée. On prélève 100^{cc} du liquide qu'on évapore à siccité dans une capsule pour éliminer la silice.

On reprend la matière par 10^{cc} d'acide azotique et 10^{cc} d'eau, on chauffe presque à l'ébullition, et on filtre dans une fiole jaugée de 100^{cc} ; on lave la capsule et le filtre et on amène le volume à 100^{cc} après refroidissement.

Si le phosphate est riche (20 pour 100 et au delà), on prend 10^{cc} correspondant à 0^{gr},5 ; s'il est de richesse moyenne, on prend 20^{cc} correspondant à 1 gramme, et on précipite par le molybdate d'ammoniaque (voyez p. 71) en employant 50^{cc} de molybdate par décigramme d'acide phosphorique présumé.

b) *Méthode citrique ; modification de M. Aubin.* — Dans un ballon de 200 grammes environ, on attaque 1 gramme de phosphate par 10^{cc} d'acide chlorhydrique et l'on porte à l'ébullition pendant 10 minutes ; on ajoute 50 centimètres cubes d'eau, 20 centimètres cubes de citrate d'ammoniaque, puis 10 centimètres cubes d'acide acétique à 8° Baumé, en s'assurant que la liqueur est franchement acide.

On porte la liqueur à l'ébullition, on y projette environ 1^{gr},5 d'oxalate d'ammoniaque, on laisse refroidir et on s'assure par quelques gouttes de solution d'oxalate que la chaux est entièrement précipitée. S'il n'en était pas ainsi, on ajouterait encore quelques décigrammes d'oxalate en cristaux. Après quelques minutes d'ébullition, on laisse déposer l'oxalate de chaux et on décante le liquide limpide sur un filtre; on lave le résidu à plusieurs reprises à l'eau bouillante jusqu'à ce qu'on ait obtenu 200^{cc} de liquide filtré. Après les premiers lavages à l'eau, on ajoute sur l'oxalate de chaux un ou deux centimètres cubes de citrate d'ammoniaque destiné à en extraire les petites quantités d'acide phosphorique entraîné, et on achève le lavage, comme il vient d'être dit.

Après refroidissement, on ajoute 10 centimètres cubes d'une solution magnésienne contenant 1^{gr},5 de chlorure de magnésium cristallisé, puis 50 centimètres cubes d'ammoniaque.

Pour que la précipitation de l'acide phosphorique soit complète, il faut qu'il y ait un excès de magnésie dans la liqueur. Dans les conditions de la méthode employée, il faut que cet excès soit de 250 à 350 milligrammes. Un excès moindre pourrait faire perdre un peu d'acide phosphorique; un excès trop grand pourrait au contraire donner une surcharge attribuable à du phosphate tribasique de magnésie entraîné. On mettra donc des quantités de liqueur magnésienne variables avec la proportion présumée d'acide phosphorique, de manière à avoir toujours l'excès voulu.

Le phosphate ammoniaco-magnésien est recueilli sur un filtre au bout de douze heures, lavé à l'eau ammoniacale (2 parties d'eau distillée, 1 partie d'ammoniaque à 22° Baumé).

On sèche et calcine au moufle et pèse.

Le poids du pyrophosphate de magnésie multiplié par 63,96 donne le taux pour 100 de l'acide phosphorique contenu dans la substance analysée.

B. Phosphates d'os. — Ces produits, qui comprennent les poudres d'os verts, dégraissés, dégélatinés, les noirs d'os, de raffinerie, de sucrerie, et les cendres d'os, contiennent des matières organiques, sauf ces dernières.

On devra donc calciner les prises d'essai avant de leur appliquer les méthodes décrites ci-dessus.

Dosage de l'azote. — Dans les produits d'os, à l'exception des cendres, il existe une proportion variable d'azote à l'état organique (de 1 à 4 pour 100).

On en fera le dosage sur 1 gramme de matière finement pulvérisée par la chaux sodée (voyez p. 26) ou par la méthode de Kjeldahl (voyez p. 38).

C. Phosphates métallurgiques. — Ces matières, qui sont les scories de déphosphoration de la fonte dans la fabrication de l'acier par le procédé Thomas-Gilchrist, sont aussi connues sous le nom de *scories de déphosphoration* et de *scories* ou *phosphates Thomas*[1].

Elles contiennent de 10 à 20 pour 100 d'acide phosphorique combiné à la chaux sous forme de phosphate tricalcique et peut-être de phosphate tétracalcique, avec un grand excès de chaux.

Les deux méthodes précédemment décrites pour les phosphates fossiles leur sont applicables ; cependant, l'attaque doit toujours être faite par l'acide chlorhydrique ; après

---

1. Voy. Le Verrier, *La Métallurgie en France*. Paris, 1894, art. Déphosphoration, p. 75.

élimination de la silice par évaporation, on chasse l'acide chlorhydrique par l'acide azotique, en évaporant à sec et répétant deux ou trois fois l'opération, si l'on veut appliquer la méthode molybdique.

2º Phosphates ayant subi un traitement chimique. — Les superphosphates sont des phosphates rendus partiellement solubles par un traitement à l'acide sulfurique.

L'action de cet acide n'est jamais complète, de sorte que ces produits contiennent de l'acide phosphorique sous les formes suivantes :

Acide phosphorique libre.
Phosphate monocalcique. . } solubles dans l'eau.

Phosphate bicalcique. . .
Phosphate d'alumine. . . } solubles dans le citrate d'ammoniaque.
Phosphate de fer. . . .

Phosphate tricalcique. . . { insoluble dans l'eau et dans le citrate, soluble dans les acides.

Les superphosphates d'os verts (ou os dissous), d'os dégraissés, d'os dégélatinés, contiennent en outre de l'azote organique (de 2,5 à 0,5 pour 100).

D'après les usages commerciaux, on ne facture généralement pas l'acide phosphorique insoluble contenu dans les superphosphates, et les transactions se font soit d'après la richesse en acide phosphorique soluble dans l'eau, soit d'après la richesse en acide phosphorique soluble dans l'eau et dans le citrate, ou, comme l'on dit en simplifiant, soluble eau et citrate, ou même soluble citrate.

Cependant, il est souvent intéressant de se rendre compte de la teneur d'un superphosphate en acide phosphorique insoluble, soit pour suivre une fabrication, soit pour déceler une falsification ; on aura donc à déterminer dans les superphosphates en général :

L'acide phosphorique soluble dans l'eau ;

L'acide phosphorique soluble dans l'eau et dans le citrate ;

L'acide phosphorique insoluble.

Ce dernier sera plus commodément dosé par différence, en déterminant l'*acide phosphorique total*, dont on soustraira l'acide phosphorique soluble eau et citrate.

En outre, dans les superphosphates d'os, il y aura lieu de doser l'azote.

Dosage de l'acide phosphorique soluble dans

Fig. 40. — Mortier ordinaire.

l'eau. — On pèse 2 grammes de matière que l'on place dans un petit mortier de verre (fig. 40 et 41) dont on a graissé le bec avec du suif ; on ajoute 10cc d'eau distillée, et l'on agite légèrement avec le pilon sans broyer la matière ; on décante au bout d'une minute de repos sur un filtre sans pli placé dans un entonnoir sur une fiole jaugée de 200cc.

On agite de nouveau la matière avec 10cc d'eau distillée,

on décante, et on répète l'opération trois fois, de manière à enlever par ce lavage rapide les acides libres qui pourraient réagir sur le phosphate non attaqué.

On broie alors finement le résidu dans le mortier et on le fait passer sur le filtre au moyen de la pissette, puis on le lave à l'eau distillée jusqu'à parfaire le volume de la fiole jaugée.

Lorsqu'il s'agit de superphosphates minéraux, le liquide filtré, quoiqu'il ait passé parfaitement limpide, se trouble, ou du moins devient opalescent : ce trouble est dû à la

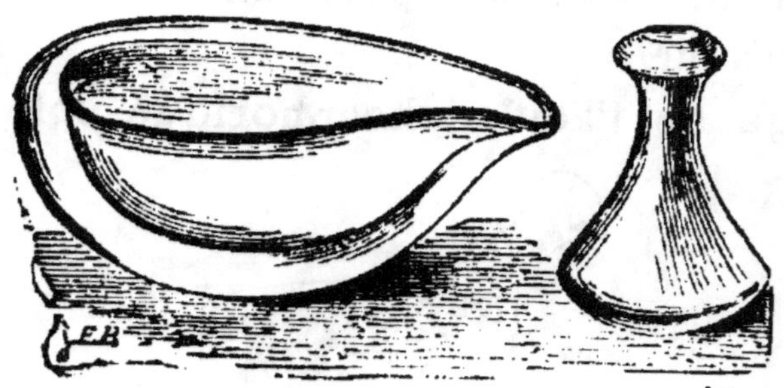

Fig. 41. — Mortier Joulie

précipitation d'un peu de phosphate bicalcique qui se produit par l'action de l'eau sur le phosphate monocalcique.

On le fait disparaître, avant d'avoir obtenu le volume total, en ajoutant au liquide du ballon une ou deux gouttes d'acide chlorhydrique.

Lorsque le volume est obtenu, on mélange avec soin le liquide et on en prélève 50 centimètres cubes (correspondant à 0^{gr},5), on y ajoute 20 centimètres cubes de liqueur citro-magnésienne de Joulie, on mélange bien le liquide, puis on l'additionne de 40 à 50 centimètres cubes d'ammoniaque à 22°.

On agite au moyen d'une baguette de verre, en ayant soin de ne pas toucher les parois du verre, jusqu'à ce que le précipité se forme bien nettement, puis on laisse reposer pendant 12 heures, sous une cloche.

On filtre, lave, sèche et calcine le précipité de phosphate ammoniaco-magnésien, avec les précautions indiquées.

LIQUEUR CITRO-MAGNÉSIENNE :

Acide citrique. . . . . . . 400 grammes.
Carbonate de magnésie pur.. . 22 grammes.
Eau distillée. . . . . . . 200 grammes.

Mélanger dans une capsule et laisser dissoudre le carbonate de magnésie ; lorsqu'il a disparu, ajouter :

Ammoniaque à 22⁰. . . . . 400 centimètres cubes.

Le liquide s'échauffe, l'acide citrique achève de se dissoudre. On laisse refroidir, on verse dans une carafe jaugée, on parfait le volume d'un litre avec de l'eau distillée et on conserve pour l'usage.

Dosage de l'acide phosphorique soluble dans le citrate d'ammoniaque. — Le filtre qui contient le résidu insoluble dans l'eau de 2 grammes de superphosphate de l'opération précédente, est retiré avec précaution de l'entonnoir dans lequel il se trouve, et introduit tout humide dans une fiole jaugée de 100 centimètres cubes.

On le traite par 40 centimètres cubes de citrate d'ammoniaque de Joulie, que l'on verse d'abord dans le mortier où l'on a fait le broyage ; on y lave le pilon, et l'on transvase le citrate, au moyen de l'entonnoir qui a déjà servi, dans le ballon.

Finalement, on rince le mortier, le pilon et l'entonnoir avec quelques centimètres cubes d'eau.

On bouche alors le ballon au moyen d'un bouchon de caoutchouc, et l'on agite fortement son contenu à plusieurs reprises pendant quelques heures.

Si le broyage dans le traitement par l'eau a été bien fait et si le superphosphate ne contient pas de sable, presque tout se dissout, et le liquide n'est que plus ou moins louche.

Sinon, on laisse le contact durer 12 heures.

Au bout de ce temps, on complète le volume avec de l'eau distillée, on agite fortement pour rendre le liquide homogène et on filtre sur un filtre à plis de 100 centimètres cubes bien sec.

On prélève 50 centimètres cubes du liquide filtré, représentant 1 gramme de matière, on y ajoute 10 centimètres cubes de mélange magnésien, puis 30 centimètres cubes d'ammoniaque, on agite vivement au moyen d'une baguette de verre et on laisse reposer pendant 12 heures.

On filtre, lave, sèche et calcine le phosphate ammoniaco-magnésien comme ci-dessus.

On obtient ainsi l'acide phosphorique du phosphate bi-calcique et des phosphates d'alumine et de fer, c'est-à-dire l'acide phosphorique insoluble dans l'eau, mais soluble dans le citrate d'ammoniaque.

Si l'on voulait doser en bloc l'acide phosphorique soluble dans l'eau et celui qui est soluble dans le citrate, on prélèverait 50^{cc} de la solution aqueuse (correspondant à 0^{gr},500) 25^{cc} de la solution dans le citrate (correspondant à 0^{gr},500) que l'on verserait dans un même verre; on y ajouterait 10 centimètres cubes de mélange magnésien, puis 30 à 40 centimètres cubes d'ammoniaque, pour précipiter le phosphate ammoniaco-magnésien; on obtiendrait ainsi l'acide phosphorique soluble eau et citrate de $0^{gr},500$ de matière.

CITRATE D'AMMONIAQUE DE JOULIE.

Acide citrique pur. . . . . 400 grammes.
Ammoniaque à 22°. . . . . 500 centimètres cubes.

Après dissolution et refroidissement, on transvase le liquide dans une carafe jaugée de 1 litre, et on achève de remplir jusqu'au trait de jauge avec de l'ammoniaque à 22°.

MÉLANGE MAGNÉSIEN.

Chlorure de magnésium cristallisé. . 100 grammes.
Chlorhydrate d'ammoniaque. . . . 140 grammes.
Ammoniaque pure. . . . . . . 700 grammes.
Eau distillée pour faire. . . . . 2 litres.

Dosage de l'acide phosphorique total. — S'il s'agit d'un superphosphate minéral, on en attaque 10 grammes par l'acide azotique ou l'acide chlorhydrique, on étend le produit de l'attaque à 200^{cc}, et on dose l'acide phosphorique sur 20^{cc}, correspondant à 1 gramme, par la méthode molybdique ou la méthode citrique, comme s'il s'agissait d'un phosphate fossile.

Si l'on se trouve en présence d'un produit contenant des matières organiques (superphosphates d'os, de noir, phospho-guano, etc.), on calcine 10 grammes de l'engrais après les avoir mélangés de chaux éteinte en quantité suffisante pour neutraliser l'acidité du produit.

On facilite le mélange par l'addition de quelques gouttes d'eau, on dessèche au bain de sable, puis on calcine dans le moufle au rouge sombre, avant d'attaquer par l'acide convenable.

Dosage de l'azote dans les superphosphates d'os et le noir animal. — On emploie 1 gramme de matière, et l'on dose l'azote par la chaux sodée (voyez p. 26) ou par la méthode de Kjeldahl (voy. p. 38).

Phosphates précipités.

Ces produits proviennent de l'extraction de la gélatine des os par le traitement par l'acide chlorhydrique.

Ce traitement laisse l'osséine insoluble, pendant que les phosphates de chaux et de magnésie se dissolvent.

La solution chlorhydrique traitée par un lait de chaux donne un *précipité* composé de proportions de phosphates bicalcique et tricalcique variables suivant la concentration et la température des liquides.

L'habileté du fabricant consiste à obtenir le plus possible de phosphate bicalcique.

Ces produits contiennent de 30 à 45 pour 100 d'acide phosphorique total, dont 50 à 95 centièmes sous forme de phosphate bicalcique soluble dans le citrate.

On aura donc à déterminer l'acide phosphorique soluble dans le citrate et l'acide phosphorique total.

Ces déterminations se font comme s'il s'agissait d'un superphosphate, avec cette différence que le produit étant beaucoup plus riche et ne contenant pas de magnésie, on traitera 0^{gr},500 directement par le citrate, en broyant dans un mortier; on étendra à 100^{cc} dans une fiole jaugée après suffisante digestion, et on précipitera l'acide phosphorique sur 50 centimètres cubes de solution, correspondant à 0^{gr},250 de matière.

Pour l'acide phosphorique total, on attaquera 5 grammes

par l'acide azotique, on étendra à 200 centimètres cubes et on dosera l'acide phosphorique sur 10 centimètres cubes représentant $0^{gr},250$.

Recherches accessoires concernant les engrais phosphatés.

Les déterminations que nous avons indiquées précédemment sont celles que l'on a toujours à faire dans les engrais phosphatés.

Cependant on peut avoir dans certains cas à doser d'autres éléments que ceux dont nous avons parlé.

Nous allons les passer en revue en indiquant les méthodes à appliquer.

Recherche et dosage du fluor. — Certains phosphates et superphosphates contiennent du fluor, dont il peut être utile de déterminer la proportion, soit au point de vue de la fabrication des superphosphates, soit au point de vue de l'origine de la matière.

On s'assure de sa présence en traitant 3 ou 4 grammes de matière réduite en poudre fine par l'acide sulfurique concentré, dans un creuset de platine que l'on couvre au moyen d'une plaque de cristal bien polie; on chauffe au bain de sable à 150°.

L'acide fluorhydrique se dégage et dépolit la lame de cristal.

Cependant, si la silice existe dans la matière en telle quantité que tout le fluor passe à l'état de fluorure de silicium, la lame n'est pas dépolie, mais lorsque l'on découvre le creuset, une épaisse fumée blanche se produit au contact de l'air humide, grâce à la décomposition du fluorure de silicium par la vapeur d'eau de l'atmosphère.

Pour doser le fluor dans un phosphate fossile, on traite à froid par l'acide acétique 10 grammes de phosphate finement broyé au mortier d'agate, jusqu'à ce que tout le phosphate et le carbonate de chaux soient dissous. On lave à l'eau le résidu, puis on le dessèche, et le mélange avec 6 à 7 fois son poids de silice pure divisée.

Ce mélange est chauffé presque au rouge sombre pour en enlever toute humidité, puis introduit tout chaud dans un tube de forme spéciale T.

Ce tube communique d'un côté avec des tubes en U a et a' dont le premier contient de la ponce potassée et le second de la ponce sulfurique; ces tubes sont destinés à purifier l'air qui sert au balayage.

Par son autre extrémité, le tube T est relié à une ampoule k remplie de ponce imprégnée d'une solution de soude à 10 pour 100 destinée à absorber le fluorure de silicium qui se dégage.

Un tube en U, b, rempli de ponce sulfurique retient la vapeur d'eau qui pourrait se dégager de k.

Enfin un flacon de Mariotte sert d'aspirateur.

Les tubes k et b étant tarés avant l'opération, leur augmentation de poids donnera le poids du fluorure de silicium dégagé.

L'appareil étant ainsi préparé, on introduit dans le tube T 25 centimètres cubes d'acide sulfurique pur monohydraté; on adapte les joints de caoutchouc et on détermine une aspiration lente au moyen du flacon de Mariotte.

On chauffe ensuite à 120° environ et l'on maintient cette température pendant 2 à 3 heures; puis on pèse les tubes k et b.

Leur augmentation de poids, multipliée par $0^{gr},731$ donne le poids de fluor contenu dans les 10 grammes de phosphate employés.

On doit éviter dans cette opération toute trace d'humidité et de matières organiques, et ne pas dépasser la température de 120°.

Préparation de la silice. — On emploie avec avantage

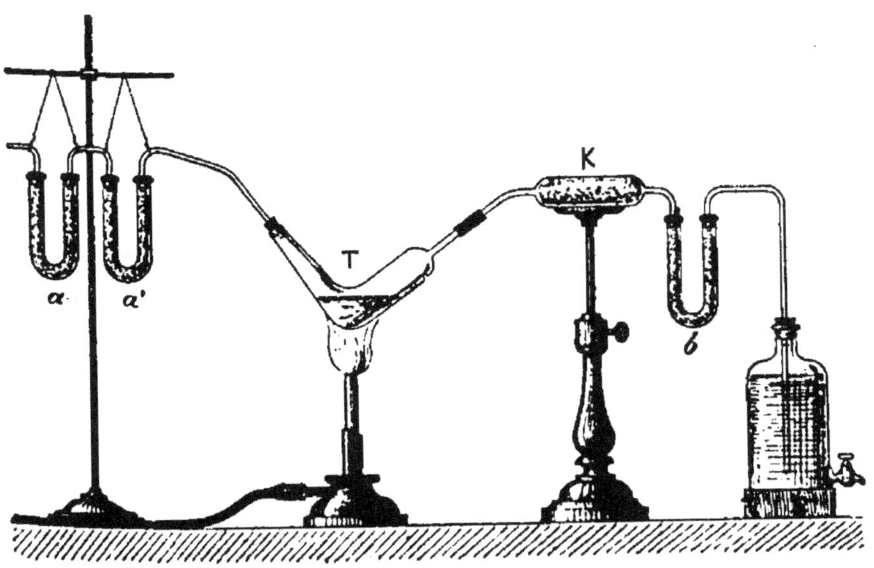

Fig. 42. — Dosage du fluor.

de la silice extraite des cendres de coke par ébullition dans l'eau acidulée par l'acide chlorhydrique, après tamissage au tamis de soie.

On doit préalablement s'assurer que ces cendres sont exemptes de fluor.

Après lavage à l'acide, on lave à l'eau complétement, puis on sèche.

Dosage de l'alumine. — *Méthode de H. Lasne.* —

Réactifs spéciaux : Acide chlorhydrique au $\frac{1}{10}$ et au $\frac{1}{20}$; Soude à la baryte (exempte de silice et d'alumine) ; Phosphate de soude pur à 100 grammes par litre ; Phosphate d'ammoniaque pur à 100 grammes par litre ; Chlorhydrate d'ammoniaque à 125 grammes par litre ; Hyposulfite d'ammoniaque à 150 grammes par litre ; Acétate d'ammoniaque en solution saturée ; Ammoniaque pure étendue.

Principe de la méthode. — Dans une solution rendue alcaline par la soude, exempte de silice, de glucine, de plomb, de zinc, en présence d'un excès d'acide phosphorique, l'alumine reste dissoute avec l'excès d'acide phosphorique ; les protoxydes sont précipités à l'état de phosphates, le sesquioxyde de fer à l'état libre.

Le phosphate d'alumine est précipité à l'état impur, remis en dissolution, puis reprécipité en présence d'un excès constant de phosphate d'ammoniaque par l'hyposulfite d'ammoniaque ; il se précipite dans ces conditions du phosphate d'alumine *neutre* pur contenant à moins d'un milligramme près la totalité de l'alumine.

Pratique de la méthode. — On attaque 5 grammes de phosphate par l'acide chlorhydrique au dixième, additionné de quelques gouttes d'acide azotique, dans une capsule de porcelaine.

Si le phosphate était pauvre en silice, le fluor pourrait attaquer la capsule et dissoudre de l'alumine de celle-ci. Dans ce cas on attaquerait par l'acide chlorhydrique seul dans une capsule de platine, en présence d'une pincée d'acide oxalique pur, pour éviter l'attaque de la capsule par le chlore que dégagent les phosphates contenant des oxydes supérieurs du manganèse. Après filtration, on peroxydera le fer.

De quelque façon qu'on ait conduit l'attaque, on évapore à sec, on humecte le résidu plusieurs fois avec de l'eau en évaporant chaque fois pour bien insolubiliser la silice ; puis on reprend par l'acide chlorhydrique au vingtième, en n'employant que 100 à 125 centimètres cubes de cet acide pour 5 grammes de matière, ce qui est suffisant ; on chauffe jusqu'à dissolution complète, puis on transvase dans une fiole jaugée à 200 centimètres cubes, et après refroidissement on complète le volume jusqu'au trait de jauge avec de l'eau distillée.

On filtre sur un filtre sec, on prélève 50 centimètres cubes du liquide filtré, correspondant à 1^{gr},25 de matière.

Dans une capsule de nickel, on a fait dissoudre 5 grammes de soude caustique exempte de silice et d'alumine, au moyen de 10 centimètres cubes d'eau ; cette proportion est ainsi calculée : 2 grammes de soude pour 1 gramme de phosphate, plus 1 gramme de soude par 100 centimètres cubes du volume final (on étendra à 250^{cc}). On y ajoute 1 gramme de phosphate de soude à 20 pour 100 environ d'acide phosphorique ; assez dans tous les cas pour saturer complètement la chaux et laisser un excès de 0^{gr},100 d'acide phosphorique au moins. Pour les phosphates riches en chaux, on forcera la dose, et l'on ira jusqu'à 2 grammes pour certaines craies phosphatées.

On verse alors dans la liqueur de soude phosphatée les 50 centimètres cubes du liquide à analyser, en mince filet, en agitant constamment avec une spatule métallique, puis on chauffe au bain de sable vers 100° pendant une demi-heure à une heure, en agitant de temps à autre.

7.

Après refroidissement, on étend le liquide dans une fiole jaugée jusqu'à 250 centimètres cubes au moyen d'eau distillée. On mélange bien le liquide, en agitant fortement à diverses reprises, puis on le verse sur un filtre sec et l'on prélève 200 centimètres cubes du liquide filtré, représentant 1 gramme du phosphate à analyser.

On introduit ce liquide dans un vase conique, on le sature par l'acide chlorhydrique étendu jusqu'à dissolution du précipité formé d'abord; on ajoute 25 centimètres cubes de la solution de chlorhydrate d'ammoniaque à 125 grammes par litre, enfin de l'ammoniaque jusqu'à ce qu'il se forme un précipité permanent.

On chauffe jusqu'à l'ébullition, et on ajoute avec précaution de l'ammoniaque étendue, de façon que la liqueur chaude n'exhale qu'une faible odeur ammoniacale; il faut éviter un grand excès d'ammoniaque. On fait bouillir pendant cinq minutes.

On laisse déposer quelques instants, et on filtre la liqueur chaude; on égoutte le précipité et on lave seulement une fois le vase et le filtre.

On redissout le tout dans 20 à 25 centimètres cubes d'acide chlorhydrique au 1/20e, chauffé vers 100°; on reçoit la liqueur et les eaux de lavage dans une fiole conique sur laquelle on a indiqué le volume de 250 centimètres cubes au moyen d'une étiquette.

On ajoute 3^{cc},5 d'une solution à 10 pour 100 de phosphate d'ammoniaque, qui doit contenir environ 53^{gr},4 d'acide phosphorique par litre; de cette façon le liquide contient un *excès* de 0^{gr},187 d'acide phosphorique : c'est une condition de rigueur.

On neutralise par l'ammoniaque jusqu'à précipité persistant qu'on redissout avec précaution par quelques gouttes d'acide chlorhydrique au 1/10ᵉ; la liqueur doit s'éclaircir graduellement après agitation.

On ajoute alors 10 centimètres cubes d'hyposulfite d'ammoniaque à 150 grammes par litre, puis de l'eau distillée jusqu'au volume de 250 centimètres cubes, et on porte à l'ébullition que l'on maintient pendant une demi-heure, en complétant le volume par des additions d'eau quand il vient à diminuer. On suspend un instant l'ébullition, on ajoute 4 ou 5 gouttes de solution saturée d'acétate d'ammoniaque; on fait bouillir de nouveau pendant cinq minutes.

On laisse déposer quelques instants, et on filtre la liqueur encore chaude; le précipité n'adhère pas aux parois du vase et se réunit facilement sur le filtre; on lave 7 ou 8 fois à l'eau bouillante; on dessèche le filtre, on calcine au bec Bunsen, puis on porte au rouge blanc pendant un quart d'heure à la flamme du chalumeau.

Le précipité a pour composition $PhO^5Al^2O^3$; il contient 0,418 d'alumine.

On doit ajouter au poids d'alumine calculé de $0^{mgr},8$ à titre de correction pour la solubilité dans les conditions du dosage.

Dosage du fer. — Le dosage du fer dans les phosphates naturels se pratique par les méthodes usitées pour les minerais de fer.

La méthode de dosage par le permanganate de potasse me paraît la plus convenable dans le cas actuel.

On traite 5 grammes de phosphate par l'acide sulfurique étendu de son volume d'eau à l'ébullition dans une fiole ou un petit ballon, en prolongeant la durée de l'attaque jusqu'à ce que le résidu insoluble soit bien blanc.

Si l'on voulait employer l'acide chlorhydrique concentré, on chaufferait au bain-marie, sans dépasser la température de 50°, en agitant fréquemment la matière ; après l'attaque, le liquide étant refroidi, on ajouterait avec précaution de l'acide sulfurique concentré et on chaufferait au bain-marie de manière à chasser la totalité de l'acide chlorhydrique ; on serait ainsi ramené au cas précédent.

Après l'attaque, on introduit le liquide dans une fiole jaugée de 250 centimètres cubes contenant un peu d'eau ; on lave la fiole qui a servi à l'attaque et on reçoit les eaux de lavage dans la fiole jaugée ; on complète le volume après refroidissement et on rend le mélange homogène, et on filtre.

On prélève 50 centimètres cubes du liquide que l'on introduit dans une fiole conique de 300 centimètres cubes ; on y place quelques lamelles de zinc exempt de fer attachées au moyen d'un fil de platine assez long pour que son extrémité vienne presque affleurer l'ouverture de la fiole ; on couvre celle-ci au moyen d'un petit verre de montre et on chauffe doucement jusqu'à obtenir une légère ébullition.

Au bout de 15 ou 20 minutes, on prélève une goutte du liquide que l'on mêle sur une soucoupe à une goutte de sulfocyanate de potassium à 10 pour 100 ; si la réduction est complète, il ne se produit pas de coloration rouge ; sinon on continue la réduction.

On retire alors le paquet de zinc au moyen du fil de platine en le lavant avec soin au moyen d'eau distillée récemment bouillie, puis on titre au moyen de la liqueur normale décime de permanganate de potasse jusqu'à coloration rose.

La solution de permanganate se prépare en dissolvant $3^{gr},162$ de ce sel dans un litre d'eau distillée.

On vérifie son titre par l'acide oxalique décime normal, comme il est indiqué plus loin (p. 150).

On a la teneur en fer et en peroxyde du phosphate en appliquant les formules suivantes dans lesquelles N est le nombre de centimètres cubes de liqueur décime normale de permanganate employé :

$$\text{Fer } 0/0 = 100 \times N \times 0^{gr},0056$$
$$Fe^2O^3 \ 0/0 = 100 \times N \times 0^{gr},008$$

Dosage de l'acide phosphorique soluble dans le citrate d'ammoniaque acide. — *Méthode de Wagner.*

— On pèse $2^{gr},500$ de matière (phosphate fossile ou scorie) que l'on introduit dans un vase à précipiter de 300 centimètres cubes; on y ajoute 100 centimètres cubes d'eau distillée et 100 centimètres cubes de citrate d'ammoniaque acide. On dispose un agitateur mécanique faisant environ 150 tours à la minute, de façon à agiter le liquide jusqu'au fond, et l'on continue l'agitation pendant une demi-heure.

Au bout de ce temps on transvase dans une fiole jaugée à 250 centimètres cubes et on complète le volume au moyen de l'eau de lavage du verre à précipiter. On mélange bien le liquide, on filtre et on prélève 50 centimètres cubes du liquide filtré correspondant à $0^{gr},500$ de matière; on précipite par la mixture magnésienne et l'ammoniaque et l'on achève le dosage comme il est dit page 52.

Préparation du citrate acide. — Dans une fiole jaugée de 1 litre, on place 150 grammes d'acide citrique que l'on dissout au moyen de 600 centimètres cubes d'eau.

On y ajoute une quantité d'ammoniaque à 22° telle qu'elle contienne 23 grammes d'azote; pour déterminer cette quantité, on dilue 50 centimètres cubes d'ammoniaque à 22° dans assez d'eau distillée pour faire 1 litre, et l'on titre cette ammoniaque étendue au moyen de l'acide titré normal ou demi-normal.

On peut ensuite calculer la richesse en azote de l'ammoniaque à 22° et le volume qui contient 23 grammes d'azote (ce volume est voisin de 180 centimètres cubes).

On verse en mince filet le volume mesuré d'ammoniaque dans l'acide citrique en agitant la fiole qui le contient et en la refroidissant dans un bassin plein d'eau froide; lorsque le liquide a repris la température de la salle, on complète le volume à 1 litre avec de l'eau distillée.

Dosage de l'acide carbonique. — Dans les cas qui ne nécessiteront pas une grande précision, on pourra déterminer l'acide carbonique par perte de poids, dans l'appareil de Berzélius et Rose (voyez p. 85).

Si l'on veut un dosage absolument précis, on emploiera les méthodes de M. Schlœsing (dosage en volume, p. 89) ou par pesée (p. 86).

Dosage de la chaux. — On attaque 10 grammes de phosphate (ou de scorie) par 20 à 25 centimètres cubes d'acide chlorhydrique et un égal volume d'eau, dans une fiole conique; on introduit lentement l'acide, tant que l'effervescence n'a pas cessé; puis on porte à l'ébullition pendant 8 ou 10 minutes; on transvase alors dans une capsule de porcelaine et on évapore à sec à 100° pour insolubiliser la silice. On reprend par l'acide chlorhydrique étendu et filtre dans une fiole jaugée de 500 centimètres cubes, que l'on remplit après lavage. On prélève 25 centimètres cubes correspon-

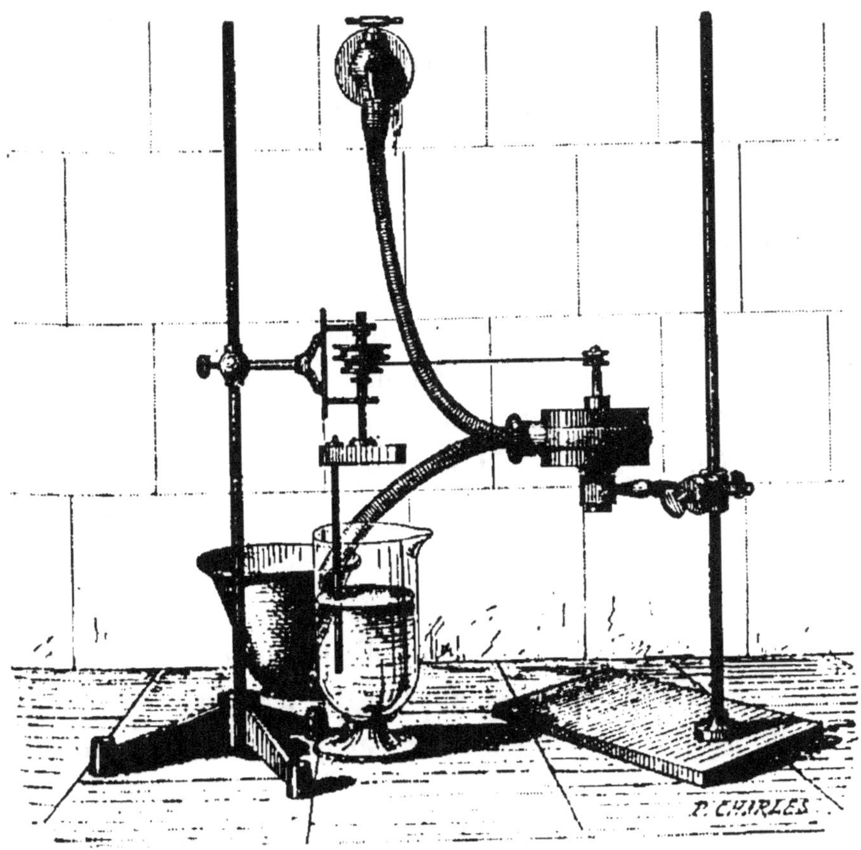

Fig. 43. — Agitateur mécanique.

dant à 0ᵍʳ,500 de phosphate, et on sursature par l'ammoniaque étendue; on reprend par l'acide acétique (10 à 15 centimètres cubes) et on filtre pour séparer les phosphates de fer et d'alumine.

Dans la liqueur filtrée on précipite la chaux par 10 centimètres cubes de solution saturée d'oxalate d'ammoniaque, on agite bien et on laisse déposer dans un endroit chaud pendant quelques heures. On filtre et lave le précipité d'oxalate de chaux que l'on dessèche et calcine au rouge sombre dans un creuset de platine, pour transformer l'oxalate en carbonate. On le porte ensuite au rouge-blanc pendant cinq minutes dans le four de Leclerc et Forquignon, pour ramener le carbonate à l'état de chaux vive. On pèse après refroidissement et multiplie le résultat par 200 pour avoir la teneur du phosphate en chaux.

Dosage de la magnésie. — La liqueur séparée de l'oxalate de chaux peut servir au dosage de la magnésie; il suffit de l'additionner d'ammoniaque en grand excès et d'agiter pour que le phosphate ammoniaco-magnésien se précipite. On le traite comme s'il s'agissait du dosage de l'acide phosphorique; mais on prend les 0,36 du poids du pyrophosphate pour avoir la quantité de magnésie contenue dans $0^{gr},500$ de matière.

On peut également prendre 50 centimètres cubes de la solution préparée pour le dosage de la chaux, saturer par l'ammoniaque, reprendre par l'acide citrique en solution concentrée, puis saturer de nouveau par l'ammoniaque et l'acide citrique jusqu'à ce que l'ammoniaque ne produise plus de précipité.

A ce moment on agite vigoureusement (l'agitateur mécanique donne de très bons résultats), et la magnésie se précipite avec une partie de l'acide phosphorique. On termine comme il est dit ci-dessus.

§ 3. Engrais potassiques.

**Chlorure de potassium. — Sulfate de potasse. — Kaïnite. —
Carbonate de potasse. — Salins.**

Les méthodes décrites p. 77 et suivantes s'appliquent à
tous ces produits ; mais la plus commode est celle de Corenwinder et Contamine, p. 79.

Pour l'appliquer, on dissout 10 grammes des sels précédents dans une fiole jaugée à 200^{cc}, au moyen d'eau distillée. Pour les carbonates bruts ou raffinés et les salins, on
ajoute de l'acide chlorhydrique jusqu'à cessation de dégagement d'acide carbonique.

On complète ensuite le volume à 200^{cc}, et on prélève
10 centimètres cubes du liquide, correspondant à 0^{gr},500
que l'on évapore au bain-marie avec 5 centimètres cubes de
chlorure de platine contenant 170 grammes de platine par
litre, sauf pour le cas de la kaïnite, où on n'emploie que
1^{cc},5 à 2^{cc},5 de la même solution, suivant sa richesse.

On achève le dosage comme il est indiqué page 79.

Il faut observer que le chlorure de platine doit toujours
être employé en excès, ce dont on s'aperçoit à ce que le
premier liquide éthéro-alcoolique de lavage est coloré en
jaune rougeâtre.

§ 4. Engrais commerciaux mixtes.

Les engrais commerciaux mixtes contiennent tous comme
éléments fertilisants de l'*azote*, de l'*acide phosphorique*, de
la *potasse* et de la *chaux*.

L'azote existe le plus souvent à l'état organique, quelquefois à l'état d'ammoniaque, et rarement (dans les gadoues et composts) à l'état d'azote nitrique.

L'acide phosphorique est à l'état insoluble pour la plus grande partie et dans la majorité des cas.

Quant à la potasse, elle peut exister en dissolution (vinasses) ou en combinaison avec les matières organiques.

En général, on n'aura qu'à doser l'azote total (exceptionnellement l'azote nitrique), l'acide phosphorique total, la potasse totale et la chaux.

Cependant comme la plupart de ces matières (à l'exception des tourteaux de graines et des tourteaux de vidanges) sont très humides, il y aura presque toujours intérêt à déterminer les proportions d'eau et de matière sèche ; car on comprend que le transport de matières chargées d'eau peut grever leur prix de revient à pied d'œuvre de telle sorte que leur emploi devienne désavantageux.

Nitrate de potasse. — Dans la classification que nous avons exposée, nous sommes conduits à réunir dans le groupe des engrais mixtes le *nitrate de potasse,* qui est un engrais azoté et potassique.

En ce qui concerne le dosage de l'azote, nous n'avons rien à ajouter à ce que nous avons dit dans la première partie de cet ouvrage ; il en est de même pour le dosage de la potasse, que nous avons indiqué à propos de l'analyse des engrais potassiques.

Guano. — Cet engrais qui a été pendant longtemps presque le seul employé en dehors du fumier, est le résidu de la putréfaction de débris d'oiseaux et de leurs excréments qui se sont accumulés pendant des siècles en différents points du globe, principalement au Pérou.

Lors des premières importations, les guanos étaient généralement très riches en azote et relativement pauvres en acide phosphorique ; la consommation de ce produit augmentant sans cesse, on exploita des gisements de moins en moins riches en azote mais de plus en plus riches en acide phosphorique ; les teneurs extrêmes pour ces deux éléments ont varié de 3 à 20 pour 100.

Aujourd'hui la consommation de cet engrais a considérablement diminué, et ce n'est qu'exceptionnellement que l'on en rencontre des lots de quelque importance hors des environs des ports de mer.

Il est néanmoins indispensable d'indiquer ses caractères extérieurs et les méthodes d'analyse que l'on peut appliquer pour en déterminer la richesse.

CARACTÈRES DU GUANO PUR. — C'est une matière formée d'une poudre légère, mélangée à des conglomérats plus ou moins volumineux très friables, présentant dans la cassure des points blancs qui ont souvent l'aspect cristallin ou lamelleux. Sa couleur est jaune brun.

On arrose de quelques gouttes d'acide nitrique une petite quantité de guano pur, placée dans un verre de montre et l'on évapore à sec avec précaution, on ajoute quelques gouttes d'ammoniaque, on évapore de nouveau ; il se produit une belle coloration rouge pourpre.

Le guano mis en digestion dans l'eau chaude, lui cède environ 50 pour 100 de matières solubles ; la solution aqueuse a une couleur de vin de Madère. Calciné, le guano répand d'épaisses fumées blanches, et laisse de 30 à 40 pour 100 de cendres d'un blanc grisâtre, jamais rouges, dégageant très peu d'acide carbonique par l'attaque à l'acide nitrique, et laissant un très faible résidu insoluble (1 à 3 pour 100).

Dosage de l'acide phosphorique. — On pèse 10 grammes de guano broyé et passé au tamis de 1 millimètre, dans une petite capsule de porcelaine; on y ajoute 2 à 3 grammes de chaux éteinte que l'on incorpore à la masse au moyen de quelques centimètres cubes d'eau distillée; la réaction du mélange doit être nettement alcaline. On dessèche au bain de sable et calcine au moufle au rouge sombre; on reprend par l'eau et l'acide nitrique dans un grand verre de Bohème; on fait bouillir, puis on transvase dans une capsule de porcelaine de 10 centimètres de diamètre; on évapore à sec pour insolubiliser la silice; on reprend pour l'eau et l'acide nitrique pour redissoudre la matière et l'on transvase dans une fiole jaugée de 500 centimètres cubes que l'on remplit jusqu'au trait au moyen des eaux de lavage de la capsule. On agite, on filtre et on prélève 25 centimètres cubes du liquide correspondant à $0^{gr},500$ de matière s'il s'agit d'un guano riche en phosphates, ou 50 centimètres cubes dans le cas contraire, et l'on précipite par le molybdate (voir p. 71).

Dosage de l'azote. — On prend $0^{gr},500$ à 1 gramme de guano finement broyé que l'on traite par 20 centimètres cubes d'acide sulfurique et $0^{gr},25$ de sulfate de cuivre (Méthode Kjeldahl) p. 38.

§ 5. Engrais commerciaux composés.

Le commerce propose à la culture un assez grand nombre d'engrais composés préparés suivant des formules qui s'appliquent soi-disant à la culture de telle ou telle plante. Sans faire ici le procès de ces formules, nous nous bornerons à constater que plus une région agricole avance dans la voie du progrès, moins on y emploie les engrais composés.

Ces produits présentent une composition des plus variables, soit qu'ils ne contiennent que deux éléments fertilisants (engrais incomplets), soit qu'ils contiennent les trois éléments principaux (engrais complets).

Nous supposerons l'engrais le plus complexe que l'on puisse réaliser ; c'est le résultat du mélange de superphosphate, d'une matière organique azotée, d'un sel ammoniacal, d'un nitrate et d'un sel de potasse.

Ce mélange contient les éléments suivants :

1° Azote organique (qui peut être partiellement à l'état de composé soluble dans l'eau) ;

2° Azote ammoniacal ;

3° Azote nitrique ;

4° Acide phosphorique soluble dans l'eau ;

5° Acide phosphorique soluble dans le citrate d'ammoniaque ;

6° Acide phosphorique insoluble ;

7° Potasse ;

Et de plus des matières organiques.

Avant de procéder à l'analyse d'un pareil mélange, il importe d'en assurer l'homogénéité ; pour y arriver, on le broie au mortier, on fait passer au tamis de 1 millimètre si possible, ou au moins au tamis de 2 millimètres ; on mélange longuement à la spatule la matière tamisée que l'on enferme ensuite dans un flacon bien bouché.

Dans le cas des engrais humides qui se réduisent en pâte sous le pilon, on en pèse 200 grammes que l'on additionne de 40 grammes de plâtre sec ; on triture la masse au mortier jusqu'à ce qu'elle soit bien homogène ; on la passe ensuite sans difficulté au tamis. Dans les pesées des prises d'essai, on aura soin d'augmenter chaque pesée de un cinquième, c'est-à-dire que l'on pèsera $1^{gr},25$ pour 1 gramme et 6 grammes pour 5.

Voici comment l'on procèdera à l'analyse.

1° **Dosage de l'azote.** — a) On commence par déterminer l'azote nitrique. On pèse 33 grammes de l'engrais tel quel et on les met en digestion dans 300 centimètres cubes d'eau ; après une demi-heure, on décante sur un filtre placé sur une fiole jaugée de 500 centimètres cubes ; puis on lave le résidu jusqu'à parfaire le volume.

On dose l'azote nitrique par la méthode de M. Schlœsing, en employant par fractions de 5 centimètres cubes assez de liquide pour obtenir plus de 60 centimètres cubes de bioxyde d'azote. On détermine ensuite le volume de bioxyde que fournissent au même moment 5 centimètres cubes de liqueur normale de nitrate de soude, et l'on cherche dans la table des nitrates (voir à la fin du volume), à la colonne *Azote pour* 100 *de NaO Az O*⁵ la teneur qui correspond à celle d'un nitrate impur dont on aurait employé $0^{gr},33$ dans 5 centimètres cubes de solution. S'il a fallu employer 4 pipettes, soit 20 centimètres cubes de la solution d'engrais, la richesse de celui-ci est 4 fois moindre que celle qu'indique la table, etc.

Exemple. — On emploie 6 pipettes soit 30 centimètres cubes d'une solution d'engrais de 33 grammes dans 500 centimètres cubes et l'on obtient 82cc,5 de bioxyde d'azote ; 5 centimètres cubes de la liqueur normale de nitrate de soude donnent 96 centimètres cubes de bioxyde ; la table des nitrates, indique en regard du chiffre 82,5 dans la colonne nitrate de soude : 14,15. L'engrais analysé contient

$$\frac{14.15}{6} = 2.35$$

pour 100 d'azote nitrique.

b) On détermine ensuite l'azote ammoniacal ; on prend 2 à 5 grammes suivant la richesse présumée de l'engrais, et on y dose l'ammoniaque en la déplaçant par la magnésie dans l'appareil de M. Schlœsing ou dans celui de M. Aubin.

Comme les superphosphates contiennent souvent de la magnésie, qui peut donner lieu avec l'ammoniaque à du phosphate ammoniaco-magnésien difficilement décomposable par la magnésie s'il n'est récemment précipité, on aura soin d'attaquer la prise d'essai dans le ballon même de l'appareil distillatoire pour quelques gouttes d'acide chlorhydrique et un peu d'eau ; après une digestion de quelques minutes, on neutralise presque complètement par la soude, puis on ajoute 4 à 5 grammes de magnésie calcinée, 150 à 200 centimètres cubes d'eau et on continue comme il est indiqué page 43 B.

On divise le poids d'azote obtenu par 3,3 ou 6,6 suivant le cas et on multiplie le quotient par 100, pour avoir la teneur centésimale de l'engrais en azote ammoniacal.

c) Quant à l'azote organique, on l'obtient par différence ; car lorsqu'il y a de l'azote organique soluble, ce qui est fréquent, on ne peut pas songer à doser l'azote organique sur le résidu insoluble dans l'eau de l'engrais.

Dans tous les cas, il est plus facile et plus exact d'opérer par l'une des trois méthodes suivantes :

c_1) *En dosant l'azote total.* — Ce dosage s'effectue par la méthode de Dumas modifiée telle qu'elle est décrite, page 55.

Du résultat obtenu on soustrait la somme de l'azote nitrique et de l'azote ammoniacal obtenues en a) et b); la différence donne l'azote organique.

c_2) *En dosant l'ensemble de l'azote organique et de l'azote ammoniacal.* — On commence par chasser les nitrates; pour cela on place dans une capsule de 7 centimètres 1 gramme de matière que l'on additionne de 5 centimètres cubes de protochlorure de fer contenant 200 grammes de fer par litre et de 5 centimètres cubes d'acide chlorhydrique; on couvre au moyen d'un entonnoir qui pénètre légèrement dans la capsule et on porte à l'ébullition jusqu'à ce que les vapeurs nitreuses soient complètement éliminées. On évapore à sec avec précaution pour ne pas volatiliser les sels ammoniacaux, puis on ajoute à la matière 2 grammes de craie pulvérisée que l'on y mélange au moyen d'une spatule de manière à obtenir une poudre sèche qui se détache facilement et sur laquelle on dose l'azote par la chaux sodée; on a soin d'opérer vivement le mélange de la matière avec la chaux sodée et le remplissage du tube, pour éviter toute déperdition d'ammoniaque.

Le résultat du dosage comprend l'ensemble de l'azote organique et de l'azote ammoniacal; en en retranchant le résultat trouvé pour celui-ci, on obtient l'azote organique.

c$_3$) Enfin on peut doser l'azote total par la méthode de Kjeldahl modifiée par Joldbauer.

On prépare d'abord de l'acide phénylsulfurique en étendant à 100 centimètres cubes au moyen d'acide sulfurique concentré, 50 grammes de phénol.

On traite 0^{gr},500 à 1 gramme de matière dans un ballon de 150 centimètres cubes par 20 centimètres cubes d'acide sulfurique concentré auquel on ajoute 2^{cc},5 d'acide phénylsulfurique ; dès qu'elle est dissoute, on ajoute peu à peu 2 à 3 grammes de zinc en poudre en maintenant le ballon dans un bain froid ; on laisse reposer une heure et demie, on ajoute 0^{gr},25 de sulfate de cuivre et l'on fait bouillir jusqu'à limpidité parfaite. On termine le dosage comme nous l'avons indiqué dans la description de la méthode Kjeldahl.

On obtient ainsi l'azote total, dont on retranche la somme de l'azote nitrique et de l'azote ammoniacal.

2° Dosage de l'acide phosphorique. — On détermine l'acide phosphorique soluble dans l'eau, l'acide phosphorique soluble dans le citrate d'ammoniaque comme s'il s'agissait d'un superphosphate (page 107).

Quant à l'acide phosphorique total dont on déduira par différence l'acide phosphorique insoluble, on le dosera sur la matière calcinée avec une quantité de chaux éteinte suffisante pour sursaturer l'acidité, comme nous l'avons dit pour les superphosphates d'os.

3° Dosage de la potasse. — On calcine au rouge très sombre 10 grammes de l'engrais ; on reprend les cendres par 50 centimètres cubes d'eau additionnée de quelques gouttes d'acide chlorhydrique ; on étend le tout après ébullition à 250 centimètres cubes.

On prend 100 centimètres cubes que l'on évapore à sec pour éliminer la plus grande partie de l'acide ; on reprend par un peu d'eau, on fait bouillir et précipite par l'eau de baryte jusqu'à ce que la liqueur surnageant le précipité ne se trouble plus par une nouvelle addition d'eau de baryte. On précipite l'excès de baryte par le carbonate d'ammoniaque, on filtre et évapore la liqueur filtrée et les eaux de lavage à sec et on calcine légèrement. On reprend par l'eau et quelques gouttes d'acide chlorhydrique, on ajoute du chlorure de platine et on achève le dosage par la méthode de Corenwinder et Contamine.

§ 6. Poudrettes et tourteaux de vidange.

Ces produits tirent leur valeur de l'azote et de l'acide phosphorique qu'ils contiennent. Ils renferment en outre une petite quantité de potasse, qui n'est presque jamais garantie ni même indiquée, mais qu'il peut être parfois utile de doser.

1° **Dosage de l'azote.** — Si la matière est homogène et facile à broyer, on en pèse 2 grammes dans lesquels on dose l'azote par la chaux sodée ou par la méthode Kjeldahl. Sinon on en prend 20 à 50 grammes que l'on traite par la méthode de M. Grandeau (voir page 100).

2° **Dosage de l'acide phosphorique.** — On additionne 10 grammes de matière de 1 gramme de chaux éteinte que l'on incorpore au moyen d'un peu d'eau ; on sèche au bain de sable, calcine au rouge sombre, reprend par l'eau et l'acide azotique sépare la silice par évaporation, reprend par l'acide azotique et étend à 250 centimètres cubes ; on filte et précipite 50 centimètres cubes de la liqueur filtrée par 50 centimètres cubes de molybdate, page 71).

3º **Dosage de la potasse.** — On prend 100 centimètres cubes de la dissolution préparée pour le dosage de l'acide phosphorique ; on évapore à sec pour chasser la plus grande partie de l'acide libre ; on reprend par un peu d'eau, on fait bouillir et on ajoute de l'eau de baryte jusqu'à ce qu'elle ne produise plus de précipité dans la liqueur éclair-cie ; on enlève l'excès de baryte par le carbonate d'ammo-niaque ; on filtre et on évapore à sec la liqueur filtrée et les eaux de lavage du filtre et on calcine légèrement le résidu. On reprend par l'eau acidulée par l'acide chlorhy-drique, on ajoute quelques centimètres cubes de chlorure de platine et l'on termine le dosage par la méthode de Corenwinder et Contamine (page 79).

CHAPITRE II.

ANALYSE DES ENGRAIS NATURELS.

Les procédés employés pour le dosage des éléments fer-tilisants, azote, acide phosphorique et potasse qui se trou-vent toujours réunis dans les engrais naturels, sont exac-tement les mêmes que ceux qui s'appliquent à l'examen des engrais commerciaux.

Il n'y aurait donc pas lieu de faire de l'analyse des engrais naturels un chapitre spécial, si en raison de leur état physique et souvent de leur peu d'homogénéité, il n'était nécessaire d'indiquer dans chaque cas la préparation de l'échantillon pour l'analyse.

Les uns, comme les purins, les vinasses, sont liquides; les pulpes, les drèches sont pâteuses; les gadoues et composts sont composés de parties inertes grossières et de parties fines de diverse valeur; les engrais verts et les litières enfin sont plus ou moins fibreux. A chacun de ces groupes de matière correspond une préparation spéciale que nous allons indiquer.

Nous diviserons ces engrais en quatre groupes:

1° Engrais liquides;

2° Engrais pâteux;

3° Engrais non homogènes;

4° Engrais pailleux ou fibreux.

§ 1. Engrais liquides.

Nous trouvons sous ce titre des matières d'origines diverses : vidanges, purins, vinasses, eaux d'égouts.

1° **Vidanges.** — Les vidanges sont ordinairement formées d'une partie liquide plus ou moins épaisse et d'une partie solide pâteuse. L'échantillon envoyé au laboratoire doit être volumineux; il doit peser au moins 10 kilogrammes, et être prélevé dans la fosse ou dans les récipients qui contiennent la matière après qu'une agitation prolongée a rendu la masse homogène.

On abandonne l'échantillon au repos dans un vase de verre taré, puis on décante la partie liquide dont on prend le poids; on pèse également la partie pâteuse et l'on prélève pour l'analyse des parties aliquotes des deux lots que l'on réunit dans une capsule tarée de manière à obtenir un échantillon total de 200 grammes.

On l'additionne d'acide oxalique pur en quantité suffisante pour que la réaction de la masse soit nettement acide, puis on évapore à siccité et on prend le poids du résidu. On le broie finement, on mélange avec soin et on procède à l'analyse comme s'il s'agissait d'une poudrette.

2° **Purin.** — Le purin est un liquide suffisamment limpide pour qu'on puisse faire les prises d'essais en volumes.

Pour le dosage de l'azote total, on évapore 50 centimètres cubes de purin additionnés de 2 grammes d'acide oxalique ; le résidu sec détaché de la capsule est traité par la méthode de la chaux sodée.

Pour le dosage de la potasse et de l'acide phosphorique, on évapore 500 centimètres cubes de purin, on calcine au rouge sombre et l'on dissout les cendres dans l'acide chlorhydrique étendu ; on évapore à sec, on reprend par l'acide chlorhydrique et un peu d'eau, puis on étend à 100 centimètres cubes. On agite et on filtre. Sur 40 centimètres cubes de liqueur filtrée correspondant à 200 centimètres cubes de purin, on dose la potasse par la méthode de Corenwinder et Contamine, p. 79.

On évapore à sec 40 autres centimètres cubes que l'on additionne de 10 centimètres cubes d'acide azotique ; on reprend par l'acide azotique étendu et précipite par le molybdate.

3° **Vinasses.** — Pour le dosage de l'azote, on doit tenir compte que les vinasses de betteraves contiennent des nitrates. Il en est de même des vinasses de mélasses. On emploiera la méthode de Kjeldahl-Joldbauer, décrite à propos de l'analyse des engrais complexes.

On prendra 50 centimètres cubes de vinasses que l'on concentrera par ébullition dans le ballon d'attaque ; lorsque le volume sera réduit à 4 ou 5 centimètres cubes, on ajoutera après refroidissement et en agitant, 20 centimètres cubes d'acide sulfurique concentré, $2^{cc},5$ d'acide phényl-sulfurique, puis 2 grammes de poudre de zinc et l'on continuera comme il est indiqué page 133.

Pour le dosage de la potasse et de l'acide phosphorique, on opérera comme pour le purin.

4° **Eaux d'égout.** — a) Dosage de l'azote total. — On ajoute à 2 litres d'eau d'égout quelques gouttes d'acide sulfurique et on évapore dans une capsule de porcelaine ; lorsque le volume est réduit à quelques centimètres cubes, on fait passer la matière dans un ballon de 150 centimètres cubes, on évapore presque à sec et on applique la méthode de Kjeldahl.

b) Dosage de l'azote ammoniacal. — On traite 1 litre d'eau d'égout par 1 gramme de magnésie calcinée dans l'appareil de M. Schlœsing.

On recueille l'ammoniaque dans 10 centimètres cubes d'acide décime normal et après distillation, on fait bouillir le liquide acide pour chasser l'acide carbonique.

On titre au moyen d'une liqueur alcaline vingtième normale.

c) Dosages de la potasse et de l'acide phosphorique. — On les pratique chacun sur 4 litres d'eau d'égout en opérant comme pour le purin, sauf que l'on évapore 10 litres d'eau ; le résidu calciné est dissous dans l'acide chlorhydrique ; on évapore à sec, reprend par le même acide et l'eau pour faire 100 centimètres cubes.

On dose la potasse sur 40 centimètres cubes de liqueur filtrée et l'acide phosphorique sur un égal volume.

§ 2. Engrais pâteux.

Pulpes et drèches. — Ces matières doivent être réservées à l'alimentation du bétail ; mais lorsqu'elles sont corrompues ou que l'on ne peut pas en tirer un autre parti, on peut les utiliser à la fumure des terres. Dans ce cas, il est nécessaire de procéder à leur analyse au point de vue de leur teneur en azote, acide phosphorique et potasse, pour se rendre compte de l'importance de la fumure distribuée.

Ces matières peuvent être ramenées à l'état sec par une évaporation et une dessiccation ménagée. On aura soin d'opérer sur un poids connu, de manière à pouvoir ramener par le calcul à la matière première les résultats trouvés pour la matière sèche.

Les pulpes peuvent être desséchées telles quelles à 100°, puis passées au moulin ; la poudre recueillie est de nouveau séchée à 100° avant de faire les prises d'essai pour les divers dosages.

Les drèches seront pesées, puis mélangées d'un poids connu de sable de Nemours bien sec, ou de pierre ponce en poudre sèche. On desséchera ensuite la masse en la remuant de temps à autre jusqu'à cessation de perte de poids à 100°. On déterminera par une pesée le taux d'eau, et on broiera la matière sèche au mortier ; puis on la fera repasser à l'étuve à 100° avant de peser les prises d'essai.

Dans les deux cas, on dosera l'azote sur 0gr,500 de matière sèche par la méthode Kjeldahl ; l'acide phosphorique et la potasse seront dosés dans les cendres de 10 grammes de matière sèche, traitées comme il est dit pour les poudrettes.

§ 3. Engrais non homogènes. — Fumiers et gadoues.

L'échantillonnage de ces matières présente des difficultés assez sérieuses. Si le chimiste est appelé à y procéder lui-même, il ne devra pas craindre de faire manutentionner des quantités considérables d'engrais pour la prise de l'échantillon.

Fumier. — *Échantillonnage.* — Dans le cas du fumier, c'est au moment où on attaque le tas pour le charrier sur les terres qu'il convient d'échantillonner. Lorsque le fumier est bien consommé, on peut le couper à la bêche ou au couteau à fumier ; on pratique dans le tas plusieurs trouées sur toute sa hauteur, et assez larges pour y faire entrer à reculons un tombereau attelé. On s'arrange de manière que la première trouée ne s'avance que vers le dixième par exemple de la largeur du tas ; la seconde vers le quart ; la troisième à la moitié ; la quatrième aux trois quarts ; la cinquième aux neuf dixièmes.

Ces trouées doivent être également espacées sur la longueur.

On peut d'ailleurs enlever et porter aux champs tout le fumier situé en deçà de la ligne A B ; au fond de chaque trouée, en *a, b, c, d, e,* on enlève avec la bêche ou le couteau une tranche verticale d'une épaisseur uniforme

d'environ 20 centimètres sur une largeur de 40 à 60 centimètres ; on rassemble avec soin la totalité de ces tranches
dans un tombereau bien propre, et on transporte le tout
sur un plancher bien nettoyé ; on mélange la masse à la
fourche, puis on en prélève en différents points un échantillon pesant environ 10 kilogrammes, que l'on transporte
immédiatement au laboratoire, après l'avoir enfermé dans
une caisse étanche propre.

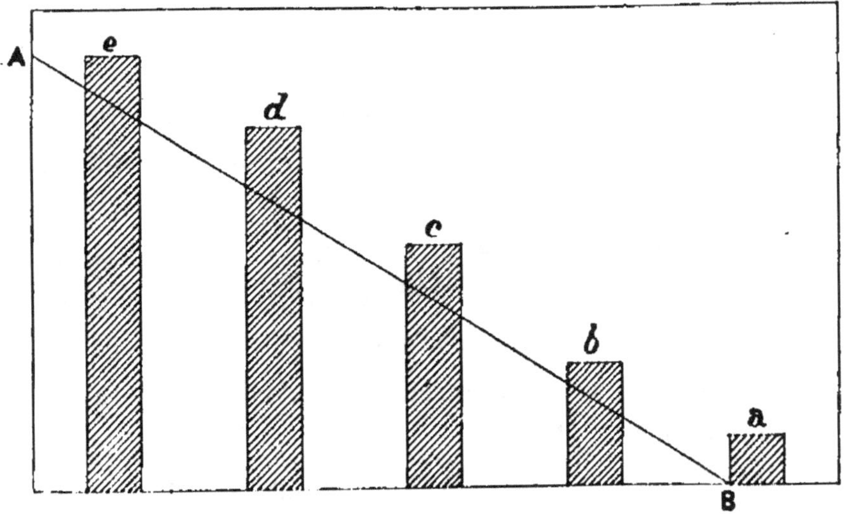

Fig. 44. — Échantillonnage du fumier.

Lorsque le fumier est pailleux, qu'il soit réuni en tas ou
qu'il se trouve encore à l'étable, le chimiste assiste au char-
gement, et fait mettre à part sur une aire bien propre soit
chaque cinquantième, soit chaque centième fourchée, en
ayant soin que les prises soient également réparties dans la
hauteur du lot de fumier considéré.

On obtient ainsi un nouveau tas de fumier qui peut être
d'un poids plus ou moins considérable.

Dans le premier cas, on opère sur ce tas comme sur le lot entier, après l'avoir mélangé, et on le réduit ainsi à un poids beaucoup plus minime.

Sur ce nouveau lot qui, pour fixer les idées, pèsera une centaine de kilogrammes, on pratique une sorte de fanage, en secouant à la fourche successivement toute la masse et en mettant chaque fois de côté la partie pailleuse qui reste engagée dans les dents de la fourche. On pèse séparément la partie pailleuse et la partie fine, et sur chacune d'elles on prélève des échantillons proportionnels dont l'ensemble constituera l'échantillon final.

La partie fine s'échantillonne facilement ; quant à la partie pailleuse, il convient de la couper sur un billot au moyen d'un couperet bien affilé.

Gadoues ou **boues de ville.** — Il faut distinguer le cas des matières fraîches (gadoues vertes) et le cas des matières fermentées (gadoues noires).

Nous indiquerons pour chaque cas le mode opératoire préconisé par M. Müntz.

Gadoues vertes. — Lors du déchargement des voitures qui les transportent, on prélève sur chacune d'elles deux ou trois pelletées de matière, et on réunit ces échantillons partiels sur une aire bien propre. Lorsque l'on a ainsi opéré sur un grand nombre de voitures, on mélange le tas à la pelle et on en charge une voiture pour le transporter près du laboratoire, à moins qu'on ne puisse procéder sur place à l'échantillonnage définitif.

On étend la matière en couche mince, puis on la *fane* à la fourche en mettant de côté les parties enlevées par cette opération.

Les matières restant sur le sol sont ensuite passées à une claie dont les mailles ont environ 1 centimètre. La matière se trouve alors divisée en trois lots :

1° Des parties organiques légères et volumineuses ;

2° Des matières terreuses fines ;

3° Des matières grossières (bois, débris de vaisselle, os, détritus organiques, etc.)

Ce dernier lot est encore trié, mais à la main ; on met à part toutes les parties sans valeur : bois, tessons de bouteille, morceaux de faïence, coquilles d'huîtres, mâchefer, pierres, etc., et on en prend le poids p'', puis on les jette.

Quant aux matières organiques de ce lot, débris végétaux, os, etc., on les broie ou on les coupe suivant leur nature, puis on les mélange au premier lot qui est également passé au couperet. Cela donnera le lot 1 *bis*. On pèse l'ensemble de ces matières, puis le lot terreux.

L'échantillon destiné à l'analyse comportera des parties proportionnelles des lots 1 *bis* et 2.

Soient p, p' et p'' les poids des lots 1 *bis*, 2 et de la partie inerte du lot 3.

Les proportions de chaque partie seront :

$$\frac{p \times 100}{p + p' + p''}, \qquad \frac{p' \times 100}{p + p' + p''}, \qquad \frac{p'' \times 100}{p + p' + p''}.$$

Les prises d'échantillons pour l'analyse pèseront :

$$\frac{(p + p') \, 100}{p + p' + p''}$$

et seront comptées pour 100 de matière première.

Exemple :

$$p \quad = \quad 300$$
$$p' \quad = \quad 450$$
$$p'' \quad = \quad 250$$

Total.   1,000

$$\frac{p \times 100}{p + p' + p''} = 30$$

$$\frac{p' \times 100}{p + p' + p''} = 45$$

On prendra 30 grammes du lot 1 *bis,* 45 grammes du lot 2 pour le dosage de l'azote par la méthode de M. Grandeau ; le résultat sera compté tel quel pour 100 de matière première.

De même on prendra 15 grammes du lot 1 *bis,* $22^{gr},5$ du lot 2, on calcinera et on attaquera les cendres par l'acide azotique pour faire par exemple 200 centimètres cubes ; on dosera la potasse et l'acide phosphorique sur deux prises de 100 centimètres cubes, que l'on comptera comme équivalant à 25 grammes de matière première.

Gadoues fermentées. — On pratique dans le cas un certain nombre de tranchées à parois verticales, puis on abat au fond de chacune d'elles une tranche verticale, et on rassemble tous ces échantillons partiels ; on les mélange soigneusement et on prélève en plusieurs points de la masse une pelletée, de manière à réunir environ 30 à 50 kilogrammes de la matière que l'on place dans un sac et que l'on transporte au laboratoire. On étale cet échantillon sur une aire propre ; on en sépare à la main les parties sans valeur les plus volumineuses ; on passe le reste au tamis de

1 centimètre, en nettoyant le mieux possible les débris qui restent sur le tamis. Finalement on détermine le poids des deux lots et on procède à l'analyse sur un poids de matière fine proportionnel à son taux dans la matière brute.

$$
\begin{array}{lr}
\text{Exemple — Matières fines.} & 67.5 \\
\text{Matières inertes.} & \underline{32.5} \\
& 100
\end{array}
$$

On pèsera 67gr,5 de matière fine que l'on comptera comme 100 grammes de matière première.

Analyse du fumier.

Dosage de l'humidité. — On divise au moyen de ciseaux ou sur un billot à l'aide d'une hache une certaine quantité de fumier que l'on mélange ensuite avec soin. On en prélève 100 grammes que l'on dessèche à l'étuve à 100°. La perte de poids indique le taux d'eau avec une approximation suffisante, car la quantité d'ammoniaque volatilisée est négligeable pour cette détermination.

Dosage de l'acide phosphorique et de la potasse. — La matière sèche est ensuite calcinée au rouge sombre et les cendres traitées par l'acide chlorhydrique ; on évapore à sec, reprend par l'acide chlorhydrique, puis par l'eau et l'on filtre dans une fiole jaugée de 100 centimètres cubes. On prélève 40 centimètres cubes pour le dosage de l'acide phosphorique par la méthode citrique (p. 73).

Sur 40 centimètres cubes on dose la potasse par la méthode de Corenwinder et Contamine.

Les résultats obtenus ainsi sur 40 grammes de matière première sont multipliés par 2,5.

Dosage de l'azote total. — On prend 100 grammes de fumier haché que l'on traite par la méthode de M. Grandeau (p. 100).

Dosage de l'azote ammoniacal. — On traite 100 grammes de fumier haché par 4 ou 5 centimètres cubes d'acide chlorhydrique bien exempt d'ammoniaque, et de l'eau distillée pour faire 1 litre au total. On laisse déposer après agitation prolongée et on décante 200 centimètres cubes que l'on distille en présence de 3 grammes de magnésie récemment calcinée dans l'appareil de M. Schlœsing.

Le résultat obtenu est multiplié par 5.

§ 4. Engrais pailleux ou fibreux.

Les matières classées dans ce groupe sont ou bien des litières ou bien des engrais employés tels quels : pailles, fanes, tourbes, feuilles, genêts, etc., d'une part ; engrais verts cultivés de l'autre.

Leur préparation n'est pas difficile ; lorsque la matière est pailleuse on la coupe au hache-paille ; sinon on emploie le billot et le couperet ou un couteau bien affilé.

Dans le cas des matières humides (fanes vertes, feuilles vertes ou mortes, mais non sèches, genêts et engrais verts), on dessèche la matière à 100°, en tenant compte du taux d'humidité ; puis on passe la matière au moulin.

L'azote est dosé sur 1 gramme par la méthode Kjeldahl ; l'acide phosphorique et la potasse sont dosés sur les cendres de 10 à 50 grammes de matière, dissoutes dans l'acide chlorhydrique et l'eau pour former un volume de 100 centi-

mètrès cubes ; on opère pour chaque dosage sur 40 centimètres cubes.

CHAPITRE III.

AMENDEMENTS ET PRODUITS DIVERS.

§ 1. Amendements calcaires.

Les amendements calcaires comprennent : la *chaux*, les
calcaires (pierre à chaux, craies et crayons, tangues, merls,
faluns, etc.), les *marnes*, le *plâtre*, les *écumes de déféca-
tion.*

a) **Chaux.** — Dans la chaux destinée au chaulage on
doit déterminer la chaux totale et la chaux libre, qui est
plus active que le carbonate de chaux.

Pour doser la chaux totale, on dissout dans une fiole
jaugée de 1 litre, 50 grammes de chaux par de l'eau acidulée
par l'acide chlorhydrique. On filtre, et l'on prélève 20 centimètres cubes de la liqueur qu'on évapore à sec au bain de
sable à 100-110° pour insolubiliser la silice ; on reprend par
20^{cc} d'eau et 10^{cc} d'acide chlorhydrique, et l'on fait passer
la liqueur dans une fiole jaugée à 100^{cc} qu'on remplit avec
les eaux de lavage de la capsule. On filtre et l'on prend 50^{cc}
de la liqueur filtrée représentant 0^{gr},5 de la matière.

On sursature par l'ammoniaque jusqu'à faible excès, on
ajoute 10^{cc} d'acide acétique cristallisable puis 15^{cc} d'une
solution saturée à froid d'oxalate d'ammoniaque.

On laisse l'oxalate de chaux se déposer pendant au moins

12 heures dans un endroit chaud ; on s'assure que la précipitation de la chaux est complète en ajoutant quelques gouttes d'oxalate d'ammoniaque, puis on filtre sur un filtre sans plis, placé dans un entonnoir Joulie, et on lave à l'eau distillée chaude jusqu'à ce que l'eau de lavage ne soit plus acide au papier de tournesol bleu.

On sèche le précipité à l'étuve, on le sépare du filtre que l'on brûle dans un petit creuset de platine ; on ajoute alors le précipité que l'on calcine au rouge pendant quelques minutes, sur un bec Bunsen, puis on le place dans le four Leclerc et Forquignon et on le porte au rouge blanc pendant cinq minutes ; après refroidissement on pèse le creuset : l'augmentation de poids donne la chaux totale contenue dans $0^{gr},5$ de matière.

Pour doser la *chaux libre*, on introduit 5 grammes de matière, finement et rapidement broyée, dans un ballon de 500^{cc} ; on y ajoute 300^{cc} mesurés d'une solution de nitrate d'ammoniaque à 5 pour 100, récemment bouillie, de façon qu'elle soit bien exempte d'acide carbonique. On ferme au moyen d'un bon bouchon et on agite fortement pendant 5 minutes. On laisse déposer pendant deux heures, on agite de nouveau et on laisse la liqueur se clarifier complètement par le repos. Le nitrate d'ammoniaque a dissous toute la chaux libre.

On prélève 30^{cc} de la liqueur limpide qu'on précipite par un excès d'oxalate d'ammoniaque ; on achève le dosage comme ci-dessus.

b) **Calcaires, marnes, écumes.** — On y dose la chaux comme nous l'avons indiqué pour la chaux totale dans la chaux destinée aux chaulages.

c) **Plâtre.** — Dans le plâtre cru ou cuit destiné aux usages agricoles, il n'y a d'intéressant à doser que le sulfate de chaux réel.

On procède ainsi : on attaque à l'ébullition pendant 20 minutes 1 gramme de matière finement pulvérisée par 20^{cc} d'acide chlorhydrique et 30^{cc} d'eau dans une fiole ou un verre de Bohême d'environ 200^{cc} ; on évapore à sec à 100-$110°$, on reprend par 20^{cc} d'acide chlorhydrique et 50^{cc} d'eau ; on laisse digérer au bain de sable pendant 20 minutes puis on décante le liquide limpide dans une fiole jaugée de 200^{cc} ; on lave à plusieurs reprises le résidu avec de l'eau bouillante acidulée par l'acide chlorhydrique, de façon à bien dissoudre tout le sulfate de chaux, et on complète le volume, après refroidissement, à 200^{cc}. On mélange bien le liquide, on filtre et on prélève 100^{cc} représentant $0^{gr},500$ de matière ; on évapore de manière à réduire le volume à 15 ou 20^{cc}, puis on ajoute 2^{cc} d'acide chlorhydrique et 50^{cc} d'alcool à $95°$.

On laisse déposer pendant quelques heures, on filtre sur un filtre sans plis et on lave le sulfate de chaux avec un mélange de deux volumes d'alcool pour un volume d'eau, jusqu'à ce que le liquide filtré ne présente plus la réaction acide.

On dessèche le précipité et le filtre, puis on les sépare et l'on brûle le filtre dans un creuset de platine ; on reprend par deux ou trois gouttes d'acide azotique et une trace d'acide sulfurique, pour ramener à l'état de sulfate le sulfure de calcium qui a pu se former ; on ajoute le sulfate de chaux, on chauffe au rouge sombre pendant 10 minutes puis on pèse. Le résultat multiplié par 200 donne le taux de sulfate de chaux pur pour 100 de plâtre.

§ 2. Sulfate de protoxyde de fer du commerce
(*couperose verte — vitriol vert*).

On y dose le protoxyde de fer au moyen d'une solution normale décime de permanganate de potasse ($3^{gr},162$ par litre).

On vérifie le titre de cette solution au moyen de l'acide oxalique normal décime ($6^{gr},3$ par litre).

On prend 20^{cc} d'acide oxalique $\frac{N}{10}$: on y ajoute 5^{cc} d'acide sulfurique pur et on y verse la solution de permanganate au moyen d'une burette de Gay-Lussac de 25^{cc}, jusqu'à légère coloration rose persistante. Si la liqueur de permanganate est exacte, on devra en employer 20^{cc}. Sinon on calculera le coefficient de correction.

Pour l'analyse du sulfate de fer, il est commode d'en faire une dissolution normale décime, c'est-à-dire contenant $27^{gr},8$ de ce sel par litre ($FeO,SO^3 + 7HO$).

Pour éviter l'oxydation, on placera ce poids de sel dans un ballon jaugé à 1 litre ; on y ajoutera environ 200^{cc} d'eau distillée bouillie et refroidie, acidifiée avant ébullition par 50^{cc} d'acide sulfurique ; lorsque la dissolution est terminée, on remplit le ballon jusqu'au trait de jauge avec de l'eau distillée bouillie et froide.

On agite, pour bien mélanger et l'on prend 20^{cc} du liquide que l'on titre au moyen de la liqueur de permanganate normale décime comme on l'a fait ci-dessus pour l'acide oxalique.

Le sulfate de fer pur exigerait dans les conditions où nous nous sommes placés 20^{cc} de permanganate décime ; il suffira donc de multiplier le nombre de centimètres cubes obtenu par 5 pour avoir la pureté centésimale du sulfate essayé.

Dosage du sulfate de peroxyde de fer dans le sulfate de protoxyde. — Lorsque le vitriol vert est exposé longtemps à l'air, il se peroxyde à la surface des cristaux. Le dosage précédent ne donne que le sulfate de protoxyde non altéré.

Pour doser la quantité de sulfate de peroxyde qu'il contient, on prend 100^{cc} de la solution précédemment faite (à $28^{gr},7$ par litre); on les place dans une éprouvette de 110 à 120^{cc} que l'on peut fermer au moyen d'une plaque de verre sodée ; on y introduit une longue lame de zinc pur amalgamé et une petite feuille de platine qui doit être en contact avec le zinc ; on agite de temps en temps le liquide au moyen de la lame de zinc pour favoriser la réduction du persel de fer. Quand celle-ci est terminée (ce dont on s'assure en touchant une goutte de sulfocyanate de potasse placée sur une assiette avec une baguette de verre mouillée par le liquide de l'éprouvette, qui ne doit plus produire de coloration rouge), on prélève 20^{cc} du liquide qu'on titre au permanganate, comme tout à l'heure.

S'il y avait du peroxyde de fer on doit employer un volume de permanganate plus grand pour obtenir la teinte rose.

On multiplie par 5 et la différence des deux nombres indique la quantité de sulfate de protoxyde correspondant au sulfate de peroxyde.

Il suffit de multiplier cette différence par 0,748 pour obtenir le poids du sulfate de peroxyde ($Fe^2O^3,3SO^3$).

§ 3. Sulfate de cuivre (*couperose bleue — vitriol bleu*).

Ce sel, très employé pour combattre les maladies crypto-gamiques, est souvent mélangé de sulfates de protoxyde de fer, de zinc, de magnésie.

Essai. — L'analyse qualitative à ce point de vue est très simple : on ajoute à la solution du sel à analyser, une dissolution assez concentrée d'hyposulfite de soude jusqu'à décoloration ; puis une solution de carbonate de soude.

Si le sulfate est à peu près pur, il n'y a pas de précipité.

Analyse. — On fait une dissolution de 100 grammes du sel à essayer dans l'eau distillée et on amène le volume à 1 litre.

On peut doser le cuivre : a) par précipitation au moyen du zinc, b) par électrolyse.

a) Dans une capsule de platine tarée on met 10ᶜᶜ de la solution de sulfate, 10ᶜᶜ d'eau et quelques gouttes d'acide chlorhydrique ; puis on y introduit un petit morceau de zinc soluble sans résidu dans l'acide chlorhydrique. On couvre la capsule d'un verre de montre qu'on lavera à la fin de l'opération, en recevant l'eau de lavage dans la capsule. Il faut que le dégagement d'hydrogène soit modéré et continu : pour y arriver on n'ajoute l'acide chlorhydrique que peu à peu.

La réduction dure environ une heure ; on s'assure qu'elle est complète en essayant quelques gouttes du liquide qui ne doit plus se colorer en brun par l'hydrogène sulfuré.

On essaye alors si tout le zinc est dissous, en explorant l'éponge de cuivre au moyen d'une baguette de verre et en ajoutant un peu d'acide chlorhydrique qui ne doit plus produire de dégagement d'hydrogène.

A ce moment on comprime le cuivre au moyen de la baguette de verre (qui doit avoir un bout aplati en forme de bouton) et on décante le liquide ; on lave plusieurs fois à l'eau distillée bouillante en décantant chaque fois, jusqu'à ce que l'eau de lavage ne contienne plus d'acide chlorhydrique. On égoutte l'eau aussi bien que possible, on lave une fois à l'alcool à 95°, puis on sèche à l'étuve à 100°.

On pèse après le refroidissement ; l'augmentation du poids de la capsule représente la quantité de cuivre contenue dans 10ᶜᶜ de la solution. On multiplie ce poids par 100 pour ramener au litre, c'est-à-dire à 100 grammes de sulfate, et enfin on multiplie le taux centésimal de cuivre par 3,933.

On peut aussi opérer dans un creuset de porcelaine ou dans un petit verre de Bohême ; mais la réduction est plus lente, et le cuivre se trouve entièrement à l'état de masse spongieuse et ne forme pas de dépôt adhérent comme dans la capsule de platine.

b) Par électrolyse. — On mesure 10ᶜᶜ de la solution de sulfate à 100 grammes par litre, au moyen d'une pipette jaugée et on y ajoute quelques gouttes d'acide azotique, on fait bouillir quelques instants pour peroxyder le fer s'il y en a, puis, après refroidissement, on sursature par l'ammoniaque de manière à redissoudre l'oxyde de cuivre d'abord précipité : on obtient ainsi la dissolution de bleu céleste, qu'on filtre en recevant le liquide filtré et les eaux de lavage dans une capsule de platine à rebord, forme Deville.

On dispose celle-ci sur une lame de platine reposant sur une plaque de verre, et reliée au pôle négatif d'un élément de Bunsen ; puis on suspend à un support au moyen d'un

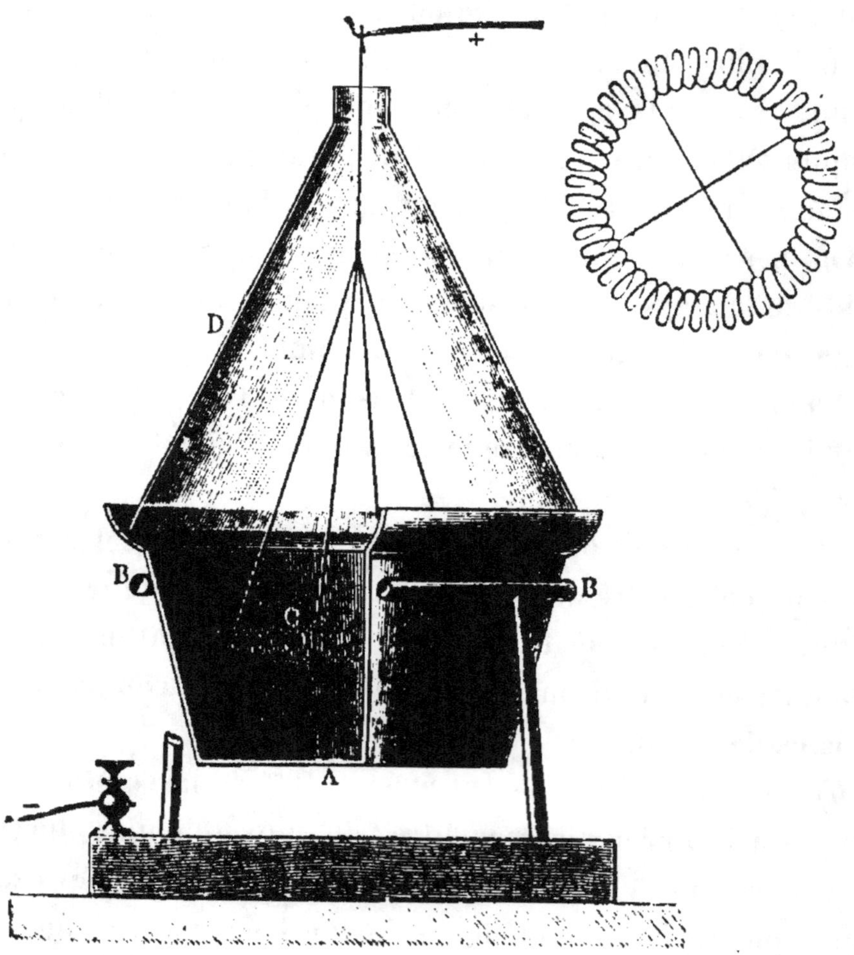

Fig. 45. — Appareil pour l'électrolyse.

tube de verre, une couronne spiralée de fil de platine reliée au pôle positif de la pile.

Au bout de 12 heures à froid, le cuivre est complétement

déposé sur la capsule ; on enlève le réophore positif sans interrompre le courant, puis on vide le liquide qui doit être incolore, on lave rapidement le cuivre à l'eau distillée, puis à l'alcool à 95° et on porte la capsule à l'étuve à 80-90° jusqu'à dessiccation complète.

L'augmentation de poids de la capsule correspond au poids du cuivre contenu dans 10 cc. de la solution. On achève le calcul comme dans la méthode précédente.

§ 4. Sulfate de cuivre mixte.

Ce sel est employé surtout pour le chaulage des blés ; il se compose de quantités variables de sulfates de cuivre et de fer : le premier surtout est efficace.

Il y a donc lieu de déterminer dans ce produit les proportions des deux sulfates. On y arrive par plusieurs procédés :

1° **Dosage du cuivre.** — On peut opérer par l'un des deux procédés que nous avons indiqués plus haut pour l'analyse du sulfate de cuivre (précipitation par le zinc et électrolyse).

Mais si l'on veut doser sur une même prise d'essai les deux métaux, on opérera de la façon suivante :

On dissout 10 grammes de sulfate mixte dans 1 litre d'eau ; on filtre et prend 50cc correspondant à 0gr,5 de matière ; on ajoute 5cc d'acide chlorhydrique, puis on fait passer jusqu'à refus un courant d'hydrogène sulfuré dans la liqueur. On filtre rapidement et lave le précipité avec une solution aqueuse d'hydrogène sulfuré ; on sèche le sulfure noir de cuivre ; on le détache avec précaution du filtre ; on brûle celui-ci dans un creuset de porcelaine taré, on ajoute le sulfure et chauffe au rouge pendant 20 minutes.

Le sulfure est ainsi transformé en bioxyde que l'on pèse. Son poids, multiplié par 0,8, donne le poids de cuivre contenu dans $0^{gr},5$ de matière.

2° **Dosage du fer.** - On fait bouillir les liqueurs provenant de la séparation du fer, pour chasser l'hydrogène sulfuré, puis on y ajoute de 2 à 3^{cc} d'acide chlorhydrique et 7 à 8^{cc} d'acide azotique. On fait de nouveau bouillir jusqu'à élimination des vapeurs rutilantes, puis on ajoute un léger excès d'ammoniaque en continuant à faire bouillir pendant quelques minutes. On filtre immédiatement et lave à l'eau bouillante. On sèche, sépare le précipité du filtre qu'on brûle dans un creuset de platine, puis on y met la matière et calcine de nouveau au rouge pendant un quart d'heure.

Le poids du sesquioxyde de fer constaté est multiplié par 0,7 pour obtenir le fer contenu dans $0^{gr},500$ de matière.

§ 5. Sulfure de carbone. — Sulfure de potassium. — Sulfocarbonates de potassium et de sodium.

Ces produits sont employés comme insecticides, principalement pour la destruction du phylloxéra ; de plus, le sulfure et le sulfocarbonate de potassium sont des engrais potassiques dont il convient de déterminer la valeur.

a) Sulfure de carbone. — Ce corps est peu sujet à falsification ; mais il pourrait cependant contenir du soufre ou des pétroles ou des corps gras.

Pour en apprécier la pureté, on en place 10^{cc} dans une

capsule à l'air libre ; au bout de 24 heures, il ne doit y avoir aucun résidu.

S'il en existait, on porterait la capsule à l'étuve à 50° pendant une heure, et on déterminerait le poids du résidu.

b) **Sulfure de potassium.** — 1° *Dosage du soufre à l'état de sulfure.* — On dissout 100 grammes du produit dans 500^{cc} d'eau distillée, à l'ébullition ; après refroidissement, on complète le volume à 1 litre.

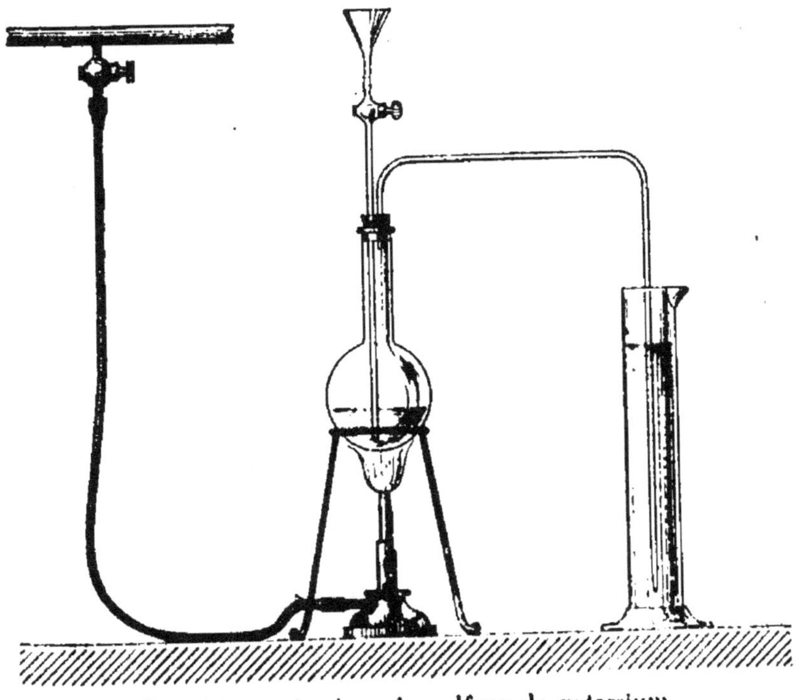

Fig. 46. — Analyse du sulfure de potassium.

On prend 10^{cc} de ce liquide qu'on étend à 100^{cc} (A), puis on prélève 10^{cc} de cette nouvelle liqueur, représentant 0^{gr},1 de matière, que l'on place dans un ballon de 100^{cc} avec 30^{cc} d'eau. Ce ballon est fermé par un bouchon à deux trous portant un tube à entonnoir à robinet ou muni d'une pince, et un tube deux fois recourbé et effilé à son extrémité plongeant dans une éprouvette étroite et haute remplie aux trois quarts d'une solution de nitrate d'argent à 4 pour 100.

On remplit d'abord le tube à entonnoir d'eau distillée, jusqu'au-dessus du robinet ou de la pince ; puis on verse dans l'entonnoir 15^{cc} d'acide sulfurique au $\frac{1}{10}$, qu'on fait couler peu à peu dans le ballon ; l'hydrogène sulfuré se dégage et se précipite dans l'éprouvette à l'état de sulfure d'argent. Lorsque le dégagement se ralentit, on chauffe le ballon graduellement jusqu'à l'ébullition que l'on maintient pendant cinq minutes, de manière à chasser les dernières traces d'hydrogène sulfuré.

On ouvre la pince pour laisser rentrer l'air avant d'éteindre le feu. On lave le tube plongeur au moyen d'une pissette, puis on recueille sur un petit filtre double, en papier Berzélius, le sulfure d'argent ; on lave à l'eau chaude, en recueillant à part les eaux de lavage, pour que la solution argentique puisse servir à plusieurs opérations.

On calcine dans deux petites capsules de porcelaine le filtre contenant le sulfure et le filtre extérieur ; on pèse et on retranche le poids du résidu du second de celui du premier.

Le poids de l'argent ainsi déterminé, multiplié par 0,148, donne le poids du soufre existant à l'état de sulfure pouvant se transformer en hydrogène sulfuré, contenu dans $0^{gr},1$ de matière.

On multiplie ce poids par 1000 pour avoir le taux centésimal.

2° *Dosage de la potasse.* — On prend 50^{cc} du liquide étendu (A) préparé précédemment ; on les traite dans une fiole conique à bec par de l'acide chlorhydrique en léger excès, ajouté goutte à goutte ; on fait bouillir ensuite pendant un quart d'heure pour chasser l'hydrogène sulfuré, puis on verse le liquide dans une fiole jaugée de 50^{cc} et on complète, après refroidissement, le volume avec de l'eau distillée. On mélange bien le liquide, on le filtre, et on prélève 20^{cc} correspondant à $0^{gr},2$ de matière, que l'on évapore à consistance sirupeuse avec 7 à 8^{cc} de chlorure de platine ;

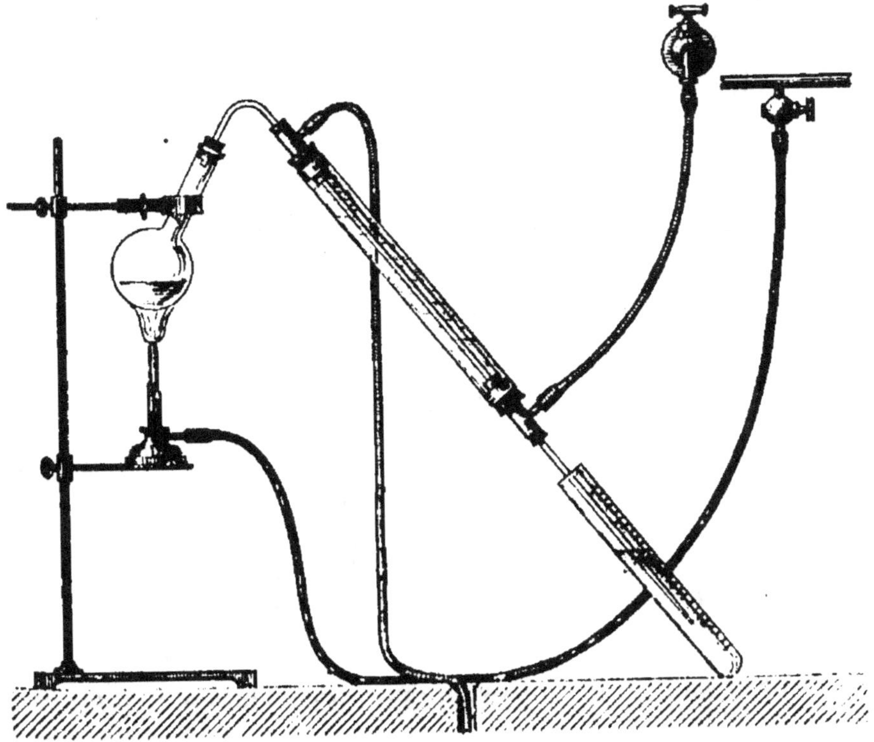

Fig. 47. — Analyse des sulfocarbonates.

on achève le dosage par la méthode de Corenwinder et Contamine (voyez page 79).

c) **Sulfocarbonates.** — 1° Dosage du sulfure de carbone. — Le principe de la méthode consiste à séparer le sulfure de carbone du sulfure alcalin et à recueillir le premier dans du pétrole dont l'augmentation de volume permet de déduire la quantité de sulfure de carbone.

Dans un ballon de 500^{cc}, on place 30^{cc}, soit environ 42 grammes (la densité des produits commerciaux étant de 1,4). On ajoute 100^{cc} d'eau et 100^{cc} d'une solution saturée de sulfate de zinc.

On bouche aussitôt avec un bouchon de caoutchouc portant un tube muni d'un réfrigérant et qui plonge par son extrémité vers le fond d'une cloche de 60^{cc} divisée en $\frac{1}{10}$. Cette cloche contient 30^{cc} environ de pétrole ordinaire, dont on a exactement lu le volume.

L'appareil étant ainsi disposé, on agite le ballon, ce qui détermine un dégagement d'acide carbonique qui se lave dans le pétrole. Quand ce dégagement a cessé, on chauffe le ballon avec précaution, en même temps qu'on fait fonctionner le réfrigérant.

Peu à peu, on amène le liquide à l'ébullition, que l'on continue de matière à distiller environ 12 à 15^{cc} d'eau, pour bien entraîner le sulfure de carbone.

A ce moment, on arrête l'eau du réfrigérant, tout en continuant à chauffer, et en même temps on retire la cloche lentement pour y recevoir l'eau condensée qui amène les derniers globules de sulfure de carbone. On a soin d'enlever la cloche avant que l'extrémité étirée du tube soit échauffée.

On lit immédiatement le volume total du liquide dans la cloche ; on en déduit le volume de l'eau qui ne se sépare qu'après quelques minutes.

L'augmentation de volume du pétrole, à laquelle on ajoute 0^{cc},2 (correction constante pour l'adhérence du pétrole au tube étiré), correspond au volume de sulfure de carbone condensé. Ce volume, multiplié par 1,27, densité du sulfure, donne le poids contenu dans 30 centimètre cubes de sulfocarbonate analysé.

La méthode est exacte et rapide.

Observation. — Quand le sulfocarbonate est très riche en sulfure de carbone, il arrive que le pétrole dans la partie inférieure du tube dissout beaucoup de sulfure, devient plus dense que l'eau et tombe au fond de la cloche, séparé par la colonne d'eau du reste du pétrole. Dans ce cas, après avoir lu le volume total, on bouche la cloche avec le doigt, on l'incline doucement pour réunir les deux portions de pétrole séparées, et on attend ensuite un quart d'heure avant de lire le volume d'eau.

§ 6. Soufres.

On emploie pour le soufrage des vignes le soufre sous diverses formes : soufre en fleurs, soufre trituré, soufre précipité.

L'essai de ces différentes matières peut être conduit de la même façon.

On dose l'eau sur 5 grammes de matière placée dans une capsule de porcelaine, que l'on chauffe à l'étuve à air à 100° pendant deux heures : la perte de poids est multipliée par 20.

Le résidu est ensuite chauffé sur un bec de gaz : le soufre s'enflamme et brûle lentement ; après sa combustion complète, on laisse refroidir et on pèse le résidu terreux : son poids, multiplié par 20, donne la proportion centésimale de matières fixes.

On retranche de 100 les taux d'eau et de matières fixes ; la différence donne le soufre et les matières volatiles.

Dans le cas où l'examen de la matière à la loupe ou au microscope laisserait soupçonner une addition quelconque de matières étrangères, il serait utile de traiter par l'eau un échantillon du soufre pour y déterminer les matières solubles dans l'eau.

En ce qui concerne le degré de finesse des soufres, qui a une importance considérable, on peut l'apprécier par le procédé suivant, indiqué par M. Chancel.

Dans un tube gradué en 100 parties, correspondant à un volume total de 25 centimètres cubes, on introduit 5 grammes de soufre à essayer et on remplit le tube d'éther jusqu'au zéro de la division.

On bouche le tube et on l'agite fortement pendant deux ou trois minutes, de manière à expulser l'air et à mettre le soufre en suspension ; puis, on l'abandonne au repos dans une position verticale, et au bout de cinq minutes on lit le volume occupé par le soufre ; les fleurs de soufre de très bonne qualité occupent dans ces conditions de 50 à 70 divisions ; les fleurs de qualité inférieure et les soufres triturés ne marquent guère que de 35 à 40.

Enfin, l'examen microscopique, que l'on ne doit jamais négliger, montrera s'il s'agit d'un soufre sublimé, trituré ou précipité, ou d'un mélange de ces diverses sortes.

CHAPITRE IV.

EMPLOI DES ENGRAIS COMMERCIAUX.

§ 1. Engrais azotés.

L'azote peut être considéré comme l'élément essentiel et fondamental de la matière vivante : c'est à lui qu'appartient le rôle prépondérant parmi les douze ou quatorze corps simples dont se composent les végétaux et les animaux.

Mais la nutrition azotée des êtres vivants diffère essentiellement dans les deux règnes : alors que les animaux sont inaptes à utiliser l'azote libre ou engagé dans des combinaisons minérales, qu'ils se nourrissent de végétaux, ou d'autres animaux nourris eux-mêmes de végétaux, c'est-à-dire qu'ils utilisent des combinaisons organiques de l'azote, les végétaux, au contraire, n'absorbent l'azote que sous la forme minérale.

Pour les végétaux, qui seuls nous intéressent ici, une distinction est à faire. Pendant longtemps, il fut admis que les composés ammoniacaux et les nitrates constituaient la seule source d'azote accessible aux végétaux.

Des expériences récentes ont établi qu'une classe des végétaux cultivés, les légumineuses, utilise également l'azote libre, grâce au concours de microorganismes vivant dans les nodosités qui se trouvent sur leurs racines.

C'est ainsi que se trouve confirmée l'expérience séculaire qui avait classé certaines plantes dans la catégorie des plantes *épuisantes*, et qualifié les légumineuses de plantes *améliorantes*.

On sait aujourd'hui, d'une façon certaine, que les céréales, les plantes à tubercules et à racines, etc., puisent dans le sol l'azote combiné nécessaire à leur nutrition, et que leur rendement est proportionnel (dans une certaine limite et toutes autres conditions requises existant) à la quantité d'azote combinée qu'elles trouvent à leur disposition ; d'autre part, que les légumineuses peuvent atteindre leur développement maximum et même enrichir le sol en l'absence de combinaisons azotées, au dépens de l'azote gazeux, pourvu que toutes les autres conditions de leur alimentation soient remplies, et en particulier que les microbes fixateurs d'azote soient présents et placés dans des conditions favorables.

Il résulte de ces notions que l'emploi des matières azotées comme engrais doit être réservé aux plantes non légumineuses ; que la culture des légumineuses est une source d'azote pour le sol dans lequel s'accumulent les produits azotés contenus dans leurs racines ; que dans l'emploi des engrais azotés sur un domaine, on doit tenir le plus grand compte de la surface occupée par les légumineuses, de leur fréquence dans l'assolement et du temps pendant lequel elles occupent le sol.

Quoique l'on ne soit pas bien fixé sur les quantités d'azote que peuvent laisser dans le sol les récoltes de légumineuses, on peut déduire des recherches de M. Berthelot que ces quantités sont importantes ; qu'elles peuvent atteindre et peut-être dépasser 300 kilogrammes d'azote par hectare et par an.

Il est donc entendu que dans tout ce qui va suivre, les

notions que nous exposerons sur les engrais azotés ne seront généralement pas applicables aux légumineuses, dont la nutrition azotée est toute spéciale, puisqu'elle peut être réalisée uniquement au dépens de l'azote libre.

Exigences des principales plantes cultivées en azote.

Toutes les cultures n'enlèvent pas au sol la même quantité d'azote. Pour calculer les exportations causées par les différentes récoltes, nous donnons ci-dessous leur teneur centésimale en azote, dans l'état où on les livre au commerce ou aux bestiaux.

Teneurs centésimales des principales plantes cultivées en azote.

Céréales.

	Grain.	Paille.	Râfles.
Blé.	2,08	0,48	»
Seigle.	1,76	0,40	»
Orge.	1,52	0,48	»
Avoine.	1,92	0,40	»
Maïs.	1,60	0,48	0,23
Sarrasin.	1,72	0,78	»

Légumineuses (à graines).

	Grain.	Paille.	Râfles.
Haricots.	4,15	1,04	»
Pois.	3,58	1,04	»
Féveroles.	4,06	1,63	»
Lentilles.	3,81	1,01	»

Plantes industrielles.

	Grain.	Paille.	Siliques.
Colza.	3,10	0,50	0,85
Pavot.	2,80	0,40	»
Lin.	3,20	0,48	»
Chanvre.	2,62	»	»
Tabac (feuilles).	5,00		

Plantes à racines et à tubercules.

	Racines.	Feuilles.
Carottes..	0,21	0,51
Betterave fourragère.	0,18	0,30
— à sucre.	0,16	0,30
Pomme de terre.	0,32	0.50
Topinambour.	0,32	0,43

Fourrages. — Graminées.

Ray-grass vert..	0,57
Herbe de prairie verte.	0,44
— en foin.	1,31
Maïs vert.	0,28
Seigle vert..	0,43
Choux { feuilles.	0,24
{ tiges..	0,18

Fourrages. — Légumineuses.

Trèfle rouge.	2,00
Luzerne.	2,00
Sainfoin.	1,80
Vesces.	2,27

Vigne.

Vin..	0,02
Marcs.	1,00
Feuilles..	0.80
Sarments.	0,20

Les quantités d'azote exportées varient nécessairement avec le rendement pour une même récolte. Nous pouvons les traduire par des moyennes que nous indiquons dans le tableau ci-dessous. Les quantités d'azote qui y sont portées comprennent celles de la récolte principale et celles des parties accessoires, lorsqu'il y a lieu (pailles, fanes, feuilles, etc.)

Exigences moyennes des récoltes en azote.

	Rendement en produit principal à l'hectare.	Azote total de la récolte.
Céréales.		
Blé.	15 hect.	38 kil. 0
—	40 —	102 0
Seigle. . . .	20 —	40 0
Orge. . . .	25 —	38 0
Avoine. . . .	25 —	31 5
Maïs.. . . .	25 —	51 0
Sarrasin . . .	25 —	41 5
Légumineuses (graines).		
Haricot.. . .	16 hect.	64 kil. 5
Pois.. . . .	18 —	90 0
Féverole. . .	20 —	114 0
Lentille.. . .	15 —	63 0
Plantes industrielles.		
Colza. . . .	30 hect.	93 kil. 0
Œillette. . .	20 —	45 5
Lin. . . .	4,000 kil. (récolte sèche).	33 5
Houblon. . .	1,000 — (cônes secs).	52 0
Racines et tubercules.		
Carotte.. . .	30,000 kil.	114 kil. 0
Betterave four.	40,000 —	132 0
— à sucre.	30,000 —	84 0
Pomme de terre.	18,000 —	78 5
Topinambour..	28,000 —	123 5
Plantes fourragères.		
Prairie. . .	6,000 kil. (foin sec).	78 kil. 5
Seigle. . . .	20,000 — (vert).	86 0
Maïs-fourrage..	60,000 — (vert).	170 0

	Rendement en produit principal à l'hectare.			Azote total de la récolte.	
Choux-fourrage	40,000	—	(feuilles).	128	0
Trèfle rouge. .	8,000	—	(foin sec).	160	0
Luzerne . . .	10,000	—	—	200	0
Sainfoin. . .	4,500	—	—	81	0
Vesce. . . .	4,000	—	—	91	0

Cultures arbustives.

Vigne. . . .	10 hect. (vin).			31 kil.	7
— . . .	50	—	—	38	5
— . . .	100	—	—	47	0
Pommier. . .	10,000 kil. (pommes).			31	0

A la simple inspection de ce tableau, nous constatons que ce sont surtout les plantes à racines ou à tubercules et les plantes fourragères, c'est-à-dire toutes les plantes à grand développement, qui exigent les plus fortes quantités d'azote.

Lorsque les céréales atteignent de forts rendements, leurs exigences en azote approchent de celles des plantes à racines et des plantes fourragères.

Sources d'azote.

Nous devons maintenant rechercher quelles sont les sources où la plante peut puiser l'azote qui lui est nécessaire.

Ces sources sont au nombre de trois: l'atmosphère, le sol et les engrais.

1° **Azote atmosphérique.** — L'atmosphère contient 79 pour 100 de son volume d'azote élémentaire qui n'est assimilable que par les seules légumineuses; celles-ci peuvent, grâce au concours de bactéries spéciales, fixer l'azote gazeux sous forme organique par leurs racines.

A côté de l'azote gazeux, l'atmosphère renferme des quantités excessivement petites de composés oxygénés de l'azote (acides nitreux et nitrique) et d'ammoniaque.

L'ammoniaque atmosphérique est assimilable par la partie aérienne des plantes, mais cette source d'aliments azotés est presque négligeable.

2° **Azote du sol.** — L'azote existe dans le sol sous quatre formes :

1° A l'état libre, sous forme de gaz, dans l'atmosphère du sol ;

2° A l'état de matières organiques azotées insolubles, dans l'humus, les débris végétaux. C'est sous cette forme qu'il existe en plus grande proportion, en tant qu'azote combiné ;

3° A l'état de combinaisons ammoniacales ou amidées ; forme de passage, de transition entre l'état organique et l'état de nitrate. Sa proportion est toujours excessivement faible dans les terres arables.

4° Enfin sous forme de nitrates produits aux dépens des matières organiques azotées et des combinaisons ammoniacales et amidées, sous l'influence des microbes nitrifiants. Les nitrates étant très assimilables, très solubles et non fixés par le sol, celui-ci n'en contient jamais de grandes quantités, puisqu'ils sont enlevés au fur et à mesure de leur formation soit par les végétaux soit par les eaux qui traversent le sol.

On peut admettre en général, l'azote gazeux étant mis à part, que l'azote organique représente les 97 ou 98 centièmes de l'azote total du sol, les 2 ou 3 centièmes complémentaires étant sous forme d'ammoniaque et de nitrates en proportions variables suivant les conditions.

Les plantes n'utilisent pas directement les combinaisons organiques de l'azote : elles n'absorbent que les composés ammoniacaux et les nitrates ; le stock d'azote organique non assimilable existant dans le sol peut être considéré comme un capital dont une fraction très faible (ammoniaque et nitrates) serait le revenu.

Il va sans dire que si des apports d'azote organique sous forme d'engrais ou *produits* par la culture des légumineuses ne viennent pas reconstituer incessamment ce capital, celui-ci s'épuisera par sa lente transformation en produits utilisables.

Richesse des sols en azote.

On peut classer les sols, au point de vue de leur richesse en azote de la façon suivante :

Terres très pauvres, contenant moins de 0,05 p. 100 d'azote total.
— pauvres, — de 0,05 à 0,1 — —
— moyennement riches, — 0,1 — —
— riches, — de 0,1 à 0,2 — —
— très riches, — plus de 0,2 — —

Il est rarement avantageux de consacrer à la culture des céréales et des racines les terres qui contiennent moins de 0,05 pour 100 d'azote : leur destination naturelle est la culture forestière ou herbagère, qui peuvent les améliorer lentement en y accumulant des matières organiques azotées.

Quant aux terres riches en azote, il est rare que les engrais azotés y produisent des résultats rémunérateurs : on doit se borner à y entretenir le stock de matières azotées, ou du moins à empêcher sa diminution trop prononcée.

Restent enfin les terres pauvres et moyennement riches, dans lesquelles l'emploi des engrais azotés produit presque toujours des résultats avantageux.

Ces données sont nécessaires pour fixer à peu près les idées sur la convenance de l'emploi des engrais azotés ; mais elles sont loin d'être suffisantes, et le problème est en réalité beaucoup plus complexe qu'il ne le paraît.

Il ne suffit pas, en effet, qu'un sol bien pourvu d'ailleurs d'éléments minéraux soit riche en azote, pour qu'il produise de bonnes récoltes sans emploi de fumures azotées : il faut, en outre, que la nitrification de la matière azotée soit assurée.

NITRIFICATION. — Cette nitrification est, en réalité, la seule transformation qui amène à l'état assimilable l'azote des matières organiques ; car la formation de l'ammoniaque n'a lieu dans des proportions notables que dans les sols peu oxygénés, c'est-à-dire impropres à la culture.

Parmi les conditions qui interviennent dans la nitrification se trouve en première ligne la présence du ferment spécial, le *micrococcus nitrificans* découvert par MM. Schlœsing et Müntz ; ensuite vient la présence de calcaire à l'état de carbonate de chaux et enfin une porosité suffisante qui permette à l'oxygène de l'air un accès facile dans le sol.

Un sol riche en azote organique qui ne réunit pas ces conditions, toutes choses égales d'ailleurs, n'est pas apte à fournir aux récoltes l'azote qu'elles exigent ; l'emploi des engrais azotés y sera nécessaire jusqu'à ce que les amendements convenables l'aient mis en état de nitrifier l'azote qu'il contient.

Lors donc que l'on aura à étudier les besoins d'un sol en azote, il faudra faire intervenir dans les données de la question, à côté de sa richesse en azote, son aptitude à nitrifier, résultant surtout de la présence du microbe nitrifiant et du carbonate de chaux.

3° **Engrais.** — Tous les engrais naturels renferment de l'azote en quantité plus ou moins grande. Comme on les emploie toujours à doses massives, il en résulte pour le sol des apports importants d'azote organique.

Nous savons que sous cette forme l'azote n'est pas directement utilisable pour les végétaux, qu'une proportion variable seulement passe à l'état assimilable et peut être absorbée pendant la période de végétation.

De là résulte la nécessité des engrais azotés complémentaires, dont l'assimilabilité est généralement beaucoup plus grande et partant l'action plus certaine.

On peut les classer en trois groupes :

a) Les nitrates ;

b) Les sels ammoniacaux ;

c) Les matières organiques azotées.

a) **Nitrates.** — On utilise comme engrais le nitrate de soude surtout, et rarement le nitrate de potasse. Tout ce que nous dirons du premier s'applique au second, considéré comme engrais azoté.

Le nitrate de soude est rapidement dissous dans le sol, même lorsque celui-ci est relativement sec, grâce à son hygroscopicité.

Mais dans ce cas, il se forme autour de chaque grain de nitrate des dissolutions concentrées, caustiques, qui peuvent détruire les germes des graines qui viennent à leur contact, aussi bien que les racines des jeunes plantes sur lesquelles on l'épand en couverture par la sécheresse.

Lorsque les pluies surviennent au moment de l'emploi du nitrate, sa dissolution est très rapide ; et, comme il n'est pas absorbé par le sol, il se répartit au sein de celui-ci avec une grande régularité.

Si les pluies sont très abondantes, la dissolution est chassée dans le sous-sol et la fumure peut être entraînée hors de la région occupée par les racines ; dans ce cas, heureusement rare pour beaucoup de sols, la fumure est perdue plus ou moins complètement. Il convient de remarquer que lorsque les pluies cessent, l'évaporation qui se produit à la surface du sol et l'absorption des liquides du sol par la végétation déterminent un courant ascendant qui ramène vers la surface les liquides du sous-sol : le nitrate remonte avec eux et regagne la couche arable.

Pour éviter la déperdition du nitrate, et pour lui faire produire tout son effet utile, il convient de ne le confier au sol qu'à l'époque où la végétation est assez développée pour en tirer parti. C'est donc uniquement au printemps que doit être employé le nitrate.

En ce qui concerne son application aux différents sols, il n'y a pas de différence à établir au point de vue de leur constitution chimique, le nitrate n'ayant à subir aucune modification pour être absorbé par les végétaux.

Relativement à leurs propriétés physiques, il faut tenir compte de ce que les eaux circulent moins vite dans les sols argileux et dans les terres franches que dans les sols sableux ; dans ce dernier cas, lorsqu'on devra employer de fortes fumures de nitrate, il sera souvent prudent de les apporter au sol en deux ou trois fois ; la première application pourra être faite après labour et enfouie par la herse ; la seconde et la troisième seront données en couverture.

Dans les sols argileux, au contraire, toute la fumure de nitrate sera enfouie par le dernier labour.

PRATIQUE DE L'ÉPANDAGE. — Le nitrate de soude est en cristaux de dimensions très variables, parfois agglomérés en masses très dures. Il est indispensable de le pulvériser tout d'abord sur une aire plane, dure et sèche, au moyen d'une batte ou mieux encore en le passant au moulin à nitrate (fig. 48).

Mélanges. — Lorsqu'on l'emploie à faible dose, on se trouve bien, pour obtenir un épandage régulier, de le mélanger avec deux ou trois fois son poids de terre fine et sèche, de sable ou de plâtre.

Il peut également être mélangé avec les sels potassiques, les cendres, la chaux, etc.

Mais il faut se garder de le mélanger à l'avance avec les superphosphates ; car il se dégage dans ce cas des vapeurs nitreuses qui s'échappent dans l'air, ce qui produit une déperdition souvent considérable d'azote.

Lorsque l'on veut employer en mélange le nitrate et le superphosphate, on ne doit réunir les matières qu'au moment de les semer ; tout au plus peut-on préparer le matin le mélange qui doit être semé dans la journée.

L'épandage se fait au semoir ou à la main ; dans ce dernier cas, il faut veiller à ce que l'ouvrier semeur ait les

mains bien saines, exemptes de coupures, d'écorchures ou
de plaies, car le contact du nitrate pourrait y produire
des inflammations douloureuses et difficiles à guérir.

b) **Sels ammoniacaux.** — L'ammoniaque des sels
ammoniacaux est directement assimilable par les végétaux,
comme l'ont montré les expériences de MM. Müntz et

FIG. 48. — Moulin à nitrates et à engrais similaires.

Girard, et les rendements obtenus par l'emploi des sels
ammoniacaux et du nitrate à dose égale d'azote, d'après les
essais de nombreux agronomes, conduisent à admettre que
les deux formes minérales de l'azote combiné sont équiva-

lentes au point de vue agricole : le nitrate de soude exerce quelquefois une action supérieure à celle du sulfate d'ammoniaque, mais, en revanche, il présente l'inconvénient de se perdre plus rapidement dans les eaux de drainage.

Parmi les sels ammoniacaux qui peuvent être employés comme engrais, un seul est utilisé en grand dans les circonstances actuelles : c'est le sulfate d'ammoniaque.

Il est très soluble dans l'eau, aussi entre-t-il immédiatement en dissolution lorsqu'il est introduit dans le sol.

Mais le sol jouissant, grâce à ses éléments argileux et humiques, d'un pouvoir absorbant très prononcé vis-à-vis de l'ammoniaque, celle-ci ne tarde pas à être fixée.

La cause la plus effective qui puisse entraîner l'ammoniaque dans le sous-sol est la nitrification.

Celle-ci se produit surtout dans les terres bien pourvues de calcaire, bien aérées : il en résulte que les terres fortes, argileuses, peu calcaires, conserveront assez longtemps l'ammoniaque des sels ammoniacaux qu'on leur confiera.

Quant aux pertes par volatilisation du carbonate d'ammoniaque qui se produit par la double décomposition du sulfate d'ammoniaque et du carbonate de chaux, elles ont été souvent exagérées par les auteurs : il résulte, en effet, des recherches précises de MM. Müntz et Girard, que même dans des terres très calcaires, ces pertes sont des plus minimes, surtout lorsque le sulfate d'ammoniaque a été enfoui dans le sol par un labour.

Il n'en serait pas de même dans le cas des sols nouvellement et fortement chaulés : on s'exposerait en y employant le sulfate d'ammoniaque, surtout en couverture, à des

Fig. 49. — La machine « Le Hérisson » vue de derrière (Faul).

pertes notables, en raison de l'action énergique qu'exerce la chaux sur les sels ammoniacaux.

CONDITIONS D'EMPLOI DES SELS D'AMMONIAQUE : 1° DANS LES DIFFÉRENTS SOLS. — Les principes exposés plus haut nous permettent de préciser rapidement les meilleures conditions d'application des sels ammoniacaux dans les différents cas.

S'il s'agit des terres franches, des terres calcaires et légères, on ne devra donner les fumures ammoniacales qu'à l'époque où les plantes pourront les assimiler, c'est-à-dire au printemps.

En les incorporant au sol avant l'hiver, on s'exposerait à des pertes dues à la nitrification et même à l'entraînement du sel ammoniacal par les pluies, dans le cas des terres légères.

Les mêmes déperditions ne sont pas à craindre dans les terres argileuses, compactes, dans lesquelles le calcaire est peu abondant, où l'air pénètre difficilement.

On peut donc leur confier les sels ammoniacaux avant l'hiver ; mais cette pratique n'est cependant pas à recommander.

Il vaut mieux utiliser dans ces sols les fumures organiques azotées, qui les divisent, les ameublissent, qui en un mot les améliorent physiquement tout en apportant l'aliment azoté.

Enfin les terres acides, terres de landes, terres tourbeuses, etc., ne doivent pas recevoir de sulfate d'ammoniaque, non plus que d'autres engrais azotés ; elles sont en effet riches en azote organique que le chaulage, le marnage rendent assimilables par les plantes.

2º POUR LES DIVERSES CULTURES. — Céréales d'hiver.
— Dans les terres fortes, on peut donner aux céréales
d'hiver une faible partie de la fumure ammoniacale qu'on
leur destine avant les semailles ; puis au printemps, fin
février ou commencement de mars, le reste en couverture.

Plantes de printemps. — C'est surtout à ces plantes
que convient l'emploi du sulfate d'ammoniaque : on l'introduit dans le sol par le dernier labour.

L'enfouissement est beaucoup plus à recommander que
l'emploi en couverture, car il assure une dispersion plus
parfaite et une meilleure utilisation de l'engrais, surtout si
la sécheresse survient après l'épandage.

Plantes permanentes. — C'est surtout dans les
prairies que l'on peut faire un emploi avantageux du sulfate d'ammoniaque. On doit l'épandre au premier printemps, de façon que les pluies puissent le dissoudre et l'a-
mener au contact des racines.

PRATIQUE DE L'ÉPANDAGE. — Le sulfate d'ammoniaque est
quelquefois aggloméré en morceaux assez durs ; on l'écrasera au moyen de la batte, ou bien on le passera au moulin
à nitrate.

Mélanges. — Le sulfate peut être mélangé avec des
matières inertes, telles que la terre peu calcaire, fine et
sèche ou le sable.

Lorsqu'on voudra le mélanger avec d'autres engrais, on
devra éviter ceux qui contiennent de la chaux libre ou carbonatée : c'est ainsi que la chaux, les phosphates fossiles,
les scories de déphosphoration causent une perte d'ammoniaque libre ou carbonatée. Il en est de même du carbonate de potasse.

Le mélange préparé est semé soit à la main, soit au semoir, comme il est dit pour le nitrate de soude ; quand la terre est nue, on peut pratiquer l'épandage avant le labour, ce qui est préférable, ou semer après labour et enfouir par deux coups croisés de herse ou de scarificateur.

c) MATIÈRES ORGANIQUES AZOTÉES. — Généralités. — Les matières organiques riches en azote et qui sont susceptibles d'être employées comme engrais sont assez nombreuses, mais d'importance très différente. Ce sont : le sang desséché, la viande sèche, les cornes torréfiées, le cuir torréfié, les déchets et chiffons de laine, les déchets de poils, de crins et de plumes.

Les quatre premiers produits sont les seuls qui figurent aux mercuriales des engrais, et parmi eux, le plus important pour l'emploi direct est le sang desséché.

Dans ce qui va suivre, nous nous occuperons surtout de ce dernier engrais, les autres étant peu employés à l'état isolé. Le plus souvent ils entrent dans les mélanges d'engrais offerts par le commerce à la petite culture.

Exceptionnellement, le cultivateur pourra se procurer en dehors du commerce spécial des engrais, des quantités plus ou moins importantes de déchets organiques azotés ; ces matières ne sont généralement pas préparées pour l'emploi direct ; elles comportent souvent des parties grossières ou pâteuses qui en rendent l'épandage irrégulier. Leur action est incertaine et inégale. Il vaut mieux les faire entrer dans les composts que de les répandre directement dans les champs.

Aussi n'en parlons nous ici que pour mémoire.

Composition. — Les engrais organiques azotés contiennent outre l'azote qui est l'élément dominant de petites quantités d'acide phosphorique et de potasse qui ne sont généralement pas facturées à part.

Le tableau suivant résume la composition centésimale de ces engrais.

	Azote.	Acide phosphorique.	Potasse.
Sang desséché..	10 à 14	0,5 à 1,5	0,6 à 0,8
Viande sèche.	8 à 10	2 à 3	0,8
Corne torréfiée.	13 à 14	2 à 4	»
Cuir torréfié.	7 à 10	»	»
Déchets de laine.	3 à 13	»	»
Déchets de poils, crins, plumes.	4 à 15	»	»

Ces déchets divers ont une richesse très variable en azote, suivant qu'ils sont plus ou moins mélangés de matières étrangères.

Transformations des engrais organiques azotés dans le sol. — Les matières organiques, en général, introduites dans le sol se transforment en humus, en se combinant aux bases du sol : chaux, magnésie, potasse, etc.

Les matières organiques azotées partagent cette propriété ; mais leur transformation est plus ou moins rapide suivant leur nature et leur état de division.

Sous cette forme, la matière azotée est insoluble, complètement fixée par le sol.

Si les conditions convenables sont réalisées, elle subit ensuite la nitrification.

Dans le cas contraire, lorsque le sol est humide, peu perméable, ou lorsque le ferment nitrique manque, la matière organique azotée donne naissance à de l'ammoniaque par une véritable putréfaction.

La plupart des sols non oxygénés étant impropres à la

culture, la formation d'ammoniaque est un cas très exceptionnel dont nous n'avons pas à nous occuper.

La nitrification de la matière organique, qui amène par oxydation l'azote à la forme nitrique, est le seul phénomène important dont nous ayons à tenir compte dans l'étude de l'emploi des engrais organiques azotés.

Rapidité de la nitrification. — De même que la transformation en matières humiques, la nitrification est d'autant plus rapide que la division de la matière est plus parfaite.

La constitution des différentes matières intervient également, ainsi que la présence des matières accessoires qui accompagnent parfois le produit principal : c'est ainsi que la corne naturelle en poudre nitrifie moins vite que le sang desséché ; cela tient à la différence de consistance et de dureté, à grosseur égale. La torréfaction de la corne, en modifiant son état physique, la rend plus facile à nitrifier.

De même, le tannin qui est combiné à la matière azotée du cuir en augmente la résistance aux actions microbiennes ; la graisse qui imprègne la viande, les os, les engrais de poisson, retarde également la nitrification.

La torréfaction du cuir, le dégraissage des viandes, etc., améliorent considérablement ces engrais.

Au point de vue de la rapidité de la nitrification, qui sert de mesure à la valeur agricole, on peut classer de la façon suivante les engrais organiques azotés, en se basant sur les recherches de MM. Müntz et Gérard, et de M. Petermann :

Sang desséché ;

Corne torréfiée ;

Cuir torréfié ;

Chiffons de laine.

La viande sèche dégraissée et moulue serait probablement classée entre le sang et la corne.

Déperdition de l'azote des matières organiques. — Les pertes qui peuvent se produire aux dépens des fumures azotées organiques sont de deux ordres : en premier lieu, les nitrates formés peuvent être entraînés par les eaux ; cette cause de déperdition est peu importante, quoiqu'il n'existe de cette affirmation aucune preuve directe : car la nitrification de ces engrais est assez lente ; d'autre part, on constate que les engrais organiques azotés *marquent* sur les récoltes pendant plusieurs années, alors que le sulfate d'ammoniaque et surtout le nitrate de soude disparaissent dans l'année.

En second lieu, la transformation de la matière organique azotée peut être accompagnée d'un dégagement d'azote gazeux. Ce dégagement est dû soit à des moisissures, soit à des ferments anaérobies ; ni les unes, ni les autres ne prospèrent dans un sol aéré, dans lequel la nitrification seule s'exerce ; les pertes de 5 à 20 pour 100 de l'azote signalées par divers auteurs ne se produisent que dans des expériences de laboratoire ou dans les conditions d'application les plus défavorables.

En résumé, on peut conclure que les engrais organiques azotés ne sont exposés qu'à de faibles causes de déperditions.

Conditions d'emploi des engrais organiques azotés.

1º **Dans les différents sols.** — Les terres *non calcaires,* terres tourbeuses, très argileuses, etc., sont incapables de produire la nitrification des engrais azotés : on ne devra donc jamais les appliquer dans ce cas.

Dans les *terres légères,* la nitrification est active ; elles sont très perméables ; par conséquent les déperditions à l'état de nitrate sont à craindre ; on devra donc employer les engrais organiques à petites doses, répétées tous les ans, plutôt que de fournir au sol une forte fumure de temps en temps.

Les *terres franches,* d'une capacité moyenne, dans lesquelles la nitrification est moins active, et la perméabilité moins grandes, s'accommodent au contraire de fortes fumures espacées.

Les *terres fortes* ne doivent en général pas recevoir de fumures organiques azotées, qu'elles ne sont pas capables de nitrifier rapidement. Ces terres sont souvent riches en azote, et cependant le nitrate de soude y produit des effets remarquables ; cela montre bien qu'elles ne livrent pas facilement leur azote propre, qui est surtout à l'état organique, et que par conséquent on n'a pas intérêt à leur donner des engrais organiques azotés.

2° Époque de l'épandage. — Enfouissement. — Dans les sols légers, on peut employer les engrais organiques au printemps, surtout ceux qui sont d'une décomposition facile.

Dans les terres franches, et surtout pour les matières peu décomposables, il y a tout avantage à les utiliser avant l'hiver.

Dans tous les cas, les engrais organiques doivent être enfouis par le labour ; l'enfouissage à la herse ne serait pas suffisant.

Quant à l'emploi en couverture, il va sans dire qu'il n'est pas applicable à ces engrais.

3° Pratique de l'épandage. — Les matières organiques peuvent être semées à la main ou au semoir.

Lorsque l'engrais est en poudre fine, on peut le mélanger soit avec des matières inertes, soit avec d'autres engrais.

On devra éviter de faire entrer dans le mélange à la fois des engrais organiques, des nitrates et des superphosphates ; car, outre qu'il y a des déperditions considérables d'azote, la matière peut s'échauffer au point de provoquer un incendie, ou tout au moins sa combustion propre.

§ 2. Emploi des engrais phosphatés.

La plupart des terres étant pauvres en phosphates, le fumier de ferme ne restituant qu'une faible partie des phosphates extraits du sol par les récoltes, il est de toute évidence qu'il y a lieu, pour entretenir ou augmenter la fertilité d'un domaine, de recourir à une importation de produits phosphatés pour maintenir ou augmenter la quantité d'acide phosphorique contenue dans le sol.

Voici les teneurs centésimales des principales plantes cultivées et les exigences moyennes des récoltes en acide phosphorique.

Teneurs centésimales des principales plantes cultivées en acide phosphorique.

Céréales.

	Grain.	Paille.
Blé.	0,82	0,23
Seigle.	0,82	0,25
Orge..	0,72	0,19
Avoine.	0,55	0,28
Maïs..	0,55	0,38
Sarrasin..	0,61	0,18

Légumineuses cultivées pour leurs grains.

	Grain.	Paille.
Haricot.	0,94	0,38
Pois.	0,88	0,38
Féveroles.	1,16	0,41
Lentilles.	0,52	0,48

Plantes industrielles.

	Grain.	Paille.
Colza.	1,64	0,27
Pavot.	1,64	0,23
Lin.	1,30	0,43
Chanvre.	1,75	0,35
Tabac (feuilles).	0,45	

Plantes à racines et à tubercules.

	Racines ou tubercules.	Feuilles.
Carotte.	0,11	0,11
Betterave fourragère.	0,08	0,08
— à sucre.	0,11	0,10
Pomme de terre.	0,18	0,10
Topinambour.	0,14	0,07

Fourrages. — Graminées.

Ray-grass vert.	0,17
Herbe de prairie verte.	0,15
— en foin.	0,35
Maïs vert.	0,07
Seigle vert.	0,24
Choux { feuilles.	0,20
{ tiges.	0,16

Légumineuses.

Trèfle rouge.	0,56
Luzerne.	0,51
Sainfoin.	0,47
Vesces	0,62

Vigne.

Vin.   0,03
Marcs.   0,30
Feuilles..   0,16
Sarments.   0,04

Les quantités d'acide phosphorique empruntées au sol varient pour une même récolte avec le rendement.

Nous pouvons, afin de fixer les idées, les traduire par des moyennes que nous indiquons dans le tableau ci-dessous. Les quantités d'acide phosphorique qui y figurent comprennent celles de la récolte principale et celles des parties accessoires (pailles, fannes, feuilles) lorsqu'il y a lieu.

Exigences moyennes des récoltes en acide phosphorique.

Céréales.

	Rendement en produit principal à l'hectare.	Acide phosphorique total de la récolte.
Blé.	15 hect.	16 kil. 1
—	40 —	43 1
Seigle. . . .	20 —	21 0
Orge. . . .	25 —	17 0
Avoine. . . .	25 —	12 5
Maïs.. . . .	25 —	20 1
Sarrasin . . .	25 —	12 7

Légumineuses (graines).

Haricot.. . .	16 hect.	16 kil. 3
Pois.. . . .	18 —	26 5
Féverole. . .	20 —	31 1
Lentille.. . .	15 —	14 4

Plantes industrielles.

Colza. . . .	30 hect.		47 kil. 8
Œillette. . .	20 —		26 6
Lin.	4,000 kil.	(récolte sèche).	21 8
Houblon. . .	1,000 —	(cônes secs)	13 0

Racines et tubercules.

Carotte. . . .	30,000 kil.		43 kil. 0
Betterave four..	40,000 —		48 0
— à sucre.	30,000 —		45 0
Pomme de terre.	18,000 —		36 6
Topinambour. .	28,000 —		39 0

Plantes fourragères.

Prairie. . . .	6,000 kil.	(foin sec).	21 kil. 0
Seigle. . . .	20,000 —	(vert).	48 0
Maïs-fourrage. .	60,000 —	(vert).	42 0
Choux-fourrag.	40,000 —	(feuilles).	108 8
Trèfle rouge. .	8,000 —	(foin sec).	44 8
Luzerne. . .	10,000 —	—	51 0
Sainfoin. . .	4,500 —	—	21 2
Vesce. . . .	4,000 —	—	24 8

Vigne.

Vin.	10 hect.		6 kil. 75
—	50 —		9 75
—	100 —		13 5

On peut s'adresser à deux sources d'engrais phosphatés : aux phosphates naturels ou aux phosphates ayant subi un traitement chimique.

Nous allons résumer les idées actuelles sur l'emploi de

ces deux groupes d'engrais, et indiquer les conditions les plus favorables pour leur application.

1° **Phosphates naturels.** — Les phosphates naturels ont un caractère commun; c'est qu'ils contiennent en totalité ou à peu près leur acide phosphorique sous forme de phosphate tribasique de chaux, insoluble dans l'eau.

Actions générales des sols. — Lorsqu'ils sont introduits dans le sol, ils y subissent l'action des matières minérales et organiques et de l'acide carbonique.

Ils se transforment en phosphates de fer et d'alumine au contact de ces bases, et ces produits sont insolubles dans l'acide carbonique; mais le silicate de chaux, d'après P. Thénard, les carbonates alcalins et alcalino-terreux, d'après M. Dehérain, les amènent à l'état soluble; le marnage et le chaulage auraient donc pour effet de solubiliser l'acide phosphorique du sol; le mélange des phosphates avec les matières organiques conduirait au même résultat par suite de la production de carbonate d'ammoniaque.

Les matières humiques du sol provenant soit des résidus des récoltes, soit des fumures organiques, dissolvent les phosphates et les font entrer en combinaison organique (M. Risler, M. Grandeau).

L'acide phosphorique ainsi combiné est très facilement assimilable pour les plantes; et à ce point de vue particulier, la présence d'une certaine quantité d'humus dans le sol a une très grande importance.

Cette action des matières organiques explique les bons résultats de l'emploi des phosphates en mélange avec les fumiers. Nous reviendrons plus loin sur cette pratique.

L'acide carbonique du sol exerce une action dont l'importance est beaucoup moins grande, bien qu'on l'ait souvent exagérée.

L'eau contenant de l'acide carbonique qui imprègne les particules terreuses dissout à la vérité du phosphate de chaux ; mais en présence de l'oxyde de fer et de l'alumine, le phosphate de chaux passe à l'état de phosphates de fer et d'alumine insolubles dans l'acide carbonique.

Le carbonate de chaux lui-même atténue considérablement le pouvoir dissolvant de l'acide carbonique pour le phosphate de chaux.

Une confirmation de ces faits est fournie par l'absence presque complète d'acide phosphorique dans les eaux de drainage.

Ces actions exercées par le sol sur les phosphates subissent l'influence de la température et de l'humidité du sol, et deviennent d'autant plus importantes que la dureté de la matière phosphatée est moins grande, et que ses particules sont plus fines.

C'est ainsi que les apatites, dont la substance est cristalline, ne s'attaquent pour ainsi dire pas dans le sol.

Les phosphorites pour produire un effet marqué doivent être réduites en particules très fines et employées à hautes doses.

Les nodules et les phosphates arénacés agissent beaucoup mieux, toutes choses égales d'ailleurs.

Enfin les produits d'os, les guanos phosphatés, les scories finement moulues sont encore d'une action plus marquée.

Action des terres acides. — Les terres de bruyères ou de landes, les sols tourbeux, de prairies défrichées, etc., contiennent de notables proportions d'acides humiques et analogues, grâce auxquels la solubilisation de l'acide phosphorique des phosphates naturels est de beaucoup plus importante.

Dans ces conditions, les phosphates naturels augmentent dans un rapport très grand la fertilité des terres, ou plutôt font succéder la fertilité à la stérilité complète.

Ces sols ont en général autant besoin de chaux que de phosphates; il importe de procéder d'abord au phosphatage, de le pousser jusqu'au point convenable avant de procéder au chaulage; car si l'on procédait dans l'ordre inverse, ou si l'on pratiquait en même temps les deux opérations, l'acidité du sol serait saturée par les amendements calcaires, et les phosphates ne seraient plus attaqués.

Action des terres argileuses. — On ne connaît pas bien les réactions qui peuvent se produire entre les éléments de l'argile et les phosphates; d'autre part ces terres sont pauvres en acide carbonique; il y a donc lieu de penser que dans ces cas les phosphates agissent plutôt sur les propriétés physiques du sol en produisant la coagulation de l'argile et par conséquent l'ameublissement du sol.

Action des terres calcaires et sableuses. — Ces terres sont presque toujours pauvres en matières organiques; les phosphates naturels ne peuvent donc pas y subir la transformation en produits assimilables.

On devra plutôt recourir pour ces sols aux phosphates transformés par des traitements chimiques.

En résumé, les considérations théoriques conduisent à penser que les phosphates naturels devront surtout être utilisés directement dans les terres tourbeuses, les terres de landes, les prairies défrichées.

Dans les terres franches, on pourra les incorporer au sol lors du défrichement des prairies artificielles, qui laissent dans le sol des quantités considérables de matières organiques.

Enfin dans les sols sableux et calcaires, on devra, en général, recourir aux phosphates solubilisés plutôt qu'aux phosphates naturels.

Quantités de phosphate à employer. — Il y a tout intérêt à appliquer de fortes doses de phosphate dès le début aux défrichements : on profite ainsi de l'acidité de la terre, acidité qui disparaîtra rapidement par la culture ; il faut employer, au minimum, 1,000 à 1,500 kilos de phosphate à 20 pour 100 d'acide phosphorique, c'est-à-dire donner au sol un stock de 200 à 300 kilos d'acide phosphorique par hectare la première année ; après quelques années, on donnera annuellement 200 à 300 kilos du même phosphate de manière à fournir aux besoins des récoltes tout en entretenant le stock.

Lorsqu'on disposera de capitaux suffisants, on ne devra pas craindre de doubler ces doses.

Nature du phosphate à employer. — Pour les sols fortement acides, la nature du phosphate a peu d'importance, pourvu que la finesse du produit soit assez grande.

Il n'est pas à recommander d'employer dans ce cas les produits d'os, qui doivent être réservés, en raison de leur prix, aux terres qui utiliseraient moins bien les phosphates minéraux.

Les produits d'os, les nodules finement pulvérisés, les

scories peuvent souvent être employés avec avantage dans les terres franches, principalement sur défriche de luzerne, de trèfle, de sainfoin, de prairie naturelle ou temporaire ; on peut aussi les utiliser dans d'autres conditions, mais il est prudent dans ce cas de comparer par l'expérience leur efficacité à celle des superphosphates.

On se trouvera généralement bien de les employer à des doses assez fortes, de 500 à 1,000 kilos par hectare.

Emploi indirect des phosphates naturels. — M. de Molon, M. Risler et d'autres agronomes ont depuis longtemps préconisé l'association des matières organiques en décomposition aux phosphates naturels, dans le but d'augmenter l'assimilabilité de ceux-ci.

C'est une pratique que l'on ne saurait trop recommander, car elle a pour résultat de fournir de l'acide phosphorique sous une forme très assimilable, à un prix bien inférieur au cours de l'acide phosphorique des phosphates solubilisés industriels.

Elle permet en outre l'application des phosphates naturels, de certains d'entre eux du moins, à tous les sols.

Le plus souvent, c'est au fumier que l'on incorpore les phosphates : on peut soit répandre la dose de phosphate convenablement calculée, soit à l'étable ou à l'écurie, soit sur le tas, chaque fois que l'on y amène le fumier.

Ce sont les convenances personnelles du cultivateur qui doivent le guider pour le choix de l'une ou l'autre manière d'opérer.

Les doses de phosphate à employer sont variables et dépendent de la quantité de fumier que l'on veut répandre à l'hectare.

Supposons, pour fixer les idées, que l'on veuille donner à la fois à un sol 1,000 kilos de phosphate et 2,500 kilos de fumier à l'hectare : le phosphate et le fumier devront donc se trouver associés dans le rapport de 1 à 25.

Or, on sait que le bétail produit sensiblement dans une année 25 fois son poids de fumier : il faudra donc employer dans une année un poids de phosphate égal au poids du bétail.

Si l'on répand le phosphate sur la litière tous les jours, on en répandra chaque jour $\frac{1}{365}$ du poids du bétail ; si l'on répand le phosphate toutes les semaines sur le tas, il en faudra chaque fois $\frac{1}{52}$ du poids du bétail.

On peut aussi, et toujours avec avantage, introduire le phosphate dans des composts riches en matières organiques, le mélanger avec des marcs de pommes ou de raisins, avec de la tourbe, de la tannée, etc.

La seule précaution à prendre est de maintenir la masse toujours humide, principalement par des arrosages avec du purin, des vinasses ou tous autres liquides organiques.

On fabrique ainsi à bon compte d'excellents engrais.

2° Phosphates ayant subi des traitements chimiques. — Les superphosphates contiennent de l'acide phosphorique sous les trois formes de phosphate monocalcique soluble dans l'eau, de phosphate bicalcique et de phosphate de fer et d'alumine solubles dans le citrate d'ammoniaque et enfin de phosphate tricalcique.

Ce dernier, généralement peu abondant, se comporte dans le sol comme les phosphates naturels ; nous n'avons donc à nous occuper ici que des phosphates solubles dans l'eau et dans le citrate d'ammoniaque.

Ceux-ci subissent dans le sol des modifications beaucoup plus importantes que celles qui atteignent les phosphates naturels.

L'acide phosphorique libre et le phosphate monocalcique se dissolvent immédiatement dans l'eau qui imprègne le sol ; le carbonate de chaux, l'oxyde de fer et l'alumine réagissent immédiatement sur eux et le ramènent à l'état insoluble.

Dans la plupart des sols, la solution phosphatée qui se forme primitivement a le temps de se disséminer assez largement dans la couche superficielle de la terre ; cependant, les combinaisons phosphatées solubles dans l'eau circulent beaucoup moins dans le sol que beaucoup de praticiens se l'imaginent.

Liebig a en effet trouvé dans la couche superficielle de 25 centimètres d'un sol les trois quarts de son acide phosphorique, bien que ce sol ait reçu du superphosphate pendant vingt-deux années consécutives.

Nous devons ajouter en outre que si la saturation du phosphate monocalcique ne pouvait être réalisée rapidement dans le sol, le superphosphate agirait sur les plantes comme un véritable poison.

C'est en effet ce qui arrive dans les sols tourbeux ou naturellement acides, et même dans les sols quartzeux pauvres en chaux, si l'on n'a soin de répandre, dans ce dernier cas, le superphosphate longtemps avant les semailles.

Le phosphate bicalcique existant soit dans les superphosphates, soit surtout dans les phosphates précipités, subit dans le sol les mêmes actions que les phosphates naturels ;

mais en raison de sa grande division et de sa nature facilement attaquable, il les subit beaucoup plus rapidement.

Enfin les phosphates d'alumine et de fer, également dans un état de division très grand, subissent également au contact de l'acide carbonique, du carbonate de chaux et des matières organiques les réactions qui les amènent à l'état soluble, d'autant plus rapidement qu'ils n'ont pas à subir au contact du sol la transformation en phosphates de fer et d'alumine, puisqu'ils se présentent sous cet état.

Relativement à l'application aux différentes terres, nous n'aurons qu'à signaler le cas des terres acides.

Celles-ci solubilisant parfaitement les phosphates naturels, il n'y a aucune raison d'y employer les superphosphates d'un prix plus élevé, et pouvant jouer un rôle nuisible en raison de leur acidité.

En ce qui concerne les phosphates précipités, nous pensons qu'il y aura surtout avantage à les employer aux lieu et place des superphosphates dans les terres fortement chargées de matières organiques mais peu acides, telles que les vieilles prairies défrichées ; nous avons constaté à plusieurs reprises leur grande efficacité dans ces conditions.

Pratique de l'emploi des superphosphates et des phosphates précipités. — Ces engrais prenant dans le sol une forme insoluble, il n'y a pas à craindre de les donner longtemps à l'avance, car ils ne subissent aucune déperdition.

On pourra donc donner aux plantes sarclées et aux céréales de printemps les fumures de superphosphate à l'automne ou en hiver : on risquera moins de voir l'engrais rester sans effet s'il survient au printemps une période de sécheresse.

Quant aux doses à employer, elles dépendent à la fois de la richesse du superphosphate ou du précipité, de l'exigence de la récolte et de la richesse du sol.

Elles ne peuvent se déterminer que par l'expérience directe.

Cependant nous pouvons dire que dans des terres de richesse moyenne, on peut considérer une fumure de 100 kilogrammes d'acide phosphorique comme intensive ; elle peut être obtenue par l'emploi de :

700 kilogrammes de superphosphate à .   .   14 p. 100
ou de 300 kilogrammes de phosphate précipité à. .   33 p. 100.

Il y a peu à redouter d'exagérer ces doses dans les sols pauvres, car l'excès de fumure phosphatée ne peut nuire à la récolte, et n'est sujet à aucune déperdition, ce qui arrive au contraire pour l'excès de fumure azotée. De plus la dépense est beaucoup moins élevée.

Les engrais phosphatés doivent toujours être enfouis, en règle générale, et d'autant plus profondément que les racines des plantes considérées sont plus pivotantes.

Le mieux est de les enterrer à la charrue, et non de les mêler à la couche superficielle au moyen de la herse ou du scarificateur comme on le fait trop souvent.

Lorsqu'on se propose de fumer des prairies naturelles, on doit évidemment semer les engrais en couverture ; si l'on emploie les superphosphates, on pourra les semer au printemps, avant le départ de la végétation ; quand on aura recours aux phosphates précipités ou aux phosphates naturels, on devra de préférence les semer avant l'hiver.

L'épandage se fait à la main ou au semoir ; chaque fois

qu'on le peut on doit recourir à cet instrument, dont il existe aujourd'hui de très bons types ; l'épandage est plus régulier, et l'on épargne aux ouvriers le contact pénible et dangereux des superphosphates et surtout des scories.

Pour semer à la main ces deux engrais, il est utile de donner au semeur des gants en cuir.

Les superphosphates sont parfois humides ; pour en assurer l'épandage régulier, on doit dans ce cas les additionner de plâtre cuit qui les sèche ; mais cette pratique ne doit être qu'un pis-aller, car on peut exiger et obtenir facilement aujourd'hui des superphosphates bien secs et pulvérulents.

§ 3. Engrais potassiques.

La potasse est nécessaire au développement des végétaux au même titre que l'azote et que l'acide phosphorique ; souvent même elle existe dans certaines plantes en proportions assez élevées pour que leurs cendres constituent une source importante de sels potassiques.

Cependant, au point de vue engrais, la restitution de la potasse au sol est généralement moins indispensable que celle de l'azote et celle de l'acide phosphorique.

Cela tient à plusieurs raisons ; d'abord la plupart des sols granitiques, volcaniques et les sols argileux qui en dérivent, sont riches en potasse : les sols calcaires et les grès sont au contraire pauvres en cet élément.

En second lieu, beaucoup de plantes, en particulier les racines, le tabac, contiennent souvent plus de potasse qu'il ne serait nécessaire pour leur complet développement ; il en résulte que l'on serait tenté de donner des engrais potassiques à des cultures qui en trouvent dans le sol des quantités supérieures à leurs besoins.

Enfin, les fumures naturelles, fumiers, engrais verts, composts, etc., sont généralement mieux pourvues de potasse que d'acide phosphorique ; comme on les emploie à très hautes doses, la restitution est plus complète pour la potasse, et l'emploi des engrais potassiques moins nécessaire.

Avant de donner la teneur en potasse des différentes plantes cultivées, nous devons faire observer que la composition des cendres des plantes ne donne pas la mesure exacte de leurs besoins ; il résulte au contraire de recherches récentes de Wagner, de Liebscher, de Drechsler et d'autres savants, que les plantes doivent surtout recevoir comme engrais les matières qu'elles contiennent en moindre proportion, parce qu'elles ont une plus grande difficulté à les assimiler.

Sous le bénéfice des observations qui précèdent, nous indiquons ci-dessous les teneurs en potasse des principales plantes cultivées (d'après Müntz et Girard).

Teneurs en potasse des principales plantes cultivées.

Céréales.

	Grain.	Paille.
Blé.	0,55	0,49
Seigle.	0,54	0,80
Orge..	0,48	0,93
Avoine.	0,42	0,97
Maïs..	0,33	0,24
Sarrasin .	0,45	1,23

Légumineuses cultivées pour leurs graines.

	Grain.	Paille.
Haricot.	1,40	1,07
Pois.	0,98	1,07
Féverole	1,20	2,00

Plantes industrielles.

Colza.	0,88	0,97
Pavot.	0,71	2,00
Lin.	1,04	1,00
Chanvre.	0,97	»
Tabac (feuilles).	1,80	

Plantes à racines et à tubercules.

	Racines ou tubercules.	Feuilles.
Carotte.	0,32	0,37
Betterave fourragère.	0,43	0,43
— à sucre.	0,40	0,40
Pomme de terre.	0,56	0,30
Topinambour.	0,85	0,41

Plantes fourragères.

Herbe de prairie verte.	0,60
— en foin.	1,60
Maïs-fourrage.	0,32
Seigle vert.	0,63
Choux { feuilles.	0,40
{ tiges.	0,35
Trèfle en foin.	1,95
Luzerne —	1,52
Sainfoin —	1,79
Vesce —	2,00

Cultures arbustives.

Vignes { vin.	0,10
{ marc.	0,50
{ feuilles vertes.	0,28
{ sarments.	0,30

Nous ne croyons pas utile de donner ici pour chacune des plantes ci-dessus la quantité de potasse enlevée à l'hectare par une récolte moyenne : les moyennes pour chaque groupe suffisent pour fixer les idées ; nous les résumons ci-dessous :

Exigences en potasse des récoltes moyennes.

Céréales..	32 kil.
Légumineuses à graines..	51 —
Plantes industrielles.	59 —
Racines et tubercules.,	182 —
Plantes fourragères.	166 —

On voit par ces chiffres que la potasse est absorbée en grande quantité par les récoltes ; l'exportation de cet élément par hectare est beaucoup plus élevée que celle de l'acide phosphorique. Mais, comme nous l'avons déjà dit, l'épuisement du sol en potasse est moins à craindre en raison de la restitution plus abondante par les fumures et de la richesse originelle du sol.

Emploi agricole des sels potassiques. — Toutes les matières potassiques que l'on emploie comme engrais sont solubles dans l'eau ; nous n'avons donc pas à nous préoccuper ici des roches contenant la potasse sous forme insoluble ; mais nous devons rechercher comment se comportent les sels de potasse solubles après qu'ils sont introduits dans le sol.

La dissolution des sels potassiques s'effectue rapidement : lorsque le sol est relativement sec, ils attirent l'humidité des parties environnantes en raison de leurs propriétés hygrométiques, et il se forme alors autour de chaque grain une dissolution relativement concentrée. Si le sol est humide, ou s'il survient des pluies après leur application, la dissolution se produit beaucoup plus vite.

Alors interviennent des réactions qui ont pour effet de fixer à un état presque insoluble la potasse dans le sol.

Le pouvoir absorbant du sol, dont la découverte remonte aux recherches de Thompson et de Way, et qui a été longtemps attribué à des actions capillaires, semble d'après des recherches récentes résulter plutôt de l'action chimique des silicates polybasiques constituant l'argile et de celle des matières organiques que l'on désigne sous le nom d'humus.

Il se formerait par échange de bases et d'acides des sels à bases multiples peu solubles, pendant que les produits solubles de la réaction s'élimineraient dans le sous-sol.

C'est ainsi que le chlorure de potassium abandonnant sa potasse à l'argile et aux matières humiques laisserait comme résidu soluble du chlorure de calcium ; le sulfate de potasse donne du sulfate de chaux.

Ces sels calcaires, non retenus par le sol, se retrouvent dans les eaux de drainage.

Le pouvoir absorbant d'un sol est d'autant plus élevé qu'il est plus riche en argile et en humus ; le sable et le calcaire en sont dépourvus.

Il suit de là que lorsqu'un sol argileux ou humique est convenablement pourvu de calcaire, il jouit d'un grand pouvoir fixateur pour la potasse.

Dans ce cas, il n'y a aucune déperdition de potasse à craindre.

Il n'en serait pas de même dans des sols sableux, sablocalcaires, ou même dans des sols argileux ou humiques dépourvus de calcaire.

En conséquence, on pourra employer à l'automne les fumures potassiques, même pour les récoltes de printemps, dans les terres franches et les terres fortes.

Quant aux sols exclusivement calcaires, sableux ou tourbeux, on ne devra y introduire les engrais potassiques qu'au moment des semailles, et en quantité strictement nécessaire pour la fumure de l'année.

Enfin, dans les terres non calcaires, il sera toujours nécessaire de faire précéder l'emploi des sels potassiques d'un chaulage ou d'un marnage, qui fourniront le calcaire indispensable pour la transformation des sels potassiques en carbonate.

Époque et conditions de l'emploi. — Les sels potassiques formant dès le début de leur introduction dans le sol une dissolution caustique, il faut éviter que les semences se trouvent en contact avec cette dissolution ; dans presque tous les cas, le contact serait fatal aux jeunes plantes.

La règle, aussi bien pour les céréales d'automne ou de printemps que pour les plantes à racines ou à tubercules, est donc de donner la fumure potassique le plus longtemps possible avant la semaille.

Quant aux prairies artificielles et naturelles, on est souvent conduit à les fumer en couverture ; on aura soin de n'épandre les engrais potassiques que pendant l'arrêt de la végétation, à un moment où des pluies abondantes seront à espérer. C'est donc au commencement ou à la fin de l'hiver que l'on devra procéder à l'épandage de ces engrais.

La potasse étant fixée par le sol dans le voisinage des points où ses sels sont déposés, il sera toujours nécessaire de les répandre aussi uniformément que possible, et de les enterrer par un labour (sauf dans le cas des prairies naturelles et artificielles).

Pour que l'épandage soit régulier, il faudra tout d'abord écraser les sels, qui souvent sont agglomérés en masses dures. Cette opération se fera sur une aire sèche en briques cimentées, au moyen d'un rouleau, d'un maillet ou d'une batte. Ensuite, il sera bon de passer le sel au broyeur à nitrate.

Pour faciliter l'épandage uniforme, on pourra mélanger les engrais potassiques soit avec des matières inertes, soit avec d'autres engrais.

Comme matières inertes on peut employer la terre fine et sèche ou le sable; outre l'avantage que l'on trouve à augmenter la masse à semer, ces substances atténuent la causticité des salins, des potasses brutes, des cendres, qui les rend incommodes et même dangereuses pour les mains des ouvriers.

Tous les engrais peuvent être mélangés aux sels potassiques, à l'exception des sels ammoniacaux lorsque les engrais potassiques renferment du carbonate de potasse : potasses brutes ou raffinées, salins, cendres. Dans ce cas, on perdrait une forte proportion d'azote qui s'échapperait à l'état de carbonate d'ammoniaque.

Le plâtre, les phosphates, le nitrate de soude, le superphosphate s'associent très bien aux sels potassiques. Pour ce dernier, cependant, il y a lieu de remarquer que les engrais potassiques à réaction alcaline (carbonates, salins, cendres) réagissent sur le phosphate soluble du superphosphate et le ramènent à l'état insoluble.

Enfin, il peut être avantageux de mêler à de la chaux

vive en poudre les sels potassiques riches en sels magnésiens : la magnésie est précipitée, et il se forme des sels de
chaux moins caustiques que les sels de magnésie.

Doses à employer. — Pour les sols moyennement
riches en potasse, on doit distribuer les fumures potassiques
employées en complément des engrais naturels de façon à
fournir aux récoltes la quantité de potasse que celles-ci
exigent.

Une fumure moyenne de 30,000 kilogrammes de fumier
de ferme à 0,5 pour 100 de potasse appliquée à la betterave
à sucre fournit par hectare 150 kilogrammes de potasse ;
une bonne récolte de betterave exigeant environ 200 kilogrammes de potasse, l'engrais potassique devra en fournir
50 kilogrammes.

Comme les principaux sels potassiques (chlorure, sulfate,
nitrate) contiennent environ 50 pour 100 de potasse, on
voit qu'il faudra employer 100 kilogrammes de chlorure ou
de sulfate et 115 kilogrammes environ de nitrate.

Dans les sols très pauvres en potasse, il y aura lieu d'exagérer la dose, qu'on doublera par exemple ; tandis que dans
les sols riches, on pourra presque toujours supprimer les
fumures potassiques, à condition de rendre au sol sous
forme de fumier la totalité des pailles produites sur le
domaine.

On ne devra pas perdre de vue lors de l'emploi de la potasse dans les sols pauvres, que les fumures potassiques ne
produiront leur effet que si la plante trouve dans le sol ou
dans les engrais des quantités convenables des autres éléments fertilisants : c'est ainsi que les sels potassiques employés seuls dans des sols calcaires ne donnent que de faibles

résultats, alors qu'en leur adjoignant des engrais azotés, leur action augmente dans de grandes proportions.

De même, dans les sols riches en azote et pauvres en acide phosphorique et potasse, ces deux éléments doivent être associés dans les engrais pour donner leur effet maximum.

TROISIÈME PARTIE.

ANALYSE DES SOLS ET DES ROCHES.

——

CHAPITRE PREMIER.

ANALYSE DU SOL.

Le sol est l'un des deux milieux dans lesquels vivent les plantes et dont elles tirent leur alimentation.

L'autre milieu, l'atmosphère, possède une fixité de composition remarquable ; il échappe d'ailleurs à toute tentative de modification.

Il n'en est pas de même du sol, dont les propriétés physiques et la composition chimique varient entre des limites fort éloignées.

Parmi les matières qui le constituent, les unes existent constamment en grande abondance, quoique leur proportion soit très variable dans les différents sols.

D'autres n'ont qu'une utilité restreinte pour la plante, ou sont même inutiles en tant qu'aliments.

D'autres enfin existent presque toujours en faibles quantités, quoiqu'elles constituent les aliments des plantes les plus nécessaires.

L'analyse du sol a surtout pour but de déterminer la proportion de ces éléments, parmi lesquels *l'azote*, *l'acide phosphorique,* la *potasse* et la *chaux* sont les plus importants.

On peut y ajouter l'*acide sulfurique* et la *magnésie* dont l'utilité est moins démontrée quoiqu'elle soit du moins très probable.

Il serait à désirer que l'analyse chimique pût déterminer dans la quantité totale d'un élément donné la partie immédiatement assimilable et la distinguer de celle qui constitue la réserve.

Malheureusement nos connaissances sur ce point sont très bornées; un certain nombre de méthodes ont été proposées; mais leurs résultats ne sont pas encore appuyés sur des vérifications assez nombreuses pour que l'on puisse se baser sur eux pour prévoir à coup sûr l'action que produiraient tel ou tel engrais appliqué au sol.

C'est surtout de la comparaison des résultats culturaux obtenus par de nombreux expérimentateurs avec la composition chimique brute (déterminée non par des procédés absolus, mais par des méthodes conventionnelles) que l'on a pu tirer quelques règles générales pour l'emploi des engrais.

Pour pouvoir appliquer ces données antérieures à l'interprétation des résultats de l'analyse chimique, il importe de procéder à celle-ci par des méthodes comparables, sinon identiques, à celles dont se sont servi les agronomes dont nous devons utiliser les travaux.

C'est surtout en ce qui concerne l'attaque du sol par les réactifs pour la dissolution de l'acide phosphorique et de la potasse que cette obligation est impérieuse.

La durée de l'attaque, la proportion, la concentration et la nature de l'acide employé, doivent être uniformes, si l'on veut que les résultats analytiques soient comparables.

Dans le but de contribuer à l'uniformisation des méthodes, nous indiquerons ici celle qui a été préconisée par le *Comité consultatif des stations agronomiques et des laboratoires agricoles*, et qui est en quelque sorte officielle.

Avant d'arriver à la description de cette méthode, nous devons remarquer que si l'analyse chimique bornée à la détermination des principaux éléments du sol renseigne sur sa valeur au point de vue alimentaire, elle ne donne que fort peu d'indications sur ses propriétés physiques.

L'analyse mécanique, qui a pour but de déterminer les proportions de terre fine et d'éléments grossiers contenues dans le sol naturel, et l'analyse physico-chimique, qui est pour ainsi dire l'analyse immédiate du sol, fournissent à ce point de vue des données fort importantes.

L'analyse mécanique est indispensable dans tous les cas; car l'analyse chimique portant toujours sur la terre fine, il est nécessaire de connaître le taux de celle-ci pour pouvoir rapporter les résultats à la terre brute.

L'analyse physico-chimique fait connaître les proportions de calcaire, de sable, d'argile et d'humus du sol : elle donne des indications du plus haut intérêt sur ses propriétés physiques en général, sur la nécessité des amendements, sur son pouvoir absorbant, et par conséquent elle fournit des règles pratiques pour l'emploi des engrais.

Nous exposerons donc l'ensemble des recherches que nécessite l'analyse du sol sous les quatre titres suivants :

12.

Échantillonnage ;

Analyse mécanique ;

Analyse physico-chimique ;

Analyse chimique.

§ 1. Échantillonnage.

Pour que l'analyse d'une terre puisse fournir, sur sa composition physique et chimique, des résultats dont le cultivateur puisse tirer un parti rationnel, dans sa culture et particulièrement dans l'emploi des engrais, il est essentiel que l'échantillon sur lequel le chimiste doit opérer représente, aussi exactement que possible, la composition moyenne du sol.

Pour cela, cet échantillon devra être prélevé avec les précautions indiquées ci-dessous :

1° On commencera par marquer dans le champ, avec des jalons, un certain nombre de points (quinze à vingt par hectare) situés à des distances à peu près égales ;

2° Après avoir enlevé les grosses pierres et les plantes qui se trouvent à la surface du sol, aux points indiqués, on pratiquera un trou à parois verticales, dans la profondeur de la couche arable (c'est-à-dire de 20 à 30 centimètres), sur une longueur de 50 centimètres, et de la largeur d'une pelle-bêche ;

3° La terre enlevée du trou sera placée sur une toile. On en écrasera les mottes, on la mélangera avec soin, puis on en mesurera, avec un pot ou un vase quelconque, 4 à 5 litres que l'on versera sur une brouette. La même opération sera faite sur tous les points marqués du champ, en se conformant exactement aux mêmes mesures, pour le trou à faire et la partie à recueillir sur la brouette ;

4° Les parties, provenant de tous les points marqués, seront réunies sur une grande toile. On les mélangera aussi exactement que possible et on prélèvera, sur le tas, un échantillon de 4 à 5 kilogrammes.

§ 2. Analyse mécanique.

On commence par dessécher à l'air environ 1,500 grammes de terre ; pendant la dessiccation on a eu soin d'écraser à la main les mottes qui pouvaient exister ; pour que cette opération soit facile, il faut que la terre présente un degré d'humidité variable avec sa nature, mais que l'expérience indique rapidement ; si la terre est trop sèche, les mottes sont dures ; si elle est trop humide, elles se réduisent en pâte qui durcit ensuite ; en surveillant la dessiccation, en arrosant au besoin la terre avec un peu d'eau distillée, on la maintient à l'état convenable, et on arrive à l'émietter complètement.

On pèse alors 1 kilogramme de terre séchée à l'air que l'on jette par petites portions sur un tamis de fil de laiton ayant 10 mailles par centimètre, et qu'on désigne souvent sous le nom de tamis de 1 millimètre.

Les parties restant sur le tamis sont réunies en un lot que l'on réduit de nouveau en fines particules, et l'on continue ainsi jusqu'à ce qu'il ne reste plus sur le tamis que des cailloux et graviers qui peuvent être enrobés de terre fine.

On les lave sur le tamis même de manière à détacher la terre adhérente, puis on les dessèche et on en prend le poids.

S'ils sont très abondants et de grosseurs diverses, on pourra les partager en deux lots en les faisant passer sur un tamis de 5 millimètres, qui retiendra les *cailloux*. Ce qui passe au tamis de 5 et qui est retenu par le tamis de 1 est désigné sous le nom de *gravier*.

Les deux lots de cailloux et de gravier sont traités par l'acide chlorhydrique jusqu'à cessation d'effervescence ; on lave, sèche et pèse les résidus siliceux. Par différence avec les poids primitifs on établit les poids de cailloux et de graviers siliceux.

Lorsque les cailloux sont gros, au lieu de les dissoudre ce qui exigerait beaucoup de temps et d'acide, on se borne à les toucher avec une baguette effilée trempée dans l'acide chlorhydrique.

On range dans le lot calcaire ceux qui font effervescence et les autres dans le lot siliceux, puis on prend le poids de chacun de ces lots.

L'analyse mécanique donne donc les résultats suivants :

Analyse mécanique de la terre séchée à l'air.

Cailloux siliceux.	
Cailloux calcaires.	
Graviers siliceux.	
Graviers calcaires	
Terre fine.	
TOTAL.	100.00

§ 3. Analyse physico-chimique.

La terre fine obtenue dans l'analyse mécanique est mélangée avec soin, puis on en place dans un flacon bouché de

100 à 200 grammes ; le reste est séché à l'étuve à 100-110° pour servir plus tard à l'analyse chimique.

Dosage de l'eau. — On prélève un échantillon de 10 grammes de terre fine séchée à l'air et on le dessèche à 100-110° jusqu'à poids constant. La perte multipliée par 10 donne le taux d'*humidité* de la terre.

On pèse ensuite un nouvel échantillon de 10 grammes que l'on place dans une capsule à fond plat de 9 à 10 centimètres de diamètre ; on l'humecte avec un peu d'eau distillée, de manière à former une pâte épaisse que l'on malaxe au moyen du doigt ; on ajoute ensuite 15 à 20 centimètres cubes d'eau distillée, on délaye la pâte, puis on cesse d'agiter et l'on compte 8 à 10 secondes ; on décante alors le liquide trouble dans un verre à précipiter de 250 centimètres cubes au moins, en ayant soin de ne pas entraîner le dépôt. On répète cette opération 5 ou 6 fois, en frottant chaque fois le résidu au moyen du doigt, assez du moins pour que la dernière eau décantée soit à peu près claire. Le résidu qui reste alors dans la capsule est le *gros sable ;* on le dessèche à 100°, on le pèse, puis on le traite par l'acide chlorhydrique étendu pour dissoudre le calcaire. On lave par décantation, puis on dessèche le résidu que l'on pèse et qui constitue le *gros sable siliceux ;* par différence, on obtient le *gros sable calcaire.* Lorsque la proportion de celui-ci est très minime, on recueille la partie soluble dans l'acide étendu ; et on y dose la chaux par l'oxalate d'ammoniaque, après séparation de l'oxyde de fer et de l'alumine par l'ammoniaque et l'acide acétique.

Si le gros sable siliceux est mélangé, ce qui se présente souvent, de débris végétaux, on détermine ces derniers par la perte de poids qu'éprouve le gros sable siliceux par incinération.

Séparation du sable, de l'argile et de l'humus.—

La partie décantée contient le sable fin, l'argile et l'humus ; on la traite par l'acide azotique jusqu'à cessation d'effervescence.

Après une digestion d'une heure, on décante le liquide limpide sur un filtre sans plis ; on remplit le vase d'eau distillée ; on laisse déposer et décante de nouveau sur le filtre, puis on y fait passer le résidu et on le lave jusqu'à ce que les eaux de lavage ne se troublent plus par l'addition d'oxalate d'ammoniaque.

Lorsque la terre est assez calcaire, on peut jeter le liquide filtré ; lorsqu'elle est pauvre, on y dose la chaux.

La partie insoluble restée sur le filtre contient le sable siliceux fin, l'argile et la matière humique. On perce le filtre et l'on entraîne, au moyen de la pissette, le résidu dans un verre à précipiter de 1 litre placé sous l'entonnoir ; on emploie environ 200 centimètres cubes d'eau. On ajoute alors 2 ou 3 centimètres cubes d'ammoniaque, on laisse digérer pendant 2 ou 3 heures, puis on ajoute de l'eau distillée pour faire environ 1 litre, on agite fortement et on laisse reposer pendant 24 heures.

Au bout de ce temps, on décante le liquide au moyen d'un siphon dans un vase de 2 litres.

On remet sur le résidu 2 centimètres cubes d'ammoniaque, on agite, puis on y ajoute 1 litre d'eau distillée ; on remet toute la matière en suspension et laisse déposer pendant 24 heures.

On décante le liquide que l'on reçoit dans le même vase que le premier. Pour les terres ordinaires, ces deux décantations suffisent ; pour les terres argileuses, il faut en faire trois ou quatre ; dans tous les cas, le dernier liquide décanté doit être peu trouble.

Le résidu qui reste dans le vase constitue le *sable siliceux fid* ; on le dessèche à 100° et on le pèse.

Quant au liquide décanté, il contient, outre l'humus qui est en dissolution, un mélange en suspension d'argile colloïdale et de sable siliceux très fin ; ce mélange est désigné sous le nom d'*argile*.

On précipite le liquide trouble par quelques centimètres cubes d'acide azotique ; le précipité qui contient presque tout l'humus et la totalité de l'argile est recueilli sur un filtre sans plis, puis lavé à l'eau distillée ; pendant le lavage, on s'arrange à réunir le plus possible toute la matière au fond du filtre. Vers la fin, le liquide ne passe plus que très lentement ; on décante le reste du liquide de lavage au moyen d'une pipette, puis on enlève le filtre que l'on ressuie dans du papier buvard pour en enlever l'excès d'humidité ; on replie le filtre sur lui-même de manière à rassembler l'argile sur la plus petite surface possible ; cette matière se détache ensuite tout d'une pièce.

On la dessèche à 100° dans une capsule tarée et on en prend le poids ; on incinère au moufle pour détruire la matière humique et l'on pèse de nouveau. La perte de poids comprend l'humus et l'eau de l'argile, qui représente le dixième du résidu calciné. On ajoute donc au poids de ce dernier 10 pour 100 de sa valeur, ce qui donne le poids d'*argile* hydratée ; on retranche ce nouveau poids de l'ensemble de l'argile et de la matière humique, ce qui donne le poids de cette dernière.

On exprime de la façon suivante les résultats de l'analyse physico-chimique :

Analyse physico-chimique.

Humidité.	
Gros sable calcaire.	
Gros sable siliceux.	
Débris organiques..	
Sable calcaire fin.	
Sable siliceux fin.	
Argile.	
Humus.	
Total.	100.00

§ 4. Analyse chimique.

Dosage de l'azote. — Il est rare que les terres contiennent des quantités notables d'ammoniaque et de nitrates; la majeure partie (environ 97 ou 98 pour 100) de leur azote est engagé dans des combinaisons organiques variées qu'il nous est actuellement impossible de séparer exactement les unes des autres.

Le plus souvent il est suffisant de doser l'azote par la méthode de la chaux sodée ou par la méthode de Kjeldahl.

Pour l'application de ces deux méthodes, nous renvoyons à la 1re partie (p. 26 et 38).

Nous ferons remarquer seulement, en ce qui concerne la méthode de la chaux sodée, que l'on emploie 10 grammes de terre séchée à 100-110°, ce qui nécessite un tube à analyse d'une longueur de 40 centimètres au moins.

Pour la méthode Kjeldahl, lorsque les terres sont très calcaires, elle est peu applicable.

Lorsque les terres sont peu calcaires, on pratique l'attaque comme à l'ordinaire, en agissant sur 10 grammes de terre. Quand elle est terminée, ce qui demande rarement une heure, on laisse refroidir, puis on délaye la matière dans un peu d'eau et on la fait tomber dans un vase de 300 centimètres cubes renfermant également de l'eau ; après les lavages convenables, on laisse déposer, puis on décante le liquide limpide dans le ballon distillatoire ; on jette le dépôt sur un filtre placé sur ce ballon et on le lave complètement. On sature ensuite par la soude et distille.

Dans les deux cas, on recueille l'ammoniaque dégagée dans 10 ou 20 centimètres cubes d'acide décime normal et l'on titre l'excès d'acide au moyen de la liqueur alcaline vingtième normale.

On peut également appliquer à la détermination de l'azote total la méthode de Dumas modifiée que nous avons décrite page 55. On opère sur 20 à 50 grammes de terre, que l'on mélange avec 40 à 100 grammes d'oxyde de cuivre ou du mélange d'oxyde de cuivre et de bioxyde de mercure ; le reste du détail de l'opération ne présente aucune modification, si ce n'est que le tube à analyse doit être notablement plus long.

Dosage de l'azote nitrique. — On prend 500 grammes de terre fine et sèche que l'on introduit dans un flacon de deux litres avec un litre d'eau distillée ; on agite pendant une heure, puis on filtre et on évapore 400 cc. du liquide filtré, qui correspondent à 200 grammes de terre ; vers la fin de l'évaporation, on transvase le liquide dans une petite capsule à fond plat où l'on mène la dessiccation jusqu'à sec sans dépasser la température de 100°. Le résidu est dissous dans quelques gouttes de solution de protochlorure de fer, puis traité par la méthode de M. Schlœsing (1re partie, page 47).

Dosage de l'ammoniaque. — On dose l'humidité sur 50 grammes de la terre à essayer, en la chauffant à 110°, jusqu'à ce qu'elle ne perde plus de poids ; la quantité d'humidité étant connue, on prend 200 grammes de terre, on humecte d'eau et l'on y ajoute, par petites portions, de l'acide chlorhydrique, étendu au cinquième, en agitant fréquemment, jusqu'à ce que tout le calcaire soit décomposé ; la liqueur doit rester acide à la fin de l'opération, mais sans contenir un excès notable d'acidité. On a mesuré la quantité d'eau et de liqueur acide ajoutée à la terre, on sait de plus combien d'eau contiennent originairement les 200 grammes de terre employée, on ajoute de l'eau de manière que la somme des liquides soit égale à 500 cc., on agite, on laisse déposer et l'on filtre rapidement à l'abri du contact de l'air, c'est-à-dire en couvrant l'entonnoir avec une plaque de verre et en recevant le liquide qui s'écoule dans un flacon à ouverture étroite ; on mesure 250 cc. de ce liquide, représentant 100 grammes de terre d'une humidité connue ; on les introduit dans le ballon à doser l'ammoniaque, et l'on y ajoute 5 grammes de magnésie calcinée ; avant de commencer la distillation, on s'assure que la magnésie a saturé complètement tout l'acide du ballon et que la liqueur est alcaline. Si par hasard la liqueur était encore acide, il faudrait ajouter assez de magnésie pour que la réaction fût manifestement alcaline. Puis on distille dans l'appareil à serpentin ascendant, en recueillant l'ammoniaque qui se dégage dans de l'acide sulfurique titré au dixième ; on fait le titrage de l'acide avec de l'eau de chaux.

Comme les quantités d'ammoniaque contenues dans les terres sont en général excessivement faibles, il faut s'entourer de grandes précautions pour éviter les erreurs. L'eau distillée qu'on emploie doit être privée, par une ébullition prolongée, des traces d'ammoniaque qu'elle peut contenir et l'acide chlorhydrique doit avoir été distillé en présence d'un peu d'acide sulfurique.

Le traitement de la terre par l'acide chlorhydrique a pour but de détruire les propriétés absorbantes de la terre pour l'ammoniaque et de permettre à cette dernière d'entrer en dissolution.

Quand on a besoin d'une très grande précision, il convient d'opérer un dosage à blanc sur l'acide chlorhydrique et l'eau qu'on a employés, afin de faire la correction relative aux traces d'ammoniaque qu'ils peuvent contenir.

Dosage de l'acide phosphorique. — Ce dosage s'effectue de la manière suivante : 20 grammes de terre sont soumis à la calcination dans un moufle chauffé à la température du rouge sombre qu'il ne faut pas dépasser. Cette calcination est utile, elle élimine les matières organiques, dont l'intervention, dans les réactions ultérieures, pourrait empêcher la précipitation intégrale de l'acide phosphorique. La terre calcinée est placée dans une capsule de 11 centimètres de diamètre et imprégnée d'eau ; on y ajoute par petites quantités, aussi longtemps qu'il se produit une effervescence, de l'acide azotique à 36° Baumé. Lorsque toute effervescence a cessé, malgré l'agitation et l'addition d'une nouvelle quantité d'acide, tout le calcaire a été décomposé.

Il faut alors procéder à la dissolution de l'acide phosphorique, en ajoutant 20 cc. d'acide azotique, et l'on chauffe au bain de sable pendant cinq heures, en agitant de temps en temps la masse et en évitant une dessiccation complète. Au bout de ce temps tout l'acide phosphorique est entré en dissolution ; on reprend par de l'eau chaude ; on filtre en lavant le résidu insoluble avec de petites quantités d'eau bouillante ; mais, de la solution obtenue, qui contient, outre l'acide phosphorique, l'oxyde de fer et l'alumine, la chaux, la magnésie, etc., il faut séparer la silice qui était entrée en dissolution. Dans ce but, on évapore à sec, au bain de sable, en chauffant à la fin avec beaucoup de précaution et en ne poussant pas la température au delà de 110 à 120°. Dans ces conditions, on obtient un magma qui reste quelquefois sirupeux, lorsque la terre est très calcaire, mais dans lequel la silice est insolubilisée. Il est indispensable qu'elle soit éliminée de toute matière, car elle introduirait de graves erreurs dans les résultats, comme on le verra plus loin.

Si l'on chauffait trop fort, cette silice pourrait réagir sur les sels terreux et alcalino-terreux, pour former des silicates et se retrouverait de nouveau ultérieurement en dissolution. D'un autre côté, l'application d'une température trop élevée rendrait peu soluble dans l'acide azotique l'oxyde de fer et l'alumine qui retiendraient de petites quantités d'acide phosphorique. Cette dessiccation demande donc à être conduite avec précaution. Une fois qu'elle est obtenue, on rajoute dans la capsule 5 cc. d'acide azotique et 5 cc.

d'eau, on chauffe au bain de sable jusqu'à ce que tout l'oxyde de fer soit dissous, c'est-à-dire jusqu'à ce qu'aucun dépôt ocreux ne persiste plus dans le liquide ; on filtre et on lave avec de petites quantités d'eau bouillante, de telle sorte que le volume total de la liqueur ne dépasse pas 25 à 30 cc. On ajoute ensuite 20 cc. de nitromolybdate d'ammoniaque et on laisse déposer pendant douze heures à la température ordinaire. Tout l'acide phosphorique est précipité à l'état de phosphomolybdate d'ammoniaque. Au bout de ce temps, pour s'assurer qu'on avait introduit dans la liqueur un excès de nitromolybdate d'ammoniaque, excès indispensable à la précipitation intégrale de l'acide phosphorique, on soutire à l'aide d'un tube étiré quelques centimètres cubes de la liqueur claire surnageante et on l'additionne de son propre volume du réactif molybdique. Si, au bout d'une heure ou deux, il ne s'est pas formé de précipité, on peut regarder l'opération comme terminée.

Pour recueillir et peser le phosphomolybdate d'ammoniaque, il faut quelques précautions spéciales : 1° on emploie deux filtres plats en papier Berzélius, dont l'un sert de tare à l'autre sur les deux plateaux d'une balance, on les place l'un dans l'autre et dans le filtre intérieur on fait tomber le phosphomolybdate. La partie adhérente au vase est détachée à l'aide d'une baguette dont un des bouts est muni d'un tube de caoutchouc. On opère le lavage avec de très petites quantités d'eau, renfermant 5 pour 100 de son volume d'acide azotique. Lorsque tout le précipité est sur le filtre et que le lavage est terminé, on fait tomber à l'aide d'un tube étiré, sur le bord supérieur des filtres, quelques gouttes d'eau, destinées à déplacer la liqueur acide qui imprègne la matière et le filtre. On porte ensuite à l'étuve et l'on chauffe à une température ne dépassant pas 90°. L'application d'une température plus élevée décomposerait le phosphomolybdate d'ammoniaque et conduirait à des résultats trop faibles.

La dessiccation étant obtenue, on sépare les deux filtres et on les replace sur les deux plateaux de la balance ; l'augmentation de poids correspond au phosphomolybdate d'ammoniaque ; en la multipliant par le coefficient 0,043[1], on obtient la quantité d'acide phosphorique contenu dans le poids de terre qu'on a employé.

Le phosphomolybdate d'ammoniaque est pur si toute la silice a été éliminée, mais si une partie de celle-ci était restée dans la dissolution, elle aurait fourni un silicomolybdate d'ammoniaque, dont le poids serait venu s'ajouter à celui du phosphomolybdate. L'élimination de la silice doit donc être faite avec le plus grand soin.

Préparation du nitro-molybdate d'ammoniaque. — 100 grammes d'acide molybdique sont dissous dans 400 grammes d'ammoniaque d'une densité de 0,95 ; on filtre et l'on reçoit le liquide, goutte à goutte, dans 1,500 grammes d'acide azotique de 1,20 de densité, en agitant constamment. Ce mélange est abandonné pendant quelques jours dans un endroit tiède, il forme un dépôt. Pour l'emploi, on décante la partie claire.

Dosage de la chaux. — La quantité de chaux contenue dans un sol varie dans les plus grandes proportions ;

---

1. Ce coefficient nous paraît beaucoup trop fort ; le coefficient 0.036 doit lui être préféré.

tantôt cette base est totalement absente, au point qu'il est impossible d'en découvrir de faibles traces, tantôt elle constitue la presque totalité de la masse terreuse. La chaux se trouve dans le sol principalement à l'état de carbonate, c'est-à-dire de calcaire proprement dit, on la trouve encore combinée avec la matière organique pour former des humates, avec l'acide sulfurique, etc.

On a adopté l'usage de doser la chaux en bloc, sans distinguer les divers états qu'elle affecte, mais on opère sur des quantités de terre variables, suivant que la proportion de calcaire est plus ou moins grande. Pour une terre très calcaire, 1 ou 2 grammes suffisent ; pour une terre pauvre en calcaire, il faut en prendre 10 ou même 20 grammes. Suivant qu'on traite par les acides plus ou moins concentrés et qu'on prolonge davantage la durée du contact, on dissout des quantités de chaux un peu différentes ; car si le calcaire réel, le sulfate, le nitrate, l'humate de chaux laissent entrer rapidement leur chaux en dissolution, il n'en est pas de même des silicates, qui s'attaquent avec lenteur. Toutefois ces derniers ne donnent qu'une augmentation de chaux insignifiante et l'on peut dans la pratique adopter sans inconvénient l'un ou l'autre procédé. Afin de simplifier, on peut adopter l'attaque par l'acide azotique concentré et bouillant en prolongeant la durée du chauffage pendant cinq heures, comme on le fera pour la potasse et la magnésie. Ce mode opératoire permet de faire une seule attaque pour le dosage de ces trois substances et de réduire ainsi beaucoup le travail. Après avoir chauffé avec l'acide pendant le temps nécessaire, on ajoute, dans la capsule où s'est faite l'attaque, 10 cc. d'acide azotique et 50 cc. d'eau ;

on chauffe, puis on filtre et on lave le résidu. Dans la liqueur, dont le volume doit être de 400 à 500 cc., on ajoute une quantité suffisante d'ammoniaque pour la rendre légèrement alcaline ; il se forme un précipité d'alumine et d'oxyde de fer contenant de l'acide phosphorique et souvent aussi un peu de chaux combinée au même acide. Pour maintenir toute la chaux en dissolution, il est nécessaire d'ajouter de l'acide acétique, soit environ 10 cc. en plus de ce qui est nécessaire pour neutraliser l'ammoniaque mise en excès. Si la liqueur est trouble, par suite de la présence de phosphate de fer et d'alumine, il faut la filtrer ; on l'additionne ensuite d'un petit excès d'oxalate d'ammoniaque en solution et on attend jusqu'au lendemain pour recueillir l'oxalate de chaux qui se dépose. En effet, la précipitation complète n'est pas toujours immédiate ; c'est surtout en présence de la magnésie qu'elle s'opère avec lenteur. On recueille l'oxalate de chaux sur un filtre, on le lave avec de l'eau chaude. Pour déterminer la quantité de chaux, le meilleur procédé consiste à transformer d'abord l'oxalate en carbonate par une calcination ménagée et à chauffer ensuite au four Schlœsing ou au four Leclerc et Forquignon, pendant 4 ou 5 minutes, au blanc, dans un creuset de platine muni d'un couvercle. Le carbonate de chaux est transformé en chaux anhydre qu'on pèse rapidement.

Mais dans les laboratoires où l'on ne dispose pas d'un appareil fournissant une température assez élevée, on pèse la chaux à l'état de sulfate ; à cet effet, l'oxalate de chaux est transformé en carbonate par la calcination dans une capsule en porcelaine ; puis on traite par l'acide azotique jusqu'au départ complet de l'acide carbonique ; pour éviter la perte, on recouvre la capsule d'un entonnoir qu'on lave ensuite pour faire retomber dans la capsule les gouttelettes qui avaient été projetées.

Dans la même capsule, on verse un excès d'acide sulfurique ; on évapore à sec au bain de sable, puis on porte au moufle à la température du rouge faible, jusqu'à élimination complète des vapeurs d'acide sulfurique. On pèse à l'état de sulfate ; le poids obtenu multiplié par 0.412 donne la chaux contenue dans la quantité de terre analysée.

Pour des recherches spéciales, dans lesquelles on veut éviter l'attaque des silicates rocheux, on remplace l'acide azotique concentré par de l'acide azotique étendu, mis en léger excès, en chauffant pendant quelques minutes seulement. Le carbonate de chaux est alors dissous avec les autres sels calcaires non combinés à la silice dans les particules rocheuses. L'analyse se continue d'ailleurs comme il est dit ci-dessus.

Dosage du carbonate de chaux réel. — La chaux qui se trouve à l'état de carbonate, c'est-à-dire le calcaire proprement dit, joue le rôle le plus important dans les phénomènes chimiques dont le sol est le siège. Il y a souvent grand intérêt à la déterminer. Le procédé le plus sûr est de doser l'acide carbonique qui se dégage de ce calcaire sous l'influence d'un acide et de le recueillir dans une cloche graduée pour en mesurer le volume. On opère comme nous l'avons indiqué p. 89.

Dosage du calcaire actif dans les terres. — Comme les autres éléments terreux, le carbonate de chaux existe à des degrés de finesse très différents. On peut admettre, avec M. de Mondesir, que c'est le plus divisé qui joue le rôle le plus utile. Celui qui existe en gros fragments, ne présentant qu'une surface restreinte, reste à peu près inerte. On peut apprécier, par un moyen rapide, la quantité de calcaire fin d'une terre, en considérant qu'en un temps relativement court, des acides faibles agissent sur le calcaire proportionnellement à la surface que présente ce dernier et attaquent donc surtout le calcaire le plus fin. En mesurant l'acide carbonique dégagé on peut évaluer la teneur des terres en calcaire actif.

L'appareil de M. de Mondesir (fig. 48) se compose d'un flacon tubulé d'environ 600 cc. La tubulure inférieure porte, fixé au moyen d'un bouchon, un tube manométrique constitué par un tube de caoutchouc terminé par un tube de verre dont une extrémité est réunie à une petite poche en caoutchouc très flexible placée à l'intérieur du flacon.

On introduit dans le flacon la terre à essayer, en quantité d'autant moins grande qu'elle est plus calcaire. On ajoute 125 centimètres cubes d'eau, on agite pendant une minute, on amène le niveau de l'eau dans le manomètre à celui de l'eau du flacon ; on marque avec l'anneau de caoutchouc le niveau de l'eau dans le tube et l'on bouche le manomètre. On ajoute, renfermé dans un petit cornet de papier à filtrer, 2 grammes d'acide tartrique pulvérisé, on bouche immédiatement, on agite à plusieurs reprises, on soulève le tube manométrique, on le débouche, et l'on amène le niveau de l'eau au point de repère.

La pression dans le manomètre étant proportionnelle à la quantité d'acide carbonique dégagé, il est facile, l'appareil étant taré, de calculer la quantité de calcaire contenu dans la prise d'essai.

Le tare est indiquée sur le flacon par le constructeur[1].

Dosage de la magnésie. — La magnésie est beaucoup plus rare que la chaux, et il faut généralement opérer sur des quantités de terre plus considérables, pour arriver à la déterminer avec plus de précision; on opère sur 10 grammes ou sur 20 grammes de terre; l'attaque se fait comme pour la chaux; on ajoute quelques gouttes d'azotate

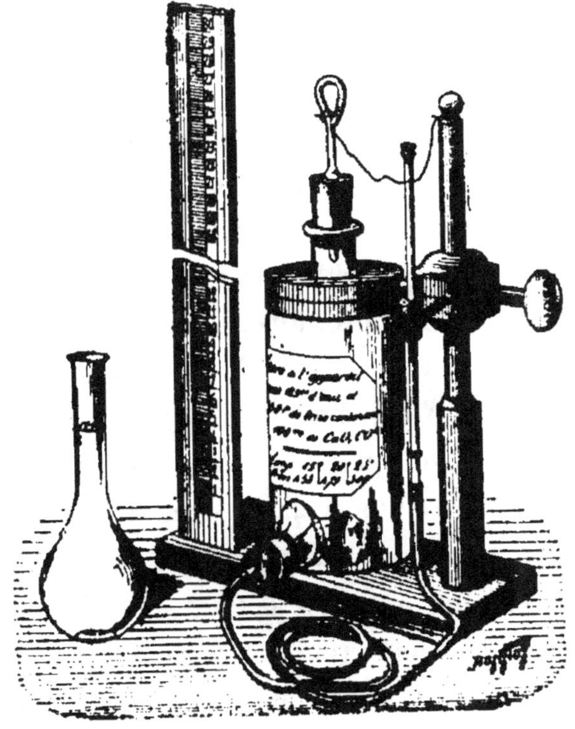

Fig. 50. — Appareil de Mondésir pour le dosage du carbonate de chaux.

de baryte, pour précipiter l'acide sulfurique; de l'ammoniaque et du carbonate d'ammoniaque, pour éliminer

1. On trouvera la méthode exposée dans tous ses détails dans les *Annales de la Science agronomique française et étrangère*, 1886, tome II, page 313, et 1887, tome II, page 270.

l'oxyde de fer et l'alumine, la chaux et l'excès de baryte introduite, ainsi que l'acide phosphorique. On opère en liqueur étendue, ayant un volume de 400 à 500 centimètres cubes. La solution d'où la chaux a été éliminée contient, avec la magnésie, de grandes quantités de sels ammoniacaux qu'il faut détruire. A cet effet, on concentre la solution dans un ballon, jusqu'à un volume d'environ 10 centimètres cubes; on y ajoute 10 centimètres cubes d'acide azotique, on porte à l'ébullition, puis on ajoute quelques gouttes d'acide chlorhydrique; tout en chauffant, on continue à ajouter de l'acide chlorhydrique par petites portions, et de temps en temps de l'acide azotique, jusqu'à ce que les bulles indiquant le départ de l'azote gazeux résultant de l'action du chlore sur l'ammoniaque aient complètement cessé de se produire. On évapore alors à sec au bain de sable dans une capsule de porcelaine, afin de séparer la silice; on reprend par de l'eau contenant quelques gouttes d'acide azotique. On filtre et l'on évapore à sec dans une capsule de porcelaine complètement vernie. On verse sur le résidu 4 à 5 grammes d'acide oxalique en poudre; on ajoute un peu d'eau, de telle sorte que la bouillie épaisse recouvre entièrement la matière. Pour éviter des déperditions, on place sur la capsule un entonnoir qui pénètre de quelques millimètres et qui fait office de couvercle. On chauffe au bain de sable et, quand la croûte qui s'est formée est crevée, on rajoute encore de temps en temps un peu d'acide oxalique et un peu d'eau, jusqu'à ce qu'il n'y ait plus de dégagement de vapeur d'acide azotique, puis on calcine au rouge faible. La magnésie se trouve à l'état libre en mélange avec les alcalis;

on lave avec de très petites quantités d'eau et l'on recueille,
sur un très petit filtre en papier Berzélius, la magnésie,
qu'on sèche ensuite, qu'on calcine au rouge et qu'on pèse.
Pour vérifier la pureté de la magnésie, on la transforme en
sulfate par l'addition de quelques gouttes d'acide sulfurique,
dont on chasse l'excès, en chauffant modérément au moyen
d'un bec de gaz qu'on promène circulairement sous le fond
de la capsule et en levant de temps en temps le couvercle
pour laisser échapper les vapeurs d'acide sulfurique. Le
poids du sulfate de magnésie doit correspondre à celui de la
magnésie.

La magnésie existe dans le sol le plus souvent à l'état de
carbonate et de silicate ; ce dernier état est surtout abondant dans les terres dites *magnésiennes*, telles que celles
qui dérivent des micaschistes, des serpentines, etc. En traitant à chaud par l'acide azotique concentré ces dernières
terres, on dissout donc une partie notable de la magnésie
des silicates. Si l'on traitait pendant quelques minutes seulement par de l'acide chlorhydrique étendu, on doserait surtout
la magnésie existant à l'état de carbonate. Pour des recherches spéciales, ce dernier mode d'attaque est souvent utile.

Dosage de la potasse. — La potasse existe dans le
sol à des états très différents ; celle qui est combinée avec
la matière brune ou encore avec de la silice hydratée se
dégage facilement de ses combinaisons et doit être regardée
comme la plus assimilable.

La potasse se trouve encore en combinaison avec les
silicates et particulièrement avec les silicates d'alumine
hydratés formant l'argile. Mais, suivant que les particules
dans lesquelles elle se trouve engagée se présentent à un

état plus ou moins divisé, elle peut se dégager sous l'influence des agents du sol avec plus ou moins de rapidité, pour prendre une forme utilisable pour les plantes. Dans les silicates qui affectent une grande ténuité, comme l'argile, la potasse peut donc devenir active en un temps relativement court, tandis que dans les débris rocheux plus grossiers, elle reste pour ainsi dire indéfiniment à l'état inerte. Si la détermination de la potasse à l'état salin offre un grand intérêt, celle de la potasse des silicates à l'état d'extrême division, qui peut devenir assimilable à brève échéance, ne l'est pas moins.

Le traitement de la terre par de l'eau ne saurait fournir aucun renseignement utile; en effet les propriétés absorbantes du sol s'opposent à l'élimination de la potasse, même quand elle se trouve à un état soluble. Il a fallu recourir à l'emploi d'un acide pour mettre celle-ci en liberté. Mais, suivant qu'on emploie des acides plus ou moins concentrés, suivant qu'on prolonge leur contact, ou qu'on applique des températures différentes, on obtient des résultats variables. En faisant agir, à la température ordinaire, comme l'indique M. Schlœsing, un acide très dilué en quantité suffisante pour dissoudre le calcaire et pour détruire les propriétés absorbantes de la terre, on se place dans des conditions telles que la potasse existant sous une forme soluble soit seule mise en liberté et que celle des silicates reste inattaquée. Il y a donc là un moyen de différencier la forme la plus intéressante de cet alcali. Mais si l'on a recours à des acides plus concentrés, si l'on applique une température plus élevée, on dissout en outre des proportions de la potasse combinée aux silicates, d'autant plus grandes que l'acide est plus concentré, que la température d'attaque est plus élevée et que la durée du contact est plus longue. A quel degré de concentration de l'acide, à quelle température et à quelle durée de contact faut-il s'arrêter? Aucune notion théorique ne peut nous l'indiquer et ce n'est que par une convention qu'on peut établir une méthode de dissolution donnant, en plus de la potasse sous la forme saline, celle qui se dégage le plus facilement de sa combinaison avec les silicates. Presque toutes les analyses faites depuis quelques années par les divers savants qui se sont occupés de l'analyse des terres, notamment par M. P. de Gasparin et M. Risler, ont été effectuées par un procédé qui comporte l'emploi des acides concentrés et bouillants, agissant sur la terre pendant un temps déterminé. Les quantités de potasse ainsi obtenues ont été comparées avec les résultats culturaux et ont déjà conduit à des observations pratiques importantes. Il serait donc regrettable de rejeter ce procédé, puisqu'on perdrait ainsi le fruit de connaissances laborieusement acquises et qu'il faudrait reprendre, sur une nouvelle base, une œuvre qui a nécessité de grands efforts. Aussi le dosage de la potasse dans les terres, basé sur l'attaque par les acides concentrés bouillants, est-il généralement adopté et doit-il continuer à l'être; mais il sera utile, pour les recherches nouvelles, d'appliquer en même temps la méthode de M. Schlœsing, qui ne tient compte que de la potasse existant à l'état salin.

Nous adopterons donc conjointement ces deux méthodes, dont l'une complète l'autre, mais qui ne peuvent être substituées l'une à l'autre, parce qu'elles conduisent à des résultats très différents.

Dosage de la potasse soluble dans les acides concentrés. — 20 grammes de terre sont placés dans une capsule à fond plat de 11 centimètres de diamètre et délayés avec 20 ou 30 centimètres cubes d'eau; on ajoute avec précaution, et par petites quantités, de l'acide azotique à 36 degrés Baumé jusqu'à ce que toute effervescence ait cessé et en ayant soin d'agiter la masse. Quand le calcaire est détruit, on additionne encore de 20 centimètres cubes du même acide; on chauffe au bain de sable, pendant cinq heures, en réglant le feu de telle sorte qu'il reste encore de l'acide à la fin de l'opération et que la masse ne soit pas entièrement desséchée. On reprend alors par de l'eau chaude, on filtre et on lave à l'eau chaude, de manière à avoir environ 300 centimètres cubes de liquide qu'on reçoit dans un ballon de 1 litre. Ce liquide contient de la potasse, de la soude, de la magnésie, de la chaux, de l'oxyde de fer et de l'alumine, des traces d'acides phosphorique et sulfurique; on élimine dans une seule opération presque toutes ces substances, pour ne plus se trouver qu'en présence de la potasse, de la soude et de la magnésie. On commence par ajouter quelques gouttes d'azotate de baryte, puis assez d'ammoniaque pour rendre la solution alcaline; enfin un excès de carbonate d'ammoniaque en poudre, mis par petites portions. Ces diverses additions se font dans le même ballon successivement; on laisse reposer du jour au lendemain. Dans cette opération, l'acide sulfurique a été séparé à l'état de sulfate de baryte; l'oxyde de fer et l'alumine sont précipités en entraînant l'acide phosphorique; la chaux est insolubilisée à l'état de carbonate. On filtre, on lave à plusieurs reprises à l'eau chaude; le liquide contient, outre la potasse, la

soude et la magnésie, les sels ammoniacaux qu'on a introduits. On commence par détruire ces derniers par l'eau
régale dans un ballon, après avoir évaporé le liquide à un
très petit volume, en suivant le mode opératoire décrit en
parlant du dosage de la magnésie. On concentre dans une
capsule de porcelaine à fond plat de 7 centimètres de diamètre, et l'on ajoute un excès d'acide perchlorique; on
évapore à sec au bain de sable, en prolongeant le chauffage,
jusqu'à ce que les dernières fumées blanches d'acide perchlorique en excès se soient dégagées; on laisse refroidir;
on ajoute 5 centimètres cubes d'alcool à 96 degrés centésimaux, on triture la masse au moyen d'une baguette dont
l'extrémité est aplatie, de manière à la réduire en poudre
impalpable; on laisse déposer et l'on décante le liquide surnageant sur un petit filtre. On recommence le lavage par la
même quantité d'alcool à quatre ou cinq reprises; puis,
comme il peut rester une trace de perchlorates de soude et
de magnésie à l'intérieur des cristaux de perchlorate de
potasse, on ajoute dans la capsule, dans laquelle on a
cherché à conserver tout le résidu salin, 2 ou 3 centimètres
cubes d'eau et l'on évapore de nouveau à sec, en reprenant
encore une ou deux fois par de petites quantités d'alcool;
on enlève ainsi les dernières traces de perchlorates de
soude et de magnésie. Au moyen d'un jet d'eau bouillante,
on lave la baguette et le filtre qui peut contenir de petites
quantités de perchlorate de potasse, en recevant le liquide
dans la capsule où se trouve la majeure partie de ce sel; on
évapore à sec et l'on pèse.

Lorsque la magnésie est peu abondante, comme c'est le
cas le plus général, le dosage de la potasse se fait sans

difficulté par le procédé que je viens d'indiquer; mais lorsque la proportion de magnésie est élevée, il est utile de la séparer avant la transformation en perchlorates. On sépare la magnésie, en carbonatant le résidu, comme on l'a fait dans le dosage de la magnésie, au moyen de l'acide oxalique. En reprenant les carbonates par de très petites quantités d'eau et en filtrant, on obtient les alcalis débarrassés de la magnésie.

Il est bon de vérifier la pureté du perchlorate de potasse, qui contient quelquefois de la silice. On le fait en dissolvant dans l'eau bouillante et en pesant le résidu insoluble qui peut y rester et dont le poids est défalqué de celui du perchlorate.

En multipliant le poids du perchlorate de potasse trouvé par le coefficient 0,339, on obtient la quantité de potasse contenue dans 20 grammes de terre analysée.

Dosage de la potasse soluble à froid dans les acides faibles (Méthode de M. Schlœsing). — On prend un poids de 100 grammes de terre échantillonnée avec toutes les précautions indiquées ; on l'introduit dans un ballon de 1 litre à 1 litre et demi avec 600 à 800 centimètres cubes d'eau. On ajoute de l'acide nitrique à 36 degrés jusqu'à décomposition complète du calcaire et apparition d'une réaction acide, et ensuite 5 centimètres cubes du même acide, puis on laisse digérer pendant six heures en agitant tous les quarts d'heure.

Pour séparer la dissolution, on pourrait verser la terre sur un filtre et la laver. Mais on devrait ainsi employer une grande quantité d'eau, dont l'évaporation ultérieure serait très longue. Il vaut mieux n'extraire qu'une fraction connue de la liqueur et se dispenser des lavages. On procédera de la manière suivante :

Ayant déterminé le poids P du ballon plein, on décantera la plus grande partie possible de la dissolution au moyen d'un siphon très fin dont on modérera l'écoulement en pinçant un caoutchouc placé à son extrémité inférieure. Remarquons que la dissolution est limpide, car l'argile y est coagulée par l'acide en excès. Après la décantation, le poids du ballon deviendra P′, en sorte que celui du liquide sera P — P′. Quel est le poids du liquide total ? Pour le savoir, versons sur un filtre le résidu terreux insoluble dans l'acide, et, après lavage et dessiccation, déterminons-en le poids r, puis prenons la tare p du ballon vide. Le poids de la dissolution totale sera P — r — p. La fraction de liquide qu'on a extraite du ballon et sur laquelle on va opérer est donc $\dfrac{P - P'}{P - r - p}$.

On en tiendra compte dans le calcul des résultats.

La méthode précédente évite des lavages et des évaporations de longue durée. Elle est absolument générale. Elle suppose seulement que la matière solide dont on veut séparer la liqueur n'a aucune affinité pour les substances dissoutes, que la totalité de ces substances a passé dans la liqueur et que la dissolution est homogène.

C'est dans le liquide décanté qu'on dose la potasse. Ce liquide contient, outre la potasse, de la soude, de la chaux, de la magnésie, de l'oxyde de fer, de l'alumine, de la silice, des acides phosphorique, sulfurique, chlorhydrique. On y verse un peu de chlorure de baryum pour précipiter l'acide sulfurique. On chauffe vers 40 degrés dans un ballon de verre et l'on ajoute du carbonate d'ammoniaque en dissolution contenant un excès d'alcali. On précipite ainsi la chaux et la baryte versée en trop à l'état de carbonates, l'alumine et le fer à l'état d'oxydes, l'acide phosphorique à l'état de combinaison avec ces deux dernières bases.

Le carbonate de magnésie ne se précipite pas, parce qu'il est soluble dans le carbonate d'ammoniaque avec lequel il forme un sel double.

L'emploi d'une douce chaleur favorise la formation d'un précipité de carbonate de chaux sous une forme grenue qui se prête bien à la filtration. On jette sur un filtre le contenu du ballon et on lave le résidu insoluble. La liqueur limpide qu'on recueille contient de la potasse, de la soude, de la magnésie, de l'ammoniaque, de l'acide nitrique, de l'acide chlorhydrique. On la concentre assez rapidement en la chauffant dans un ballon de verre, puis on y détruit les sels ammoniacaux par l'eau régale faible, on la transvase dans une capsule de porcelaine et on l'évapore à sec.

Après quoi, il ne reste plus dans la capsule qu'un mélange de nitrates de potasse, de soude et de magnésie, dont on sépare la potasse au moyen de l'acide perchlorique.

Dosage de la potasse totale. — Outre la potasse que peuvent dissoudre les acides concentrés et bouillants, le sol contient la potasse engagée dans les combinaisons silicatées et qui ne devient utilisable qu'avec une grande lenteur. Il y a souvent un grand intérêt à doser la potasse totale contenue dans une terre, c'est-à-dire la réserve de l'avenir. Dans ce cas, il faut dégager entièrement cette base de ses combinaisons, au moyen de l'acide fluorhydrique. On opère sur 2 grammes de terre, préalablement calcinée et réduite en poudre impalpable. L'attaque se fait dans une capsule de platine en arrosant la terre de quelques centimètres cubes d'acide fluorhydrique ou de fluorhydrate d'ammoniaque, en ajoutant quelques gouttes d'acide sulfurique. On évapore à sec et l'on dissout dans l'acide chlorhydrique bouillant. La partie restée insoluble est traitée une seconde fois par l'acide fluorhydrique et puis par l'acide chlorhydrique. Toute la potasse est entrée en dissolution. On se trouve alors dans le même cas que lorsqu'on a attaqué la terre par l'acide azotique et l'on termine le dosage comme précédemment.

Nota. — On peut aussi doser la potasse à l'état de chloroplatinate ou par la méthode de Corenwinder et Contamine (chap. VI, pages 77 et 79).

Dosage de l'acide sulfurique. — L'acide sulfurique est généralement en faible proportion dans les sols ; comme toutes les plantes ont besoin de soufre, il y a lieu de s'inquiéter de la présence du composé qui en est la principale source. C'est en combinaison avec la chaux que l'acide sulfurique existe presque toujours. En outre, comme l'ont montré MM. Berthelot et André, il y a beaucoup de soufre combiné à la matière organique du sol.

En attaquant la terre pendant cinq heures par l'acide azotique concentré et chaud, on dissout les sulfates et l'on transforme en acide sulfurique une partie importante du soufre entrant dans la constitution des substances humiques. Il est bon d'opérer sur 50 grammes de terre.

On filtre, on lave à l'eau chaude et l'on reçoit la liqueur filtrée dans un ballon ; on porte à l'ébullition et l'on ajoute 5 centimètres cubes d'une solution saturée de chlorure de baryum, en s'assurant qu'une nouvelle addition de sel de baryte ne produit plus de précipité. On continue l'ébullition pendant quelques minutes et on laisse déposer du jour au lendemain. On recueille sur un filtre en papier Berzélius, on lave à l'eau bouillante, on sèche le filtre et on l'incinère dans un creuset. Après l'incinération, on laisse refroidir et, comme il a pu se former par réduction une petite quantité de sulfure de baryum, on ajoute deux gouttes d'acide azotique et une goutte d'acide sulfurique ; on évapore au bain de sable en évitant les projections ; on chauffe au rouge pendant quelques minutes et l'on pèse. Le poids du sulfate de baryte, multiplié par 0,3433, donne la quantité d'acide sulfurique retiré de 50 grammes de terre.

Si l'on voulait doser seulement le soufre existant à l'état de sulfate, il faudrait attaquer la terre par de l'acide chlorhydrique très dilué, en chauffant pendant quelques minutes seulement et précipiter ensuite par l'azotate de baryte.

Si, au contraire, on voulait doser le soufre total, ce qui présente un grand intérêt, il faudrait employer le procédé de **MM.** Berthelot et André et brûler la terre dans un courant d'oxygène, en recueillant les gaz sur du carbonate de potasse pur. On retrouve alors tout le soufre à l'état de sulfate qu'on précipite en combinaison barytique.

Dosage du chlore. — Le dosage du chlore a une grande importance dans certains cas. Quand cet élément manque dans un sol, ce qui d'ailleurs est rare, certaines plantes paraissent souffrir de son absence ; la qualité des fourrages, en particulier, s'en ressent. Mais lorsque les chlorures sont trop abondants, ce qui est un cas fréquent, ils entravent ou arrêtent complètement la végétation. Les terrains salés sont, en général, complètement stériles. A la dose d'un millième dans la terre, le sel marin doit déjà être regardé comme nuisible.

Il faut donc, dans l'analyse, envisager deux cas : celui des terrains pauvres en chlorures, et celui des terrains riches en chlorures.

Pour les terrains pauvres, 200 grammes de terre sont lavés sur un entonnoir avec de l'eau bouillante ; la liqueur est évaporée à sec, et le résidu légèrement grillé à une température inférieure au rouge naissant, pour détruire la matière organique ; on reprend par de petites quantités d'eau ; on filtre, et dans la liqueur filtrée, dont le volume ne doit pas dépasser 40 ou 50 centimètres cubes, on ajoute 10 centimètres cubes d'acide azotique pur et assez d'azotate d'argent pour que la précipitation soit complète ; on agite vivement ; on laisse déposer quelques heures dans un endroit tiède et obscur, on recueille sur un double filtre, et l'on dose le chlorure d'argent formé en le pesant après dessiccation.

Quand la terre est riche en sel marin, on lave, comme il vient d'être dit, la terre sur un entonnoir ; on amène à un litre les eaux de lavage ; on mélange et l'on prélève 50 centimètres cubes équivalant à 10 grammes de terre ; on évapore à sec, on grille, et l'on opère le dosage de la manière qui vient d'être indiquée.

Dosage simultané des divers éléments.

Nous avons décrit le procédé de dosage applicable à chacune des substances qu'il y a intérêt à déterminer dans la terre, en faisant une attaque séparée pour chacune d'elles ; mais on peut opérer de façon à gagner du temps en faisant une seule attaque sur une quantité de terre plus forte, pour les diverses substances pour lesquelles le mode d'attaque doit être le même. Ainsi, par exemple, pour doser la chaux, la potasse, la magnésie et l'acide sulfurique, cas dans lesquels on opère sur la terre non calcinée, nous sommes convenus d'attaquer par l'acide azotique concentré en chauffant pendant cinq heures ; on peut traiter 100 grammes de terre en augmentant proportionnellement la quantité d'acide azotique ; le liquide, après lavage, est amené au volume de 1 litre et rendu homogène. On prélèvera sur ce liquide des quantités proportionnelles au poids de terre sur lesquelles on a l'intention d'opérer ; soit, par exemple, pour le dosage de la chaux, dans le cas d'une terre très calcaire, 10 centimètres cubes représentant 1 gramme de terre ; dans le cas d'une terre peu calcaire, 100 centimètres cubes représentant 10 grammes de terre ; pour le dosage de la potasse, de la magnésie, de l'acide sulfurique, 200 centimètres cubes représentant 20 grammes de terre. Cette manière de faire évite des pesées multipliées de terre et des traitements séparés par l'acide.

D'un autre côté, on peut, dans la même portion de liquide, doser différents éléments qu'on est forcé de toute manière de séparer les uns des autres ; par exemple, s'agit-il du dosage de la potasse, tel que nous l'avons indiqué, au lieu de précipiter en bloc l'acide sulfurique, la chaux, etc., et de séparer ensuite la magnésie, dans le seul but de les éliminer, peut-on recueillir séparément ces diverses substances et les peser, faisant ainsi dans une seule opération plusieurs déterminations ?

Au début, on ajoute du chlorure de baryum ; si l'on recueille alors et si l'on pèse le sulfate de baryte obtenu, on a ainsi effectué le dosage de l'acide sulfurique. Dans le liquide, on ajoute ensuite de l'ammoniaque et du carbonate d'ammoniaque, pour éliminer d'un coup l'excès de baryte, l'oxyde de fer, l'alumine, la chaux, l'acide phosphorique. Cette séparation effectuée, le liquide contient la magnésie et les alcalis. La première peut être séparée par la carbonatation au moyen de l'acide oxalique, recueillie et pesée. Enfin la potasse elle-même est dosée à l'état de perchlorate. On a donc, dans une même suite d'opérations, et sur une même quantité de liquide, dosé l'acide sulfurique, la magnésie, la chaux et la potasse.

CONDITIONS USUELLES DE L'ANALYSE DES TERRES. — Pour la pratique agricole, on se borne généralement au dosage de l'azote, de l'acide phosphorique, de la potasse, de la chaux qui sont les éléments fertilisants par excellence. Souvent on y joint celui de la magnésie, de l'acide sulfurique.

C'est pour la détermination de ces éléments que l'accord est nécessaire, car il s'agit là non de recherches abstraites, pour lesquelles chaque savant est libre d'employer les méthodes qu'il juge convenables, mais de comparaisons avec les résultats culturaux qui ont besoin, pour avoir une valeur pratique, de s'appuyer sur une base uniforme. Le mode opératoire, dans ces procédés conventionnels, a une grande influence sur les résultats de l'analyse. En opérant d'une façon différente, les chimistes s'exposent donc à arriver à des conclusions opposées et à jeter ainsi le trouble dans l'esprit des cultivateurs, qui perdraient toute confiance et seraient portés à renoncer à un moyen d'informations qui est appelé à leur rendre d'immenses services.

Ce n'est que pour l'azote que les résultats trouvés sont toujours absolus, cet élément étant dosé intégralement par les divers procédés.

Dans la pratique de l'analyse, nous conseillons de faire une attaque séparée, sur la terre calcinée, pour le dosage de l'acide phosphorique, et une seule et même attaque pour le reste des éléments fertilisants, potasse, chaux, magnésie, acide sulfurique. Dans les stations agronomiques, où les analyses de terre commencent à affluer, il faut tenir compte des difficultés et des lenteurs qu'entraînerait l'attaque séparée pour chacun des éléments à doser et réduire, puisque cela est possible sans inconvénient, les opérations, de manière à en rendre l'exécution plus facile et plus rapide.

Correction relative à la proportion d'éléments grossiers existant dans la terre.

Les chiffres donnés par l'analyse se rapportent, comme nous l'avons vu, à la terre fine, mais non pas à la terre telle qu'elle se trouve dans les champs, c'est-à-dire avec ses pierres, ses cailloux, qui sont là comme des substances inertes et encombrantes prenant la place de la terre fine, dont ils diminuent d'autant la quantité sur la surface d'un hectare.

Les résultats doivent donc subir une correction pour être rapportés à la terre naturelle, et les chiffres trouvés seront diminués d'autant plus que la proportion des pierres est plus considérable.

Interprétation des résultats.

Lorsque, l'analyse étant terminée, l'agriculteur a sous les

yeux les chiffres exprimant la teneur du sol en principes fertilisants, déterminés comme nous l'avons dit plus haut, il faut qu'il sache interpréter les données numériques qui lui sont ainsi fournies et en tirer des conclusions pratiques pour l'amélioration de ses cultures. Cette interprétation présente de grandes difficultés et l'intervention de l'homme de science dans l'explication de ces résultats est généralement nécessaire. Il ne doit donc pas seulement se borner à donner l'analyse, il doit encore veiller à ce que celle-ci soit comprise et puisse conduire à des résultats pratiques.

Pris en eux-mêmes, les chiffres exprimant la composition d'une terre n'ont aucune signification ; ce n'est que par leur comparaison avec les résultats culturaux qu'ils acquièrent une valeur pratique. En constatant, par exemple, qu'une terre contient 1 pour 1,000 d'acide phosphorique, il serait impossible de dire que cette terre doit être regardée comme riche ou pauvre, qu'elle a besoin ou non de l'addition d'engrais phosphaté, si de nombreuses observations, dues surtout à M. de Gasparin, à M. Risler et à M. Joulie, n'avaient pas établi une relation entre la composition des terres et leur fertilité. On peut aujourd'hui donner sous ce rapport des règles générales, auxquelles toutefois il serait dangereux d'attribuer un caractère trop absolu. Nous passerons en revue successivement les différents éléments que nous avons appris à doser. Mais jetons d'abord un coup d'œil sur l'utilité que peut avoir l'analyse chimique pour nous faire connaître les aptitudes du sol et les améliorations qu'on peut lui faire subir.

Il arrive souvent que malgré des soins culturaux très perfectionnés, que malgré un apport abondant de fumier de ferme, l'agriculteur se voit impuissant à dépasser certains rendements moyens, et à obtenir les fortes récoltes constatées dans d'autres régions. C'est que la plupart du temps un élément minéral, quelquefois deux, manquent au sol qu'il cultive, soit par suite de son origine géologique, soit par suite d'un épuisement produit par une série de cultures sans restitution suffisante. Or, jamais le fumier produit sur le domaine ne pourra combler ce déficit ; il ne fournit pas au sol tout ce qui lui manque ; il ne fait qu'une restitution. Si le sol est pauvre en acide phosphorique, le fumier qu'il aura produit ne contiendra lui-même que de petites quantités de cet élément et les fumures n'enrichiront pas suffisamment le domaine. Comme auparavant, la terre manquera de phosphate, restera indéfiniment dans un état d'infériorité et se refusera à la production d'abondantes récoltes. Le fumier étant pour ainsi dire le reflet du sol, son grand inconvénient est de donner à celui-ci en plus forte proportion ce dont il n'a pas besoin, et en moindre proportion ce qui lui manque.

Le rôle des engrais commerciaux consiste précisément à corriger l'insuffisance de composition du fumier de ferme ; il faut voir en eux l'adjuvant du fumier et le complément du sol. Pour attendre des résultats économiques avantageux, pour s'assurer des bénéfices de leur utilisation, il convient de ne fournir au sol que l'élément qui lui est vraiment utile ; l'addition des principes qui existent en proportion satisfaisante constitue une véritable superfétation, occasionne une dépense sans compensation, et conduit à une augmentation du prix de revient des récoltes.

En résumé, l'emploi des engrais, pour être judicieux, doit

être basé sur la connaissance approfondie du sol. Or, cette connaissance peut être fournie soit par des considérations géologiques, soit par des expérimentations directes, soit par l'analyse chimique ; les trois procédés, loin de s'exclure les uns des autres, s'appuient et se complètent mutuellement.

Mais l'expérimentation directe offre l'inconvénient de ne fournir des renseignements qu'à longue échéance. L'analyse chimique, au contraire, évite les essais, les tâtonnements, les longues et coûteuses écoles ; elle répond plus rapidement à la question posée par le praticien, et, en lui fournissant des résultats presque immédiats, elle le met sur la trace des modifications à introduire dans ses fumures.

Azote. — L'azote que l'on a dosé dans la terre, sous la forme organique, c'est-à-dire existant à l'état d'humus, n'est pas immédiatement assimilable ; il faut que la nitrification fasse son œuvre pour que les plantes puissent en tirer parti. Suivant que les matières azotées nitrifient plus ou moins rapidement, les terres ont plus ou moins besoin de fumures azotées. Ce n'est donc pas seulement une question de quantité, c'est aussi une question d'aptitude à la transformation en nitrates. Mais cette aptitude dépend surtout de la nature du sol ; si celui-ci est calcaire, suffisamment perméable, ce qui est le cas général pour les terres franches, on peut admettre avec M. Risler, non comme une donnée certaine, mais seulement pour fixer les idées, que dans le cours d'une année, 2 1/2 pour 100 de l'azote total au maximum sont rendus assimilables par la nitrification. En admettant que la surface d'un hectare contienne un poids de terre de 4 millions de kilogrammes, et qu'il y ait 1 pour 1000 d'azote, on aurait ainsi, comme quantité maxima d'azote nitrifié, 100 kilogrammes.

Mais il ne faut pas croire, dit M. Risler, que tout cet azote nitrique puisse être utilisé par les récoltes, car sa formation ne coïncide pas toujours exactement avec les besoins de ces récoltes, et les pluies en entraînent une partie plus ou moins considérable dans les ruisseaux. Les récoltes qui n'occupent le sol que pendant une partie de l'année, comme les céréales et les racines, se distinguent sous ce rapport des plantes pérennes qui occupent le sol d'une façon permanente, comme les herbes des prairies qui, sauf aux époques où la végétation est totalement arrêtée par le froid, absorbent constamment et fixent à mesure de sa production l'azote devenu assimilable. C'est pour cela que les céréales et les racines ont besoin de plus grandes quantités de fumures azotées.

Terres très riches. — Certaines terres, celles qui se caractérisent généralement par une couleur foncée, telles que les terres de défrichement, de landes ou de bruyères, les terres tourbeuses, les terreaux, les vieilles terres des prairies, les terres de jardin, certaines terres d'alluvions, etc., donnent à l'analyse des quantités d'azote pouvant varier de 2 à 10 grammes par kilogramme ; de semblables terres n'ont que faire des engrais azotés et, quand elles sont cultivables, on doit même y redouter la verse des blés.

Cet azote accumulé entre en circulation si la nitrification vient à s'effectuer, c'est-à-dire dans le cas où la terre contient l'élément calcaire. Toutes les fois que ce dernier élément accompagne les matières organiques, l'agriculteur se trouve en présence de sols privilégiés ; il pourra pendant de longues années se dispenser de l'apport onéreux d'engrais azotés.

Mais lorsque l'analyse démontre l'absence de calcaire, et c'est le cas des terres granitiques, presque tout cet azote est immobilisé et reste à l'état inerte, sauf celui qui se transforme en ammoniaque. Dans le cas de pareils sols, ce n'est point l'engrais azoté qu'on doit conseiller, mais l'amendement calcaire qui établira dans le sol une fabrique de nitrate.

TERRES TRÈS PAUVRES. — Le second cas extrême, c'est celui où le sol est très pauvre et où l'analyse chimique décèle un taux inférieur à $0^{gr},5$ d'azote pour 1000. Nous citerons comme exemples les grès vosgiens, les craies de la Champagne. En admettant que les autres éléments soient en proportion convenable, l'insuffisance d'éléments azotés se fera sentir par une végétation languissante ; les rendements élevés ne seront jamais obtenus que par l'apport d'engrais azotés. C'est alors une question d'ordre économique qui domine le problème ; si l'on peut disposer de matières azotées à un prix très bas, sous forme de gadoues, de fumiers de ville, de matières de vidange, etc., et dont le transport n'offre pas trop de difficultés, on peut chercher à enrichir le sol ; mais si l'on ne se trouve pas dans ces conditions exceptionnellement favorables, M. Risler n'hésite pas à conseiller de mettre ces terres en période forestière.

TERRES MOYENNES. — En éliminant les cas d'extrême richesse et d'extrême pauvreté, nous arrivons aux situations moyennes qui intéressent plus particulièrement l'agriculteur et dans lesquelles sont compris les sols de culture, où la teneur en azote varie en général de 0,5 à 2 pour 1000.

Les agronomes qui se sont particulièrement occupés de l'analyse des terres et qui ont accompagné leurs analyses d'observations directes : MM. de Gasparin, Risler, Joulie, etc., etc., classent les terres de la façon suivante :

Terres très pauvres.	au-dessous de 0,5 p. 1000
— pauvres.	de 0,5 à 1
— de richesse moyenne.	1
— riches.	de 1 à 2
— très riches.	au-dessus de 2

C'est dans les limites de 0,8 à 1,2 pour 1000 que l'utilité des engrais azotés paraît la plus accentuée. Au-dessus de 1,5 pour 1000, l'agriculteur doit chercher simplement à maintenir la fertilité acquise en compensant les quantités exportées par des quantités importées correspondantes.

Présentée sous cette forme, cette question de l'azote du sol paraît très simple, beaucoup plus simple qu'elle ne l'est en réalité. Le dosage de l'azote total donne seulement le stock qui existe dans la terre ; ce point est évidemment très intéressant à connaître ; mais ce qui l'est davantage, c'est la quantité de cet azote qui peut devenir utilisable, c'est-à-dire le taux d'azote nitrique qui s'y forme dans le courant d'une année culturale. Nous insistons sur ce point capital que l'azote n'est assimilé par les végétaux qu'autant qu'il a été transformé par les ferments du sol.

Au point de vue de l'utilisation de l'azote qu'elles renferment, nous devons diviser les terres en deux catégories : celles qui nitrifient et celles qui ne nitrifient pas. Nous savons qu'une des conditions indispensables de la nitrification, c'est la présence de la chaux ; quand une terre en est dépourvue, aucune nitrification ne peut s'y développer.

C'est donc à la présence de la chaux (ou encore de la magnésie) qu'est intimement liée la transformation de l'azote organique en azote nitrique, et nous pouvons dire que dans tous les sols où ces bases font défaut, l'azote n'est que peu utilisable, immobilisé qu'il est sous un état inaccessible aux plantes.

L'absence de chaux dans un sol le range donc d'emblée dans la catégorie des terres auxquelles manquent les combinaisons azotées assimilables. Mais il faut spécifier ce que nous entendons par le calcaire : il ne suffit pas en effet qu'un sol contienne de la chaux pour être apte à nitrifier. Si cette chaux se trouve tout entière à l'état de sulfate, les conditions indispensables ne se trouvent pas réalisées; il faut qu'il y ait non seulement de la chaux, mais encore du carbonate, ou tout au moins de l'humate de chaux.

Le dosage de l'azote dans une terre doit donc toujours être accompagné du dosage de la chaux, ce dernier montrant si l'azote accumulé a ou non une valeur comme matière fertilisante.

L'appréciation de l'assimilabilité de l'azote peut se faire par la recherche du nitrate dans le sol ; quand ce sel existe, fût-ce en très petite quantité, le sol est apte à nitrifier ; son absence complète caractérise nettement les terres non calcaires.

En résumé, il y a surtout intérêt à donner des fumures azotées aux sols qui contiennent moins de 1 pour 1,000 d'azote et qui, par leur nature, sont aptes à utiliser les engrais azotés.

Quand la richesse dépasse 1,5 pour 1,000, les terres peuvent être regardées comme n'ayant pas besoin d'azote, puisque, lorsqu'elles sont calcaires, elles nitrifient celui qu'elles renferment en abondance, et que, dans le cas contraire, l'azote qu'on leur fournirait à l'état organique garderait cette forme. Dans ce cas, plutôt que de leur donner des nitrates ou des sels ammoniacaux, on provoque la nitrification de l'azote qu'elles renferment en procédant à un chaulage ou à un marnage.

Acide phosphorique. — En comparant la richesse des terres en acide phosphorique, déterminée par l'analyse, aux effets que l'apport de cet élément y produit, on a été amené à les classer en :

Terres très riches, insensibles à l'apport des engrais phosphatés.

Terres riches, peu sensibles à l'apport des engrais phosphatés.

Terres moyennement riches, assez sensibles à l'apport des engrais phosphatés.

Terres pauvres que l'apport des phosphates améliore considérablement.

Terres très pauvres que les phosphates transforment d'une façon complète.

D'après les nombreuses analyses de terres faites par M. de Gasparin et par M. Risler et d'après les observations culturales de ces savants, on peut regarder comme :

Terres très riches, celles qui contiennent

plus de. 2   p. 1000 d'acide phosph.

— riches. . . . . 1 à 2   —

— moyennement riches . . . . 0,5 à 1   —

— pauvres.. . . . . 0,1 à 0,5   —

— très pauvres, celles contiennent

au-dessous de. 0,1   —

Ces chiffres ne doivent pas être regardés comme ayant une signification absolue au point de vue des besoins du sol en acide phosphorique ; ils ne peuvent servir qu'à fixer les idées. Dans certains cas particuliers, ils perdent de leur valeur car, comme nous l'avons dit plus haut, l'état même de l'acide phosphorique dans le sol, état qui exerce une action très grande sur son assimilabilité, échappe à notre examen ; la nature même du terrain influe sur l'aptitude des plantes à absorber cet élément. Ces considérations ne modifient en rien ce qu'on peut dire des terres extrêmes ; les cas de grande pauvreté et de grande richesse gardent leur signification. Ce n'est que dans les cas moyens que l'incertitude se produit. Il peut arriver que, suivant la nature des terrains ou la combinaison dans laquelle le phosphate est engagé, tel sol contenant 1 millième d'acide phosphorique n'ait pas besoin d'engrais phosphaté, alors que tel autre avec une richesse identique ne se montrera pas indifférent à leur application. Mais, dans la grande généralité des cas, les terres qui dépassent 1 pour 1,000 d'acide phosphorique sont peu sensibles à l'apport de phosphate et cette richesse suffit à une culture active ; il n'y a qu'à entretenir cette proportion en rendant ce qui est enlevé par les récoltes, pour maintenir les terres dans un état suffisant de fertilité.

Potasse. — M. Risler admet que, quand l'attaque de la terre fournit 1 pour 1,000 de potasse, il suffit, dans un assolement où les fourrages s'équilibrent bien avec les céréales et les racines, de rendre au champ tout le fumier produit par les fourrages et les pailles. Mais l'assolement est plus épuisant, si une partie des fourrages ou des pailles est vendue ; dans ce cas il faut rendre au sol par des engrais chimiques la potasse, comme l'acide phosphorique et l'azote, dans la proportion où ces éléments de fertilité sont exportés. Il faut donner à chaque récolte, soit par le fumier de ferme, soit par des engrais chimiques, la quantité de potasse qu'elle devra contenir.

Si l'analyse indique dans la terre moins de 1 pour 1,000 de potasse attaquable à l'acide nitrique, il y a lieu d'employer, en sus du fumier de ferme, des sels potassiques.

Le cultivateur doit chercher à maintenir l'égalité entre les dosages de la potasse, de l'acide phosphorique et de l'azote total, et, quand cette égalité n'existe pas dans le stock de fertilité qu'il trouve dans ses terres, il doit chercher à l'établir, si toutefois ce n'est pas trop cher, par un apport de potasse, sous forme d'engrais chimique, d'autant plus abondant que le déficit est plus considérable.

Par contre, plus le dosage de la potasse attaquable par l'acide nitrique dépasse 1 pour 1,000, moins il est nécessaire d'en donner par des engrais chimiques.

Chaux. — On doit examiner la quantité de chaux nécessaire au sol à deux points de vue : 1° en tant qu'élément fertilisant nécessaire à la production des récoltes ; 2° en tant que partie constituante de la terre et modificatrice de ses propriétés physiques et chimiques.

Au point de vue de l'alimentation des plantes, des quantités de chaux relativement faibles peuvent suffire ; elles ne dépassent pas sensiblement celles de la potasse et de l'acide phosphorique. Ainsi que la potasse, la chaux est surtout fixée dans les parties végétales servant de fourrage et de litière, elle reste donc dans la ferme et retourne au sol avec le fumier. De faibles fumures au fumier de ferme suffisent à entretenir la quantité de chaux nécessaire à des récoltes moyennes. Si une terre contient 1 millième de chaux, elle peut être considérée comme assez bien pourvue pour fournir la chaux absorbée par la production végétale.

Au point de vue des réactions chimiques du sol, il faut que la chaux intervienne en quantité plus considérable pour saturer la matière organique et pour suffire aux réactions chimiques auxquelles sa présence est indispensable. Les réactions chimiques sont surtout : la combustion de la matière organique, la nitrification et la double décomposition avec les sels d'ammoniaque et de potasse, qui permet à ces deux principes fertilisants d'être absorbés par le sol. Ces diverses fonctions, éliminant constamment la chaux à l'état de bicarbonate, de nitrate, de sulfate et de chlorure, exigent que le sol contienne des quantités notables de calcaire pour que sa proportion ne soit pas sensiblement amoindrie.

La quantité ne peut pas se chiffrer, mais elle doit être d'autant plus grande que l'on emploie davantage de fumures organiques ou salines. Plusieurs centaines de kilogrammes de calcaire disparaissent par an de la surface d'un hectare, quand les sols sont moyennement fumés. Si le sol ne contenait qu'un ou deux millièmes de calcaire, un petit nombre d'années suffirait par éliminer complètement celui-ci, sous l'influence de réactions chimiques.

Au point de vue de l'ameublissement du sol, le rôle du calcaire n'est pas moins important ; on sait qu'il a sur les argiles une action qui enlève à celles-ci leur plasticité et les rend aptes à acquérir les propriétés des terres arables.

C'est au calcaire que les terres franches doivent leur perméabilité et leur ameublissement.

Si la proportion en est trop peu élevée, les propriétés spéciales à l'argile prédominent, et l'on se trouve dans le cas de terres fortes, qui sont moins perméables, moins aptes à utiliser les matières organiques et moins faciles à travailler. La dose de calcaire que doivent contenir les sols pour être suffisamment meubles est très variable, non seulement suivant la proportion d'argile, mais aussi suivant l'état de finesse qu'affecte le carbonate, de moins grandes quantités ayant besoin d'intervenir si la division est extrême. La présence d'éléments sableux, qui par eux-mêmes tendent à augmenter la perméabilité et dont l'action vient s'ajouter à celle du calcaire, peut rendre plus efficace le rôle d'une moindre proportion de chaux. Quoiqu'il en soit et d'une manière générale, on peut dire que, dans les sols contenant une notable quantité d'argile, il faut plusieurs centièmes de calcaire pour que les propriétés des terres franches se dessinent; on voit même souvent des terres très argileuses renfermer des doses assez notables de chaux, sans que la compacité de l'argile soit suffisamment atténuée.

Pour les terres légères il n'en est pas ainsi; là, le calcaire ne doit pas apporter la perméabilité, puisque celle-ci existe à un degré exagéré; il doit plutôt servir à leur donner du corps, en se combinant avec la matière organique qui y est renfermée, pour former de l'humate de chaux, dont les propriétés agglutinantes sont bien connues. Il suffit d'avoir, dans de pareils sols, au point de vue de leurs propriétés physiques, une moindre proportion de calcaire. A dose égale de carbonate de chaux, les terres légères sont plus calcaires que les terres fortes et, lorsque cet élément fait défaut, il n'est pas nécessaire d'en mettre autant, par le chaulage ou le marnage, dans les premières que dans les secondes.

Dans les terres riches en matières organiques, il est utile qu'il y ait des quantités de calcaire assez importantes, pour que la matière humique soit saturée par la chaux. S'il en était autrement, on se trouverait dans le cas des tourbes, des terres de bruyères ou des landes, qui, à leur état naturel, ne peuvent presque pas être considérées comme des terres arables. D'après ce qui précède, on comprend qu'il est difficile de fixer la limite à laquelle le sol ne contient plus assez de calcaire pour jouir de toutes ses propriétés, puisque cette limite varie avec les proportions des autres éléments.

Aussi voyons-nous des terres légères renfermant moins de 1 pour 100 de calcaire se trouver suffisamment riches, alors que les terres fortes ne le sont pas assez avec 3 ou 4 pour 100.

L'analyse chimique est donc insuffisante pour déterminer si un sol se trouve avoir besoin d'amendements calcaires. Ce n'est que dans le cas où le calcaire est absent ou en proportion par trop minime que ce mode de recherches peut guider, mais pour les sols qui en contiennent une certaine quantité, tout en restant voisin de la limite inférieure, c'est la pratique agricole et l'expérimentation directe qui doivent suppléer à l'insuffisance des données analytiques.

Quant à la **magnésie** et à l'**acide sulfurique**, nous ne possédons pas encore de données suffisantes pour établir la limite à laquelle l'application des fumures magnésiennes et sulfatées est nécessaire. Mais, dans le cas où ces éléments sont rares dans le sol, il y a lieu de conseiller de les y introduire par des fumures.

Dosage de l'acide phosphorique soluble dans l'acide citrique en solution à 1 pour 100. *Méthode de B. Dyer.* — Divers savants ont cherché à déterminer la proportion d'acide phosphorique du sol qui est immédiatement assimilable par les plantes.

A la suite de recherches minutieuses sur l'acidité des racines d'un grand nombre d'espèces végétales, B. Dyer a été conduit à utiliser l'acide citrique en dissolution aqueuse à 1 pour 100, employé à raison de 10 parties de cette solution pour une partie de terre, pour apprécier la proportion d'acide phosphorique assimilable.

Il a contrôlé le résultat de ses recherches chimiques sur 22 parcelles du champ de Hoosfield, dépendant du domaine de Rothamsted, cultivé en orge depuis 40 ans et dont chaque parcelle a reçu chaque année une même fumure pendant toute cette période.

L'examen des rendements de chaque parcelle depuis l'origine montre quelles parcelles ont manqué d'acide phosphorique, de potasse ou d'azote, ou encore de tous les éléments à des degrés divers.

Les résultats culturaux obtenus sont tellement nets que la connaissance d'une fumure suffit pour prévoir la récolte de cette parcelle considérée en année moyenne, ou inversement d'indiquer la fumure correspondant à une récolte déterminée.

Basées sur des documents d'une telle valeur au point de vue cultural, les recherches de B. Dyer ont donc une importance considérable.

Je n'indiquerai ici que la conclusion de ces recherches, renvoyant pour plus de détails le lecteur au remarquable exposé qu'en a fait M. Grandeau[1].

Lorsqu'un sol renferme moins de 0,01 pour 100 d'acide phosphorique soluble dans la liqueur d'acide citrique à 1 pour 100, il y a lieu de le considérer comme réclamant immédiatement une fumure phosphatée.

Méthode de dosage. — On prend un poids de terre séchée à l'air correspondant à 100 grammes de terre sèche, que l'on place dans une fiole avec 1 litre d'eau distillée contenant 10 grammes d'acide citrique pur ; on agite fréquemment le vase bien bouché pendant 7 jours à la température ordinaire ; puis on filtre. On prélève 800 centimètres cubes du liquide filtré que l'on évapore à sec ; on calcine le résidu à basse température ; on dissout la cendre dans 10 centimètres cubes d'acide chlorhydrique, on évapore à sec, on reprend par l'acide, on filtre et lave et précipite l'acide phosphorique par le molybdate à *froid*. Après un repos de quarante-huit heures, on filtre, on lave par décantation avec de l'acide nitrique très étendu, puis avec de l'eau distillée sur le filtre jusqu'à disparition de l'acide dans l'eau de lavage. On dissout le phospho-molybdate dans l'ammoniaque et on évapore la solution à sec au bain-marie jusqu'à cessation de perte de poids : le résidu contient 3,5 pour 100 de son poids d'acide phosphorique. (Méthode de O. Hehner.)

La méthode de B. Dyer nous semble devoir être appliquée pour être comparée aux résultats culturaux ; si sa valeur se

---

1. *Annales de la science agronomique française et étrangère*, 2ᵉ série, tome I, 1894-1895.

confirme, elle constituera un grand progrès dans l'étude chimique des sols.

CHAPITRE II.

ANALYSE DES ROCHES ET DU RÉSIDU INSOLUBLE DU SOL.

Remarque préliminaire. — On peut avoir à examiner dans les laboratoires agricoles des roches anciennes (granit, porphyre, feldspath, etc.), des sables, des argiles, ou enfin des mélanges de diverses roches, tels que les résidus que laisse l'attaque du sol par les acides concentrés.

Dans ce dernier cas, il est intéressant de connaître la nature et la quantité des principes utiles contenus dans la partie insoluble du sol ; ces éléments qui ne jouent dans le présent qu'un rôle effacé au point de vue alimentaire, constituent la réserve qui sera mise dans l'avenir à la disposition des végétaux par suite des actions chimiques dont le sol est le siège.

L'étude des roches dont dérivent les sols n'est pas moins intéressante : elle donne même une idée générale plus exacte de la nature de ceux-ci que leur étude particulière, en ce sens que les roches n'ont subi aucune modification de la main de l'homme.

On peut appliquer à ces analyses trois méthodes qui diffèrent surtout dans la manière dont on rend les roches attaquables par les acides ; nous les décrirons successivement.

A) *Méthode de la voie moyenne.* — Cette méthode due à

H. Sainte-Claire Deville est diversement applicable aux silicates attaquables par les acides ; elle s'applique également aux silicates non-attaquables, à condition de les fondre auparavant avec une quantité de chaux suffisante pour les transformer en silicates très basiques. C'est ce dernier cas que nous envisagerons.

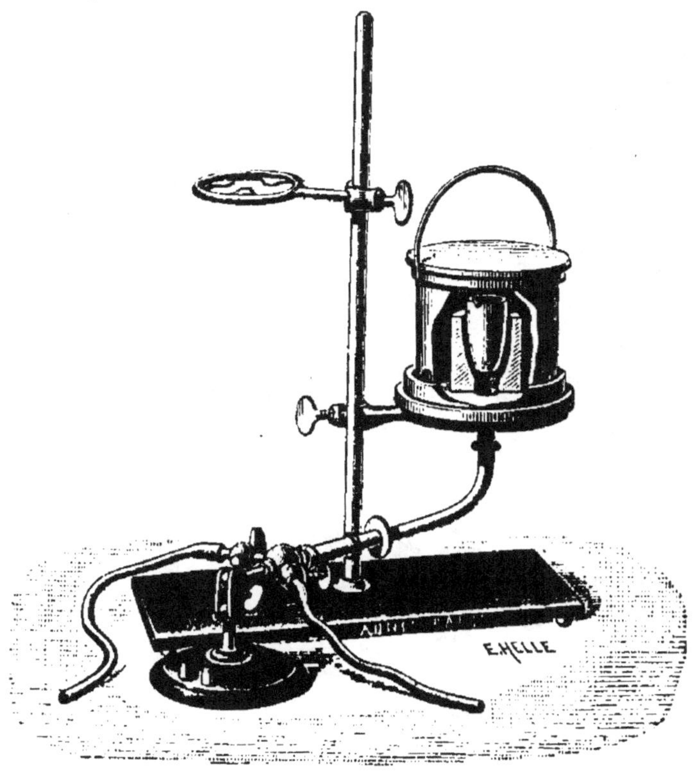

Fig. 51. — Four Leclerc et Forquignon.

En général, après avoir préparé un échantillon moyen de la matière réduite en poudre grossière, on se trouve bien d'en chauffer au rouge-blanc pendant un quart d'heure une petite quantité, 2 ou 3 grammes, placée dans un creuset de platine, muni de son couvercle et disposé dans le four

Leclerc et Forquignon (fig. 51) ou dans le four Schlœsing
(fig. 52) de manière à chasser l'eau et à fritter la
matière.

On la réduit ensuite en poudre impalpable en la broyant
d'abord au mortier d'Abich, puis au mortier d'agate, et on
la fait passer au tamis de soie très fin.

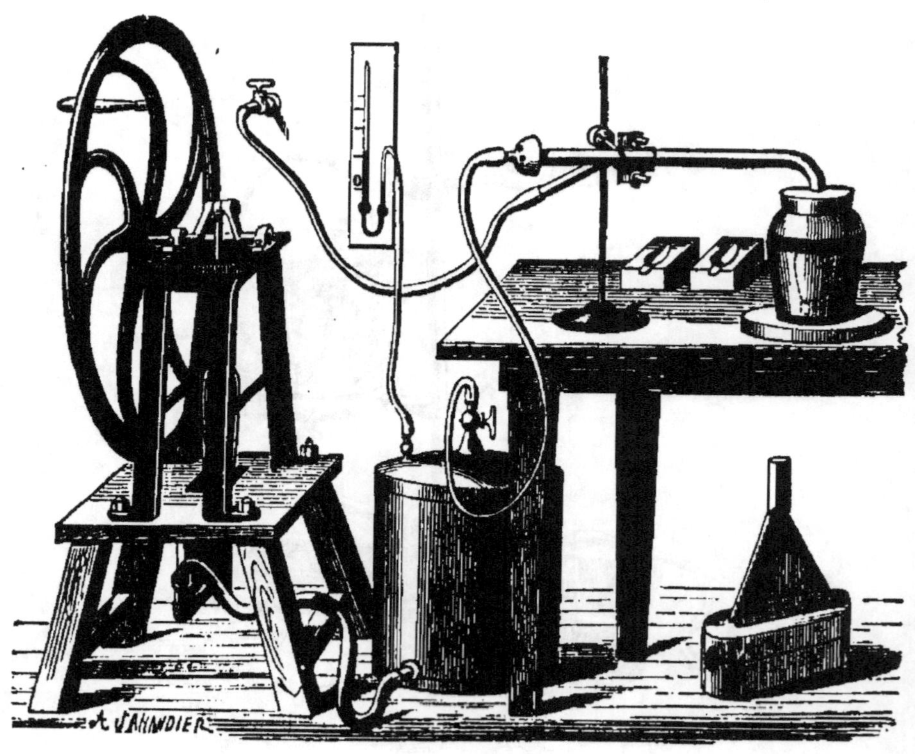

Fig. 52. — Four de Schlœsing.

On en place environ 1 gramme dans un creuset de platine taré ; on chauffe au rouge pour chasser l'humidité que
la matière a reprise pendant le broyage, puis on pèse le
creuset pour connaître le poids de matière employée.

On y ajoute environ les trois quarts de son poids de carbonate de chaux pur et sec, préparé comme nous l'avons indiqué page 32 ; on chauffe au bain de sable à 150° pendant un quart d'heure, puis on pèse de nouveau pour connaître exactement le poids de carbonate de chaux ajouté ; on mélange complètement la matière et le carbonate au moyen d'un fil de platine, puis on dispose le creuset dans l'un des fours figurés ci-dessus (fig. 51 et 52) et on le chauffe au rouge-blanc pendant un quart d'heure ; si la température est suffisante, la masse fond en donnant un verre transparent ; on enlève du four le creuset encore rouge et on le porte sur une plaque de fer épaisse et polie de manière que par refroidissement brusque le verre se détache du creuset.

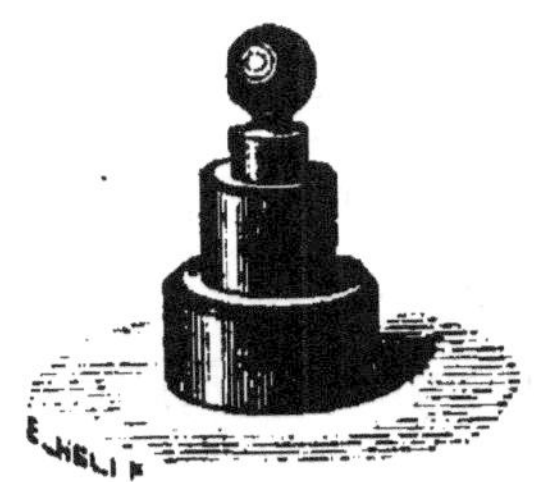

Fig. 53. — Mortier d'Abich.

On pèse ensuite le creuset ; en retranchant la tare du poids constaté, on a par différence le poids du verre ; on le détache autant que possible du creuset, puis on le broie au mortier d'agate que l'on entoure d'une peau de mouton percée d'un trou qui laisse passer le pilon, de manière à éviter de perdre du verre. On pèse ensuite le verre broyé après chauffage au rouge dans une capsule de platine tarée, et l'on note le poids du verre employé.

On humecte le verre d'eau distillée, puis on y ajoute 10 cc. d'acide azotique et l'on chauffe au bain de sable en agitant constamment au moyen d'une baguette de verre, jusqu'à ce que la matière soit dissoute et homogène ; on lave la baguette dans la capsule avec la pissette à eau distillée, puis on évapore à sec le contenu de la capsule d'abord à sec ; on pousse ensuite la température jusqu'à ce qu'il ne se dégage plus de vapeurs d'acide azotique et qu'il commence à se former des vapeurs nitreuses ; de cette façon la silice est rendue insoluble.

On retire la capsule du bain de sable, on la laisse refroidir, puis on y verse environ 10 cc. d'une solution saturée de nitrate d'ammoniaque, et l'on chauffe au bain de sable en agitant la matière se moyen d'une baguette de verre, jusqu'à ce que la masse ne dégage plus de vapeurs ammoniacales ; on ajoute alors 10 cc. d'eau distillée et l'on décante sur un petit filtre sans plis en évitant de faire passer la matière sur le filtre ; on lave ainsi une dizaine de fois par décantation, en employant chaque fois 5 cc. d'eau chaude.

La solution filtrée contient la chaux, la magnésie et les alcalis ; le résidu insoluble contient la silice, le fer, l'alumine et le manganèse, et l'acide phosphorique, si la matière en contenait.

Si quelque peu de matière a été entraînée sur le filtre, on dessèche celui-ci et on le brûle sur un couvercle de creuset, puis on ajoute la cendre à la matière qui se trouve dans la capsule.

Traitement de la partie insoluble. — On verse dans la capsule 5 cc. d'acide azotique et autant d'eau distillée, qu'on laisse agir à chaud sur le bain de sable pendant une ou deux heures pour dissoudre le fer et l'alumine (et l'acide phosphorique).

On filtre et l'on évapore la liqueur filtrée et les eaux de lavage dans un creuset de platine ; le résidu est calciné : c'est un mélange d'alumine et de sesquioxyde de fer.

La silice restée sur le filtre et dans la capsule est blanche, s'il n'existe pas de manganèse ; on la calcine et on la pèse.

Dans le cas contraire elle est colorée en noir ; on la traite par l'acide sulfurique étendu et quelques cristaux d'acide oxalique ; le bioxyde de manganèse passe à l'état de sulfate ; on filtre, évapore et calcine modérément le sulfate de manganèse pour chasser l'acide sulfurique libre, sans décomposer le sulfate que l'on pèse.

On calcine également la silice débarrassée du manganèse et on en prend le poids.

Séparation du fer et de l'alumine. — On reprend le mélange des oxydes par l'acide chlorhydrique concentré ; on chauffe jusqu'à dissolution, puis on évapore presque à sec après avoir ajouté quelques gouttes d'acide sulfurique ; on reprend par l'eau avec précaution après refroidissement et on transvase le liquide dans une fiole à fond plat ; on y ajoute quelques centimètres cubes d'acide sulfurique, et on y introduit quelques morceaux de fil de zinc pour réduire le sesquioxyde de fer à l'état de protoxyde ; on couvre l'ouverture de la fiole avec un petit verre de montre formant soupape et on chauffe légèrement, jusqu'à dissolution complète du zinc.

On titre alors le protoxyde de fer au moyen d'une solution

de permanganate de potasse à 5 grammes par litre, titrée au moyen d'un poids connu de fer pur [1].

Le poids de fer déterminé, transformé en sesquioxyde par le calcul, est retranché du poids total des oxydes, et donne l'alumine par différence.

Lorsqu'il existe de l'acide phosphorique dans la matière analysée, on partage en deux portions la solution chlorhydrique des oxydes ; dans l'une on dose le fer comme nous venons de le dire ; dans l'autre on dose l'acide phosphorique par la méthode au molybdate.

Dosage de la chaux, de la magnésie et des alcalis. — La solution de ces corps dans le nitrate d'ammoniaque est additionnée d'une quantité d'oxalate d'ammoniaque solide telle qu'elle précipite et au delà la chaux ajoutée sous forme de carbonate pour la fusion du silicate, soit 2 fois et demie le poids de cette chaux ; on agite pour bien dissoudre l'oxalate qui doit être finement pulvérisé, puis on laisse déposer et on rajoute de l'oxalate dissous par petites portions, tant qu'il se produit un précipité. Finalement on laisse déposer du jour au lendemain et on filtre ; on lave par décantation à l'eau tiède puis on fait passer le précipité sur le filtre et on le lave complètement ; on le sèche, on le calcine au rouge pour transformer l'oxalate en carbonate, puis au rouge-blanc dans le four Leclerc et Forquignon pour obtenir la chaux pure que l'on pèse. Du poids obtenu on retranche celui de la chaux contenu dans le carbonate de chaux employé pour la fusion du silicate : la différence

---

1. Voyez Halphen, la *Pratique des essais commerciaux, matières minérales*. — J.-B. Baillière et fils, Paris.

représente le poids de chaux contenu dans la prise d'essai de la matière.

La liqueur filtrée et les eaux de lavage sont évaporées à consistance sirupeuse dans une capsule de platine ; on couvre celle-ci d'un entonnoir qui y pénètre légèrement et on calcine modérément pour détruire le nitrate d'ammoniaque ; on chauffe également l'entonnoir ; on dissout après refroidissement la matière qui a pu être projetée sur l'entonnoir, on recueille la dissolution dans la capsule ; on y ajoute 2 ou 3 grammes d'acide oxalique, on replace l'entonnoir sur la capsule, on évapore à sec et on calcine de nouveau de manière à transformer les nitrates en carbonates ; on reprend par l'eau, qui laisse insoluble la magnésie plus ou moins carbonatée, accompagnée de traces de manganèse ; on filtre, sèche, calcine et pèse la magnésie.

Les carbonates alcalins sont additionnés de quelques gouttes d'acide chlorhydrique, qui les transforme en chlorures ; on évapore à sec et on pèse.

On les additionne ensuite de chlorure de platine et on procède à la séparation de la potasse sous forme de chloroplatinate comme il est indiqué dans la 1re partie (p. 77).

La soude est dosée soit par différence, soit directement.

B) *Attaque par l'acide sulfurique*. — Presque toutes les matières alumineuses sont attaquées par l'acide sulfurique concentré ; la méthode s'applique particulièrement bien aux argiles et aux résidus insolubles des sols.

La matière, finement broyée, placée dans une capsule de platine, est additionnée de 5 à 6 fois son poids d'acide sulfurique monohydraté mélangé du tiers de son poids d'eau ; on chauffe assez pour concentrer l'acide jusqu'à ce qu'il se dégage d'abondantes vapeurs acides, en agitant fréquemment ; après refroidissement, on étend de beaucoup d'eau et on filtre : la silice seule reste insoluble sur le filtre.

On évapore à sec la liqueur filtrée dans une capsule de platine, puis on calcine au rouge-blanc pour décomposer les sulfates de fer, d'alumine et de magnésie.

On reprend par le nitrate d'ammoniaque, comme dans la méthode de la voie moyenne, puis par l'eau et on filtre : l'alumine, le sesquioxyde de fer (et l'acide phosphorique) restent sur le filtre ; on les sépare comme ci-dessus.

La chaux est séparée du liquide filtré par l'oxalate d'ammoniaque ; la liqueur filtrée séparée de l'oxalate de chaux est évaporée ; le résidu calciné au rouge blanc et repris par l'eau qui laisse la magnésie insoluble.

Les sulfates alcalins séparés par filtration de la magnésie sont évaporés à sec et pesés ; on y dose ensuite la potasse par la méthode de Corenwinder et Contamine (voy. p. 79).

C) *Attaque des roches par l'acide fluorhydrique.* — L'acide fluorhydrique, ou le fluorhydrate d'ammoniaque employé concurremment avec l'acide sulfurique, attaquent tous les silicates en éliminant la silice qui se dégage à l'état de fluorure de silicium gazeux.

L'acide fluorhydrique doit être pur, fumant, et ne doit laisser aucun résidu lorsqu'on l'évapore à sec.

Le fluorhydrate doit être également pur et ne laisser non plus aucun résidu par calcination dans une capsule de platine.

La matière préparée comme pour l'attaque par la chaux est arrosée de 6 à 8 centimètres cubes d'acide fluorhydrique fumant ; on délaye au moyen d'une spatule de platine, puis on laisse digérer à chaud pendant une demi-heure à une heure en agitant de temps à autre.

On additionne alors la matière de 5 à 6 centimètres cubes d'acide sulfurique à 50 pour 100, puis on évapore à sec en poussant la température au point de volatiliser tout l'acide sulfurique libre.

On reprend par l'acide chlorhydrique qui ne doit laisser aucun résidu ; si cependant ce cas se présentait, on recommencerait le traitement précédent sur le résidu obtenu ; puis on traiterait par l'acide chlorhydrique comme ci-dessus.

Dans la solution chlorhydrique, on peut séparer les bases (alumine, sesquioxyde de fer, chaux, magnésie, potasse et soude) par la méthode suivante :

On précipite l'alumine et le fer par l'ammoniaque en léger excès, à l'ébullition en liqueur étendue ; puis la chaux dans la liqueur filtrée, par l'oxalate d'ammoniaque en excès à froid ; enfin la magnésie, la potasse et la soude comme il est indiqué ci-dessus en A) et B).

QUATRIÈME PARTIE.

EAUX.

Les eaux que le chimiste agricole a le plus souvent à analyser sont des eaux terrestres : eaux de sources, de rivières, de puits, de mares, employées soit pour la boisson des hommes et des animaux, soit pour l'irrigation des terres ; ou des eaux de drainage dont l'analyse doit renseigner l'agriculteur sur les pertes qu'éprouve le sol par suite du lavage que lui font subir les eaux pluviales ; ou enfin des eaux d'égouts qui peuvent être utilisées à la fertilisation du sol et dont l'analyse porte surtout sur la détermination des principes fertilisants.

Nous avons donné (page 138) les méthodes d'analyse de ces eaux considérées comme engrais ; nous n'aurons donc pas à y revenir ici.

Quant aux eaux de pluie, leur analyse est peu fréquente et elle est surtout pratiquée dans les observatoires météorologiques où on les étudie principalement au point de vue de la physique du globe.

Quoique les méthodes applicables à ces dernières ne soient pas essentiellement différentes de celles que l'on utilise pour les eaux terrestres, nous ne les étudierons pas [1].

1. Voyez Jules Lefort, *Traité de chimie hydrologique*, 2ᵉ édition. Paris, 1873. Ludovic Jammes, *Aide-mémoire d'hydrologie*. Paris, 1892.

Le plus souvent les eaux sont examinées au point de vue de l'alimentation animale ; la question est de savoir si elles sont potables.

Nous exposerons en premier lieu les méthodes qui permettent de résoudre cette question.

Dans le cas des eaux provenant du drainage ou de celles que l'on destine à l'irrigation, il est surtout essentiel de se rendre compte de leur teneur en principes fertilisants qu'elles enlèvent au sol ou qu'elles peuvent lui apporter.

C'est à ce point de vue que l'on doit les examiner d'après les méthodes indiquées précédemment.

CHAPITRE PREMIER.

EAUX POTABLES.

Caractères généraux d'une eau potable.

Une eau potable doit être limpide, incolore, inodore, présenter une saveur faible mais agréable ; sa température doit être aussi constante que possible et comprise entre 10 à 15 degrés centigrades.

Quant aux caractères chimiques, il faut se garder de l'absolutisme dans l'interprétation des analyses, car la limite admise par un hygiéniste n'est pas toujours la même que celle qu'admet un autre.

L'appréciation de l'analyse chimique d'une eau doit porter sur tous les éléments déterminés, mais je crois que l'excès de certains éléments par rapport aux limites généralement admises ne doit pas faire rejeter une eau, bonne par ailleurs, si ces éléments ne sont pas de ceux qui indiquent une pollution de l'eau.

C'est ainsi que je vois consommer sans aucun inconvénient depuis plus de huit années des eaux dont le titre hydrotimétrique total atteint 60° et même dépasse légèrement ce chiffre, mais qui ne contiennent que des traces de matières organiques, et des traces infinitésimales ou point de nitrites et de sels ammoniacaux, alors que la plupart des hygiénistes rejettent de l'usage alimentaire toute eau marquant plus de 30° à l'hydrotimètre.

Ces réserves faites, j'indiquerai les limites qui me paraissent les plus admissibles, en ayant soin de spécifier celles qui sont de rigueur :

Degré hydrotimétrique total. . . .	30° et plus.
Degré hydromététrique permanent.. .	10° à 20° *au plus.*
Chlorure de sodium par litre. . . .	50 milligrammes.
Matières organiques exprimées en acide oxalique.	20 milligrammes *au plus.*
Nitrites.	$0^{mgr},02$ *au plus.*
Ammoniaque totale.	$0^{mgr},5$ à 1 milligramme.
Ammoniaque albuminoïde. . . .	$0^{mgr},2$.
Phosphates..	Néant.
Azotates (en azotate de potasse).. . .	20 à 30 milligrammes.
Sulfures..	Néant.
Sulfate de potasse..	Néant.
Résidu total.	$0^{gr},500$ à $0^{gr},800$ au plus.

En outre, l'eau doit contenir au moins de 25 à 30 centimètres cubes d'air par litre, dont 6 à 8 centimètres cubes d'oxygène. Quant au rapport de l'oxygène à l'azote, il doit être voisin de 1/2 dans les eaux pures ; il tombe à 1/3, 1/4 et même 1/5 dans les eaux polluées par des infiltrations de matières organiques.

Analyse sommaire des eaux potables.

L'ensemble des déterminations qui suffisent le plus souvent pour se faire une opinion sur la qualité d'une eau constitue l'analyse sommaire.

Elle comprend les déterminations et les essais suivants :

1° Dosage du résidu fixe ; 2° détermination des degrés hydrotimétriques total et permanent ; 3° dosage approximatif des matières organiques ; 4° dosage des chlorures ; 5° Recherche qualitative des sels ammoniacaux, des nitrites, des nitrates ; éventuellement de l'hydrogène sulfuré et des sulfures, de l'urée, des matières grasses et des matières odorantes.

§ 1. Dosage du résidu fixe.

On évapore dans une capsule de platine tarée d'une capacité de 100 centimètres cubes une quantité d'eau de 500 centimètres cubes, d'abord sur une petite flamme de gaz, puis au bain de sable modérément chauffé ; lorsque l'eau est complètement évaporée, on porte la capsule à l'étuve à air à 110°, et on l'y laisse séjourner deux heures, puis on la pèse rapidement après refroidissement sous un exsiccateur.

L'augmentation du poids multiplié par 2 donne le résidu par litre.

Il est utile de calciner ensuite avec précaution le résidu, tout en observant les changements de couleur qu'il éprouve, et en l'*odorant* avec soin pendant la calcination, ce qui donne parfois de précieux indices.

On conservera le résidu calciné pour le dosage ultérieur de la chaux et de la magnésie.

§ 2. Détermination des degrés hydrotimétriques.

Les méthodes hydrotimétriques sont basées sur les faits suivants : 1° une très petite quantité de solution alcoolique de savon mélangée à de l'eau distillée lui communique la propriété de donner par l'agitation une mousse persistante ; 2° les sels calcaires et magnésiens contenus dans les eaux naturelles décomposent le savon en donnant des savons calcaires ; dans ces conditions, la mousse obtenue par agitation n'est persistante que si les sels calcaires sont complètement éliminés et si le savon ordinaire existe en léger excès.

La quantité de liqueur savonneuse employée pour arriver à produire une mousse persistante avec un volume déterminé d'une eau peut donc servir à estimer la proportion des sels calcaires et magnésiens qu'elle contient ou plus exactement à apprécier la *dureté* de cette eau.

La pratique de la méthode indiquée par Boutron et Boudet [1] nécessite l'emploi de deux instruments : la burette et le flacon hydrotimétrique (fig. 54 et 55).

La burette porte une graduation telle que 23 divisions correspondent à un volume de 2 cc. 4.

Le 0 de la graduation hydrotimétrique est inscrit après le premier vingt-troisième ; le volume de liqueur ainsi placé

1. Boutron et Boudet, *Hydrotimétrie*. Paris, 1893.

en dehors de la graduation est celui qui suffit pour faire mousser 40 centimètres cubes d'eau distillée.

La division 22 porte un trait spécial parce qu'elle indique le volume de solution savonneuse qui fait mousser 40 centimètres cubes de liqueur de vérification.

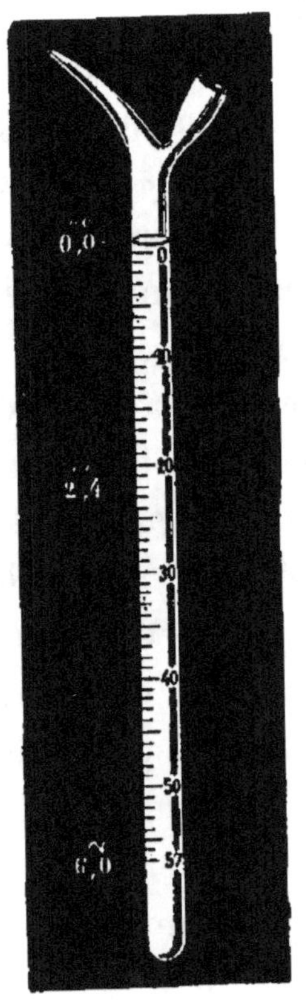

Fig. 54. —
Burette hydrotimétrique.

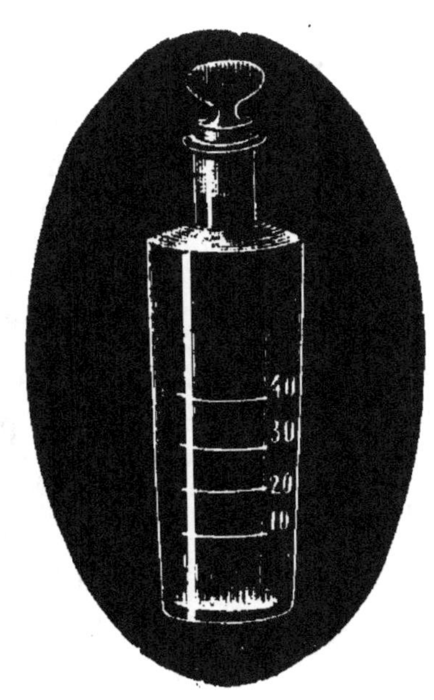

Fig. 55. —
Flacon hydrotimétrique.

Le flacon hydrotimétrique porte 4 divisions à 10, 20, 30 et 40 centimètres cubes ; les trois premières servent à la dilution des eaux très calcaires au moyen d'eau distillée ; la quatrième indique le volume de la prise d'essai pour les eaux ordinaires.

(L'emploi de ce flacon n'est pas indispensable ; il est même plus commode d'employer un flacon à large ouverture, bouché, à pied, pour collections, d'une capacité de 90 centimètres cubes (fig. 56).

On y introduit l'eau au moyen d'une pipette jaugée, ce qui permet une mesure plus exacte).

La liqueur hydrotimétrique se prépare en dissolvant dans 800 centimètres cubes d'alcool à 90° bouillant, 50 grammes de savon blanc de Marseille ou mieux de savon amygdalin ou officinal. Après dissolution, on filtre et on mélange la liqueur filtrée avec 500 centimètres cubes d'eau distillée[1].

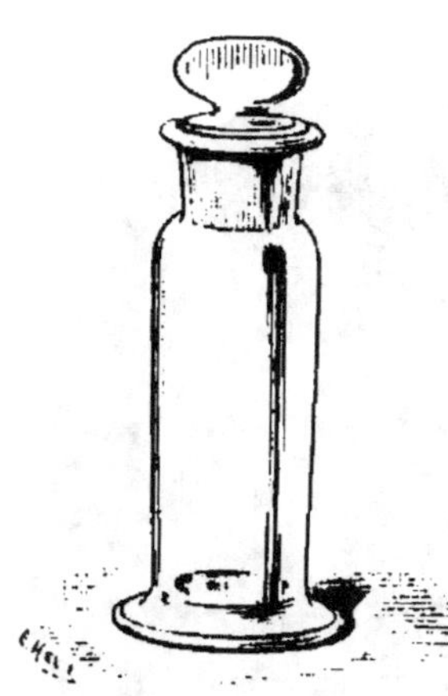

Fig. 56. —
Flacon bouché à pied.

Pour vérifier le titre de la liqueur savonneuse, on prépare une solution contenant $0^{gr},250$ de chlorure de calcium dans 1 litre d'eau distillée ; il est plus commode de remplacer le chlorure de calcium par $0^{gr},55$ de chlorure de baryum ou $0^{gr},59$ de nitrate de baryte bien purs.

On mesure 40 centimètres cubes de l'une de ces liqueurs, et on verse le liquide dans le flacon ; on y ajoute goutte à goutte la liqueur savonneuse contenue dans la burette que l'on a remplie jusqu'au trait supérieur ; quand on arrive vers la division 20, on arrête l'écoulement, on agite le flacon fermé doucement puis plus fort, et on continue à ajouter de la liqueur savonneuse par petites quantités en agitant

1. Voir Appendice.

après chaque addition jusqu'à ce qu'on obtienne la mousse persistante ; si la liqueur est exacte, on doit employer 22° de la burette.

On se trouve bien, lorsque l'on n'est pas sûr du savon dont on dispose, de faire la liqueur tout d'abord trop forte, en employant pour 50 grammes de savon seulement 800 centimètres cubes d'alcool et 400 centimètres cubes d'eau.

Dans ces conditions, soit n le nombre de divisions exigées par 40 centimètres cubes de la liqueur alcalino-terreuse.

On a :

$$\frac{n+1}{23} = \frac{1000}{x}$$

Pour chaque litre de liqueur, on ajoutera $x - 1000$ centimètres cubes d'un mélange de 2 volumes d'alcool à 90° et de 1 volume d'eau distillée.

Un nouvel essai, pratiqué avec la liqueur corrigée, devra conduire à 23 divisions = 22°.

Pratique de l'essai. — 1° *Degré total*. — Si le dosage du résidu indique une eau fortement chargée de calcaire, on emploiera 20 ou 10 centimètres cubes d'eau à analyser et on complètera le volume à 40 centimètres cubes, au moyen d'eau distillée bouillie refroidie.

On opérera comme lorsqu'il s'agissait de déterminer le titre de la liqueur ; le nombre de degrés lu sur la burette lors de l'obtention d'une mousse fine et persistante (5 minutes), d'une hauteur de 5 millimètres, multiplié par 2 ou par 4, donnera le degré de l'eau.

Si le résidu est faible, on opérera sur l'eau naturelle, et l'on obtiendra par lecture directe le titre cherché.

Nota. — Un essai ne doit jamais exiger plus de 33° de liqueur savonneuse ; lorsque ce chiffre est dépassé, il faut diluer l'eau.

2° *Degré permanent*. — L'ébullition de l'eau prolongée pendant une demi-heure, chassant l'acide carbonique de l'eau, précipite la presque totalité du carbonate de chaux à l'état insoluble, tandis que les sulfates de chaux et de magnésie restent en solution ; la détermination du degré de l'eau bouillie permet donc d'apprécier la proportion de ses derniers sels.

On place donc 100 centimètres cubes d'eau à analyser dans un ballon de 200 centimètres cubes ; on fait bouillir pendant une demi-heure ; on laisse refroidir, on transvase dans une fiole jaugée de 100 centimètres cubes, et on complète le volume jusqu'au trait de jauge en lavant à l'eau distillée le ballon qui a servi à l'ébullition ; on agite pour bien mélanger, on filtre, et sur 40 centimètres cubes du liquide filtré, on détermine le degré comme s'il s'agissait d'une eau naturelle.

Le chiffre obtenu est diminué de 3° représentant la quantité de carbonate qui reste en dissolution après l'ébullition : la différence constitue le degré permanent.

§ 3. Dosage approximatif des matières organiques. — Méthode de Kubel-Tiemann.

Elle est basée sur ce fait que le permanganate de potasse en solution acide oxyde les matières organiques ; de la proportion de permanganate réduit, on ne peut pas déduire le poids des matières organiques oxydées, car le pouvoir réducteur de ces matières varie avec leur nature ; mais on la traduit soit en acide oxalique correspondant au permanganate, soit en oxygène ; la méthode peut ainsi servir à de très utiles comparaisons.

On prépare une solution centième normale d'acide oxalique ($0^{gr},63$ par litre), une solution centième normale de permanganate ($0^{gr},315$ par litre), de l'acide sulfurique au quart (1 d'acide pur bouilli et 3 d'eau distillée).

Pour titrer la liqueur de permanganate et pour les dosages, on prépare plusieurs fioles d'Erlenmeyer de 375 centimètres cubes environ ; après les avoir lavées à l'acide sulfurique concentré et chaud, on y laisse séjourner pendant 24 heures de façon qu'elles soient remplies, un mélange d'une solution assez concentrée de permanganate avec le quart de son volume d'acide sulfurique concentré, pour détruire toute trace de matière organique ; après ce temps, on vide les fioles et on les lave à l'acide chlorhydrique qui dissout l'oxyde de manganèse qui adhère au verre ; on rince à l'eau distillée à deux ou trois reprises en remplissant chaque fois les fioles, puis on les laisse s'égoutter à l'abri de la poussière et on les coiffe ensuite d'une verre à précipiter pour les conserver propres.

Dans une de ces fioles, on introduit 100 centimètres cubes d'eau distillée sur du permanganate, 5 centimètres cubes d'acide sulfurique au quart, on fait bouillir et on ajoute goutte à goutte, et lentement, du permanganate centième normal jusqu'à ce qu'on obtienne une teinte rose à peine marquée, qui servira de point de repère.

On couvre cette fiole après l'avoir retirée du feu, et on

agit de même avec une deuxième; lorsque l'on a obtenu la même teinte, on note la division de la burette, on ajoute au contenu de la fiole 10 centimètres cubes d'acide oxalique centième normal et on titre au permanganate de manière à ramener la teinte rose identique à celle du témoin. On note le nombre de centimètres cubes de permanganate employé en dernier lieu; si les liqueurs sont exactes il doit être égal à 10.

Dans une troisième fiole on place 100 centimètres cubes d'eau à essayer, 5 centimètres cubes d'acide sulfurique au quart, puis autant de gouttes de permanganate qu'il en a fallu en moyenne dans les deux essais précédents pour amener la teinte rose, et ensuite 10 centimètres cubes de permanganate; on fait bouillir pendant 5 minutes exactement; on retire le feu, puis on ajoute au liquide 10 centimètres cubes d'acide oxalique centième normal; le liquide est complètement décoloré; au moyen de la burette on ajoute du permanganate déjà employé jusqu'à obtention de la teinte rose type, soit n le nombre total de centimètres cubes de permanganate employé, y compris les 10 premiers centimètres cubes; si l'acide oxalique et le permanganate s'équivalent exactement, $n-10$ représente le nombre de centimètres cubes de permanganate réduit par la matière organique de 100 centimètres cubes d'eau; $10\,(n-10) \times 0^{mgr},315$ est le *poids* de permanganate réduit par litre; $10\,(n-10) \times 0^{mgr},63$ est le poids d'acide oxalique, et $10\,(n-10) \times 0^{mgr},08$ le poids d'oxygène correspondant, utilisé pour la combustion de la matière organique.

Si l'essai se décolorait par trop pendant l'ébullition, on ajouterait 10 nouveaux centimètres cubes de permanganate, et plus encore s'il était nécessaire; pour le premier cas les expressions ci-dessus deviendraient:

$$10 (n - 20) \times 0^{mgr},315, \text{ etc.}$$

Quoiqu'on ne puisse guère passer du poids du permanganate ou de celui de l'oxygène au poids de la matière organique, on admet quelquefois que le poids d'oxygène consommé multiplié par 5,8 pour les eaux de puits profonds, par 2,4 pour les eaux superficielles, et par 1,8 pour les eaux de surface inculte, donne sensiblement le poids de la matière organique.

Nota. — Si les eaux contiennent des nitrites, des sels ferreux ou des sulfures en quantité appréciable, le dosage de l'oxygène consommé par la matière organique se trouve augmenté de celui qui correspond à l'oxydation de ces corps réducteurs.

Pratiquement cela n'a pas en général d'importance, car la présence de ces corps conduit à faire rejeter ces eaux des usages alimentaires; cependant on peut en tenir compte, en pratiquant un titrage au permanganate à froid avec contact de un quart d'heure; seulement au lieu d'employer l'acide oxalique pour la décoloration, on utilise une solution de sulfate ferreux de même valeur que celle de l'acide oxalique.

La différence des poids d'oxygène consommés à l'ébullition et à froid est attribuable aux matières organiques seules.

§ 4. Dosage des chlorures.

On mesure 100 centimètres cubes d'eau que l'on additionne de 0^{gr},100 de carbonate de chaux pur et de 3 gouttes d'une solution à 10 pour 100 de chromate jaune de potasse bien exempt de chlorure. On prépare d'autre part un vase de même volume contenant 100 centimètres cubes d'eau distillée, 0^{gr},100 de carbonate de chaux, 3 gouttes de chromate et assez de nitrate d'argent centième normal pour que la nuance du mélange soit rougeâtre.

On titre le liquide du premier vase par la solution d'argent de manière à obtenir la même teinte que dans le témoin.

Le nombre de centimètres cubes employé dans le dosage est diminué de celui utilisé pour le témoin ; la différence, multipliée par 0^{gr},00585, donne le poids de chlorure de sodium par litre d'eau analysée.

§ 5. Recherches qualitatives.

Les méthodes que nous allons indiquer peuvent servir soit au point de vue qualitatif seulement, tout en permettant une appréciation grossière de la quantité des éléments considérés ; soit au point de vue quantitatif, en utilisant les méthodes colorimétriques, par la comparaison des teintes obtenues dans l'essai des eaux avec celles que donnent des solutions types de richesse connue.

Ces déterminations ne sont pas susceptibles d'une très grande précision, en général ; cependant il est à recommander d'y avoir recours plutôt que de s'en tenir à l'essai qualitatif simple dont le résultat se traduit par des expressions peu susceptibles d'exactitude, telles que traces, traces fortes, traces faibles, traces très faibles, etc.

A. **Ammoniaque et sels ammoniacaux.** — On traite 150 centimètres cubes d'eau à analyser par 1 centimètre cube et demi de lessive alcaline dans une éprouvette bouchée à l'émeri; on mélange bien et laisse déposer. Lorsque le liquide est clair, on en prélève 50 centimètres cubes que l'on place dans un tube de Violette, et on y ajoute 2 centimètres cubes de réactif de Nessler; le liquide prend une teinte orangée d'autant plus foncée qu'il y a plus d'ammoniaque; dans le cas où le liquide se trouble, on prend une quantité moindre d'eau alcalinisée et on complète le volume à 50 centimètres cubes au moyen d'eau distillée exempte d'ammoniaque, avant d'ajouter le réactif.

D'autre part on place dans un tube identique au premier 50 centimètres cubes d'eau distillée exempte d'ammoniaque, on y ajoute 2 centimètres cubes de réactif, et on y fait couler au moyen d'une burette graduée une solution faible de sel ammoniac de richesse connue, jusqu'à ce que la nuance orangée soit la même dans les deux tubes.

Un calcul simple permet de trouver la richesse de l'eau en ammoniaque; ce calcul est supprimé lorsque la solution de sel ammoniac est préparée comme nous l'indiquons ci-après.

PRÉPARATION DES RÉACTIFS. — 1° *Lessive alcaline.* — On fait une dissolution de 50 grammes de carbonate de soude pur cristallisé et de 25 grammes de soude caustique pure dans 100 centimètres cubes d'eau distillée exempte d'ammoniaque (on prend la quatrième portion d'une distillation d'eau fractionnée par cinquièmes).

La liqueur obtenue est portée à l'ébullition pendant quelques minutes, puis après refroidissement son volume est complété à 150 centimètres cubes au moyen d'eau distillée.

2° *Réactif de Nessler.* — On fait une dissolution bouillante de 50 grammes d'iodure de potassium dans 50 centimètres cubes d'eau distillée; on y ajoute une dissolution saturée bouillante de bichlorure de mercure dans l'eau distillée (environ 50 centimètres cubes contenant 25 grammes de sublimé), jusqu'à ce que le précipité d'iodure mercurique qui se forme cesse de se dissoudre; on filtre chaud et on ajoute une dissolution de 150 grammes de potasse caustique pure dans 200 centimètres cubes d'eau; on étend à 1 litre et on rajoute 4 ou 5 centimètres cubes de solution de bichlorure à 5 pour 100, on laisse déposer, puis on décante dans un flacon de verre brun, bouché en caoutchouc, et on conserve à l'obscurité.

3° *Solution type de sel ammoniac.* — On dissout $3^{gr},147$ de sel ammoniac pur dans assez d'eau distillée pour faire 1 litre; la solution contient 1 milligramme d'ammoniaque par centimètre cube.

On en dilue 50 centimètres cubes à 1 litre; chaque centimètre cube contient $\frac{1}{20}$ de milligramme d'ammoniaque.

Lorsqu'on emploie cette solution pour produire la même teinte que celle obtenue au moyen de 50 centimètres cubes d'eau alcalinisée, le nombre de centimètres cubes de solution ammoniacale représente le nombre de milligrammes d'ammoniaque par litre que contient l'eau à analyser, car 50 centimètres cubes égalent $\frac{1}{20}$ de litre.

B. Nitrites. — On peut employer trois réactifs pour déceler l'acide nitreux dans une eau, et ils se prêtent tous trois aux mesures colorimétriques

a) On prend une solution aqueuse à 1 pour 100 de chlorhydrate de métaphénylène-diamine décolorée au noir animal et conservée à l'obscurité.

On en ajoute 1 centimètre cube à 100 centimètres cubes d'eau à analyser, puis 1 centimètre cube d'acide sulfurique exempt de composés nitreux.

On opère de même avec 100 centimètres cubes d'eau distillée contenant 1 à 10 centimètres cubes de liqueur type ; et l'on compare les colorations au bout de 20 minutes, soit au colorimètre soit par dilution.

Si l'eau produisait tout de suite une coloration rouge, et non jaune ou orange, il faudrait l'étendre d'eau pure dans des proportions connues avant de la soumettre à l'essai.

La liqueur type se prépare en dissolvant dans 100 centimètres cubes environ d'eau distillée bouillante 406 milligrammes de nitrite d'argent pur cristallisé ; on précipite par 160 milligrammes de chlorure de sodium pur ; ou étend à 1 litre après refroidissement, on laisse déposer et on décante la liqueur claire qui contient 1 milligramme d'acide azoteux par 10 centimètres cubes.

b) A 10 centimètres cubes d'eau on ajoute une goutte d'acide sulfurique pur au $\frac{1}{5}$, puis une goutte d'une solution saturée d'acide sulfanilique, puis, au bout de quelques minutes, une goutte d'une solution saturée de sulfate de naphtylamine ; il se produit une coloration rose qui passe au rouge rubis en présence des moindres traces de nitrites. Si l'eau contient une dose de nitrites voisine de 1 milligramme par litre, la réaction est instantanée et la coloration très intense dès l'origine.

Cette méthode se prête aux comparaisons colorimétriques comme la précédente.

c) Enfin un réactif souvent employé pour la recherche des nitrites est celui de Trommsdorff.

Il se prépare en faisant bouillir pendant six heures 5 grammes d'amidon avec 20 grammes de chlorure de zinc et 100 centimètres cubes d'eau; on rajoute de l'eau de temps à autre 'pour maintenir le volume constant, puis on laisse refroidir et on ajoute 2 grammes d'iodure de zinc.

On étend ensuite à 1 litre, on laisse déposer et on décante le liquide aussi limpide que possible dans un flacon que l'on bouche hermétiquement et que l'on garde ensuite à l'obscurité.

Pour l'essai, on place 50 centimètres cubes d'eau dans un tube de Violette, on y ajoute 5 centimètres cubes de réactif de Trommsdorff et autant d'acide sulfurique pur au $\frac{1}{5}$.

Le liquide se colore en bleu d'autant plus foncé que la proportion de nitrites est plus élevée; si l'on veut opérer par la méthode colorimétrique, on dilue les eaux qui donnent immédiatement une forte coloration au moyen d'eau distillée pure.

La liqueur type dont la préparation est indiquée en *a*) ci-dessus doit elle-même être diluée pour servir aux comparaisons.

C. Azotates. — Toutes les eaux terrestres contiennent des azotates en proportions très variables.

Leur recherche qualitative n'a donc guère d'intérêt: elle ne peut servir qu'à indiquer grossièrement l'abondance des nitrates et à guider le chimiste pour la prise d'essai lorsqu'il s'agit de les doser.

Nous allons remarquer ici que les réactifs des azotates (sulfate ferreux et acide sulfurique, brucine et acide sulfurique) sont également des réactifs des azotites; lorsque les essais spéciaux décrits ci-dessus en B auront montré l'existence de quantités notables de nitrites, il y aura lieu de les détruire avant de procéder à la recherche des nitrates.

Pour cela, il suffit en général d'additionner un certain volume d'eau à analyser, 100 centimètres cubes par exemple, de quelques centigrammes d'urée, et de cinq ou six gouttes d'acide sulfurique; on porte à l'ébullition pendant un quart d'heure, et on laisse refroidir; on s'assure que les nitrites ont complètement disparu, et on évapore le liquide presque à siccité après l'avoir neutralisé au moyen de carbonate de soude pur.

Le résidu peut servir soit à la recherche des azotates par les procédés classiques: sulfate de fer ou brucine et acide sulfurique, soit à leur dosage par la méthode de M. Schlœsing, page 47.

Dans ce cas, on emploie des quantités d'eau d'autant plus grandes (jusqu'à 1 litre) que l'eau est supposée plus pauvre en nitrates.

Lorsque les nitrites n'existent qu'en quantités négligeables, on peut procéder directement au dosage des nitrates sur l'eau réduite à un très petit volume.

Recherche des sulfures. — On emploie une solution concentrée de nitroprussiate de soude, dont on verse quelques gouttes dans 40 ou 50 centimètres cubes de l'eau à essayer. En présence des sulfures alcalins ou alcalino-terreux, il se produit une belle coloration violette.

Recherche de l'urée. — Cette recherche s'effectue au moyen du papier de Musculus. On peut le préparer et l'utiliser de deux manières: sur un filtre en papier blanc, on fait passer de l'urine en pleine fermentation ammoniacale, puis on lave jusqu'à cessation d'alcalinité et on laisse sécher. Une petite bande de ce papier placée dans de l'eau contenant de l'urée transforme celle-ci en ammoniaque : le dosage colorimétrique effectué sur l'eau telle quelle et sur l'eau traitée montrera si la proportion d'ammoniaque a augmenté : dans ce cas on conclut à la présence de l'urée.

On peut aussi teindre au curcuma le papier de Musculus bien lavé, puis sécher ; ce papier mouillé avec de l'eau contenant de l'urée prend une coloration brun foncé.

Recherche des corps gras. — Il arrive parfois que les eaux de puits contaminées par des infiltrations d'eaux ménagères contiennent des matières grasses en très faible quantité : on peut les déceler en mettant à profit les propriétés giratoires du camphre, qui se manifestent sur l'eau pure, et cessent quand l'eau est grasse.

Recherche des matières odorantes. — Lorsque des eaux sont souillées par des infiltrations de fosses d'aisances, ou d'autres matières odorantes, il est utile de se rendre compte par l'odorat de l'origine de ces matières.

Pour cela, on agite un certain volume d'eau avec un peu d'éther très pur ; on décante et on laisse s'évaporer l'éther spontanément ; lorsqu'il a complétement disparu, on place la capsule contenant le résidu sur une plaque métallique chauffée à 50 ou 60° et on odore le résidu.

On peut également traiter l'eau par de l'huile d'olive qui a été préalablement épuisée par l'alcool puis séchée à 100°. On agite fortement l'eau et l'huile pendant 10 minutes ; puis on laisse reposer dans un entonnoir à robinet ; on décante l'huile limpide, on l'épuise par l'alcool à 80° ; celui-ci dissout les matières odorantes que l'on peut caractériser par leur odeur.

Dosage rapide de l'oxygène dissous dans les eaux.

M. Blarez a modifié le procédé de Mohr, qui repose sur l'oxydation rapide de l'oxyde ferreux hydraté au moment de sa formation, de façon à rendre l'opération plus rapide, tout en réduisant considérablement le matériel nécessaire.

Celui-ci comprend : 1° liqueur de soude normale (40 grammes Na OH par litre) ; 2° solution de sulfate double de fer et d'ammoniaque à 40 grammes par litre, légèrement acidulée par de l'acide sulfurique ; 3° acide sulfurique pur étendu de son volume d'eau ; 4° solution normale décime de permanganate de potassium.

La liqueur de soude n'a pas besoin d'être rigoureusement titrée. Celle de permanganate se titre comme il est dit à la page 150.

Il faut en outre un *tube à brôme* dont la capacité de la boule est de 250 centimètres cubes environ, et dont on a coupé le tube droit à 2 ou 3 centimètres au-dessous du robinet.

Le bouchon rodé qui ferme le tube à brôme est remplacé par un bouchon en caoutchouc percé d'un trou traversé par la douille capillaire d'un petit entonnoir cylindrique pouvant contenir 12 centimètres cubes environ. L'extrémité inférieure de la douille affleure le bord inférieur du bouchon de caoutchouc.

On mesure la capacité totale de l'appareil ; pour cela, on le remplit d'eau jusqu'au milieu du goulot, et on mesure cette eau dans une éprouvette graduée : soit 240 centimètres cubes ; cette mesure se fait une fois pour toutes.

Pour effectuer un dosage, on opère de la façon suivante :

1° On mesure un certain volume de mercure, soit 30 centimètres cubes, que l'on introduit dans l'appareil débouché, maintenu sur un support ;

2° On ajoute au-dessus du mercure 10 centimètres cubes de soude normale au moyen d'une pipette jaugée ;

3° On achève de remplir l'appareil jusqu'au milieu du goulot avec l'eau à essayer. Le volume de l'eau mise en expérience est donc $240 - (30 + 10) = 200$ centimètres cubes ;

4° On bouche l'appareil au moyen du bouchon de caoutchouc portant son tube à entonnoir, de façon à chasser l'air qui reste dans le goulot ; il faut même qu'une petite quantité d'eau remonte dans l'entonnoir ; en faisant tomber quelques gouttes de mercure, en manœuvrant le robinet inférieur, on fait entrer toute l'eau dans l'appareil ; son niveau doit se trouver juste à la naissance de la douille capillaire de l'entonnoir ;

5° On verse, au moyen d'une pipette jaugée, 5 centimètres cubes de solution ferreuse dans l'entonnoir, et on fait entrer le liquide dans l'appareil en ouvrant légèrement le robinet pour laisser écouler du mercure ; on s'arrête dès que le niveau du liquide arrive à la naissance de la douille.

On produit alors avec la main un mouvement giratoire de l'appareil, ce qui a pour effet de mélanger en quelques instants et d'une façon complète les différents liquides. L'oxyde ferreux formé se répartit dans toute la masse, et, au bout de cinq ou six minutes, on peut considérer l'oxygène comme étant complètement absorbé ;

6° On verse dans l'entonnoir 10 centimètres cubes d'acide sulfurique au demi, que l'on fait entrer en ouvrant légèrement le robinet. On agite, et le liquide s'éclaircit presque immédiatement.

On ouvre alors le robinet pour faire tomber tout le mercure de l'appareil. On enlève ensuite le bouchon ; on décante le contenu de la boule dans un vase à précipiter, et on rince l'entonnoir avec de l'eau distillée que l'on réunit à celle décantée. On verse alors la solution de permanganate contenue dans une burette graduée, jusqu'à teinte rose persistante.

Soit n le nombre de centimètres cubes utilisés pour obtenir ce résultat.

On titre de la même manière 5 centimètres cubes de la solution ferreuse ; soit N le volume de caméléon.

N — n représente la quantité de caméléon correspondant à l'oxygène dissous dans le volume d'eau mis en expérience (dans le cas actuel : 200 centimètres cubes). On calcule ce qu'il faudrait pour un litre d'eau.

On sait d'ailleurs que 1 centimètre cube de caméléon normal décime bien titré correspond à $0^{gr},0008$ d'oxygène ou $0^{cc},56$ en volumes ; une simple multiplication donne le résultat cherché.

CINQUIÈME PARTIE.

ANALYSE DES MATIÈRES VÉGÉTALES ET ANIMALES.

Méthodes générales.

L'agriculteur produit ou emploie un grand nombre de matières organiques d'origine végétale ou animale, en dehors de celles qui sont spécialement utilisées comme engrais.

Ce sont les fourrages employés pour l'alimentation des animaux, les matières premières des industries agricoles, enfin les produits animaux ou végétaux immédiatement propres au commerce ou à la consommation ; nous classerons ces matières, au point de vue analytique, de la façon suivante :

1° Fourrages ;

2° Matières premières végétales des industries agricoles ;

3° Produits et sous-produits des industries agricoles ;

4° Produits animaux.

Les méthodes d'analyse de ces matières sont loin d'être perfectionnées, car la composition exacte de la plupart des végétaux et des animaux ne nous est qu'imparfaitement connue ; il existe de nombreux principes immédiats dont la présence nous échappe, et parmi ceux que nous connaissons, il en est bien peu dont la séparation et le dosage puissent s'effectuer suivant des méthodes rigoureuses.

Dans la pratique, il est heureusement plusieurs de ces

principes immédiats que l'on peut déterminer avec une certaine précision ; ce sont les plus importants : sucres, amidon ou fécule, graisses, tanin, etc.

En raison de la fréquence de leur dosage dans les matières les plus diverses, nous indiquerons les méthodes générales qui leur sont applicables, mais nous ferons précéder l'exposé de ces méthodes de quelques indications sur le dosage de l'eau et des cendres, qu'il est presque toujours indispensable de faire au début des analyses des matières organiques.

Nous consacrerons ensuite un chapitre à l'analyse des cendres végétales ; puis nous exposerons les méthodes de dosage des sucres, de l'amidon, de la graisse, etc.

CHAPITRE PREMIER.

DOSAGE DE L'EAU ET DES CENDRES.
ANALYSE DES CENDRES.

§ 1. Dosage de l'eau.

Matières solides (*grains, farines, tourteaux, foins, pailles, ramilles, pulpes, drèches, marcs, écorces, plantes herbacées*). — L'échantillon destiné à l'analyse sera en principe d'autant plus volumineux que la substance sera moins homogène.

En particulier, pour le dosage de l'eau, on pèsera 10 grammes de grains, graines, farines, tourteaux, et 50 ou 100 grammes des autres produits ci-dessus énumérés.

On desséchera la prise d'essai pesée comme il est dit au

chapitre I, 1re partie, 4°, page 5 ; et l'on rapportera la perte de poids trouvée à 100 grammes de matière.

Fruits juteux, racines, tubercules. — Le dosage de l'eau peut s'effectuer dans ces matières par deux procédés différents que nous décrirons successivement.

1° **Dosage de l'eau par dessiccation simple.** — Les fruits, racines ou tubercules sont divisés en tranches minces que l'on place successivement dans une capsule plate de porcelaine tarée, en les disposant de façon à ménager le plus possible d'espaces libres pour la circulation de l'air ; on prend le poids total, dont on retranche la tare pour connaître le poids de l'échantillon.

La capsule est ensuite placée dans une étuve bien aérée, chauffée à 40 ou 50° jusqu'à ce que la majeure partie de l'eau étant expulsée les tranches soient devenues rigides ; on pousse alors la température à 100-110° pour achever la dessiccation, sans craindre de caraméliser ou de *cuire* la matière. On pèse, et la différence de tare indiquera la quantité d'eau éliminée.

On broie ensuite la matière soit au mortier soit au moulin A. Girard (fig. 60) ; puis la poudre obtenue est remise à l'étuve à 110° pour lui faire perdre l'eau hygrométrique qu'elle avait absorbée pendant le broyage ; on prélève les échantillons pour l'analyse sur la poudre sèche et chaude ; il est bon de les peser entre deux verres de montre rodés ou dans un flacon-tare.

2° **Dessiccation après épuisement par l'alcool.** — Cette méthode, imaginée par M. Schlœsing, est applicable aux matières les plus juteuses, que l'on ne serait débiter en tranches sans s'exposer à perdre une partie de leur jus.

On coupe l'échantillon choisi et pesé, au moyen d'un couteau bien affilé au-dessus d'un bocal contenant de l'alcool à 95°; et on jette les tranches obtenues dans le bocal; on rince le couteau au moyen d'un peu d'alcool que l'on reçoit également dans le bocal, et on laisse le tout macérer pendant 24 heures en agitant de temps à autre (on emploie environ 5 parties d'alcool pour une partie de matière).

On décante l'alcool dans une cornue ou un ballon, et on le remplace par une nouvelle quantité d'alcool neuf, qu'on laisse agir également pendant 24 heures. Les liquides alcooliques sont réunis, réduits à un faible volume par distillation pour récupérer l'alcool, et le résidu évaporé à sec dans une capsule tarée.

On le pèse après dessiccation à 100-110°.

Quant à la matière épuisée par l'alcool, elle a perdu la plus grande partie de son humidité, des sucres, des résines, etc.; on la sèche à l'étuve à 100-110° et l'on en prend le poids; la somme de celui-ci et du poids du résidu de la solution alcoolique donne le poids de la matière sèche.

On peut poursuivre l'analyse sur les deux parties séparées, ou bien réunir des parties aliquotes du résidu de la solution alcoolique et de la matière sèche broyée.

Produits liquides: *jus végétaux, laits, vins, cidres, bières, vinaigres, vinasses.* — La plupart de ces liquides contiennent des substances altérables à l'air à la température de 100° ou qui sont entraînées par la vapeur d'eau à cette température (glycérine).

Lorsqu'il s'agira de déterminations approchées, la dessiccation dans une capsule plate à l'étuve de Gay-Lussac ou au bain-marie suffira ; dans les autres cas, on aura recours à la dessiccation dans le vide sec à froid, ou à la dessiccation à 100° dans un courant de gaz inerte (voir 1re partie, chapitre I).

Nous indiquerons lorsqu'il sera nécessaire, les procédés à préférer dans chaque cas particulier.

§ 2. Dosage des cendres.

Le plus souvent on dosera les cendres par combustion au moufle, au rouge très sombre d'une partie ou de la totalité de la matière sèche.

§ 3. Analyse des cendres végétales.

Lorsqu'il s'agit de déterminer la composition des cendres végétales au point de vue de l'épuisement du sol, ou pour connaître les apports en matières minérales d'une litière, d'un engrais vert, etc., il suffit de déterminer dans les cendres les trois principaux éléments : *acide phosphorique, potasse* et *chaux.*

Dans ce cas, les méthodes utilisées pour l'analyse des engrais suffisent et peuvent être appliquées telles quelles.

Nous n'y insisterons donc pas, et nous passerons à l'analyse complète des cendres, que l'on a souvent à faire dans les recherches d'ordre physiologique.

Les cendres contiennent essentiellement : acide carbonique, acide sulfurique, acide phosphorique, chlore, silice, oxyde de fer, oxyde de manganèse, chaux, magnésie, potasse, soude.

De plus, on y rencontre souvent du sable ou de la terre et du charbon, en raison de la difficulté qu'on éprouve d'une part à laver complètement les plantes et d'autre part à obtenir des cendres bien blanches par la calcination ordinaire.

Nous ferons observer ici que la méthode de M. Schlœsing pour la préparation et le dosage des cendres, décrite page 13, est sans contredit la meilleure et qu'on doit y avoir recours chaque fois qu'il est possible de le faire.

Nous nous placerons dans le cas général, en supposant qu'il existe dans les cendres du sable et du charbon.

Dosage de l'acide carbonique. — On pèse 1 ou 2 grammes de cendres, et l'on y dose l'acide carbonique soit par la méthode pondérale (p. 86), soit par la méthode volumétrique (p. 89) de M. Schlœsing, en attaquant par l'acide chlorhydrique faible.

Dosage de la silice, du charbon et du sable. — La dissolution des cendres est transvasée et évaporée à sec au bain-marie dans une capsule de platine ; on maintient la matière à 100° pendant 5 ou 6 heures, en écrasant les grumeaux qui peuvent se former, et en humectant au besoin la masse avec quelques gouttes d'eau.

On peut activer un peu la dessiccation en chauffant au bain de sable, mais il faut éviter de dépasser 150°.

Lorsque la matière est complètement sèche et n'émet plus de vapeurs acides, on humecte la masse avec de l'acide chlorhydrique concentré, on laisse digérer une demi-heure, puis on ajoute assez d'eau distillée bouillante pour que la liqueur puisse se filtrer sans danger sur le papier.

On a préalablement séché à 100° et taré un filtre dans un

étui de verre ; on y passe le liquide, puis le résidu qu'on lave complètement à l'eau distillée bouillante ; on conserve le liquide filtré et les eaux de lavage.

On dessèche ensuite le filtre et son contenu à 110° et on en prend le poids ; l'augmentation représente l'ensemble de la silice, du charbon et du sable ; soit P.

On détache avec soin le résidu du filtre et on le fait tomber dans une capsule de platine contenant 10 centimètres cubes de solution saturée de carbonate de soude pur et 20 centimètres cubes d'eau distillée. On fait bouillir pendant une demi-heure et on filtre, sur le filtre qui a déjà servi. (Dans le cas de cendres riches en silice, comme celles des pailles ou des céréales avant floraison, il est bon de décanter seulement le liquide clair et de soumettre le résidu à un second traitement par le carbonate de soude.)

On lave complètement le charbon et le sable avec de l'eau distillée bouillante et l'on joint les eaux de lavage au liquide filtré.

On sursature celui-ci avec précaution par l'acide chlorhydrique, puis on évapore à sec dans une capsule de platine (celle qui a déjà servi), de manière à insolubiliser la silice ; on reprend par l'acide chlorhydrique, puis par de l'eau, on filtre, lave, dessèche à fond le filtre et la silice, puis calcine dans la même capsule de platine et pèse rapidement : soit p le poids de la silice.

P-p représente le poids du charbon et du sable qui sont restés sur le premier filtre ; on les dessèche et calcine ; soit p' le poids du sable restant : le poids du charbon est égal à P-p-p'.

Dosage de l'acide phosphorique. — Le liquide filtré

séparé de la silice, du charbon et du sable, dans lequel on a reçu les eaux de lavage est évaporé à sec en présence d'acide azotique ; on renouvelle deux fois l'évaporation pour chasser le chlore et on amène son volume à 30 centimètres cubes environ ; on y dose l'acide phosphorique soit par la méthode au molybdate (p. 71), soit par les méthodes citriques (p. 73) ; dans ce dernier cas il n'est pas nécessaire de chasser l'acide chlorhydrique.

Nota. — Nous décrivons à la fin de ce chapitre des méthodes spéciales pour le dosage de l'acide phosphorique.

Dosage de l'acide sulfurique. — On prend 4 à 5 grammes de cendres que l'on attaque par l'acide chlorhydrique étendu de trois fois son volume d'eau ; on évapore à sec pour insolubiliser la silice comme il est dit ci-dessus ; on reprend par l'acide chlorhydrique et on étend l'attaque à un volume déterminé (200 à 250 centimètres cubes).

On filtre sur un filtre sec et on conserve le liquide pour les dosages ultérieurs.

On prélève un volume de liquide correspondant à 1 gramme de cendres, on le porte à l'ébullition et on y verse goutte à goutte du chlorure de baryum jusqu'à précipitation complète.

On fait bouillir pendant quelques minutes, puis on laisse déposer et on décante le liquide clair sur un filtre Berzélius sans pli ; on lave le précipité de sulfate de baryte deux ou trois fois par décantation, puis sur le filtre en recueillant les eaux de lavage dans le même verre.

Après lavage complet, on sèche le filtre et le précipité ; on calcine dans un creuset de platine et on ajoute un précipité ; on calcine dans un creuset de platine et on ajoute au précipité deux ou trois gouttes d'acide azotique et une goutte d'acide sulfurique étendu, de manière à régénérer le sulfate de baryte qui a été réduit à l'état de sulfure par le charbon du filtre ; on évapore, on calcine avec précaution, en couvrant le creuset, et on pèse.

Le poids du sulfate de baryte multiplié par 0,343 donne le poids d'acide sulfurique anhydre (SO^3) correspondant.

Dosage de la potasse et de la soude. — La liqueur filtrée séparée du sulfate de baryte est évaporée presque à sec de manière à chasser la plus grande partie de l'acide libre, on y ajoute quelques gouttes de perchlorure de fer concentré, puis on l'aditionne d'un léger excès de lait de chaux pure ; on porte le tout à l'ébullition pendant un quart d'heure : on élimine ainsi l'acide phosphorique, le fer, le manganèse et la magnésie. On filtre, on lave, et dans la liqueur filtrée on précipite la chaux par le carbonate d'ammoniaque et l'ammoniaque ; on laisse déposer, on filtre dans une capsule de platine ; on évapore à sec, on chauffe légèrement au rouge ; on reprend par l'eau et on ajoute quelques gouttes de carbonate d'ammoniaque et d'ammoniaque ; s'il se produit encore un précipité, on filtre, évapore et calcine au rouge sombre. On pèse les chlorures alcalins ; soit P leur poids ; on dose ensuite dans ces chlorures la potasse à l'état de chloroplatinate (p. 77), on calcule la potasse en chlorure ; soit p : P—p est le poids du chlorure de sodium.

On en déduit facilement la soude.

Dosage de la chaux et de la magnésie. — On prend une partie de la solution préparée pour le dosage de l'acide sulfurique et des alcalis (p. 295), représentant un demi-gramme ou 1 gramme de cendres ; on ajoute de l'ammoniaque en très léger excès, puis de l'acide acétique jusqu'à ce que les phosphates alcalino-terreux se redissolvent : on chauffe légèrement et on filtre ; si le précipité de phosphate de fer est très abondant, on le lave sommairement, on le redissout dans l'acide chlorhydrique, puis on reprécipite par l'ammoniaque et l'acide acétique comme on vient de le faire, on filtre, lave à l'eau chaude et réunit les eaux de lavage aux liqueurs filtrées. On jette le précipité de phosphate de fer.

Si les cendres sont riches en manganèse, ce qu'indique un essai au chalumeau en chauffant une petite quantité de cendres avec de la soude sur une lame de platine dans la flamme extérieure, ou ce que l'on reconnait souvent à la couleur verte des cendres, il faut séparer ce manganèse : à la solution acidulée par l'acide acétique et contenant du fait du traitement précédent de l'acétate d'ammoniaque, on ajoute quelques gouttes de brôme ou de l'eau de chlore, en chauffant vers 50 à 60° ; le peroxyde de manganèse hydraté se sépare ; on filtre et lave le précipité dont on ne tient pas compte, car une partie du manganèse se trouve dans le phosphate de fer que l'on a séparé au début du traitement : il vaut mieux procéder à un dosage direct du manganèse comme nous l'indiquerons plus loin.

Quant au liquide filtré, on l'évapore s'il est nécessaire pour le ramener à un volume de 100 centimètres cubes environ, on y ajoute un peu d'acide acétique s'il vient à se troubler par l'évaporation : on précipite alors la chaux par un excès d'oxalate d'ammoniaque solide à l'ébullition et on filtre lorsque le précipité s'est bien déposé. On lave sommairement l'oxalate de chaux par décantation, on le redissout dans le verre même au moyen d'acide chlorhydrique, on étend d'eau et reprécipite par l'ammoniaque en excès et un peu d'oxalate d'ammoniaque. On laisse reposer jusqu'à ce que le liquide soit limpide, on décante sur le filtre qui a déjà servi, on lave et recueille ensemble le second liquide de filtration et les eaux de lavage qu'on évapore à petit volume après addition d'acide chlorhydrique jusqu'à réaction acide.

On mélange ce liquide réduit avec le premier liquide séparé de l'oxalate de chaux, on ajoute du phosphate de soude et de l'ammoniaque pour précipiter la magnésie à l'état de phosphate ammoniaco-magnésien.

On filtre, lave à l'eau ammoniacale, sèche, calcine et pèse le pyrophosphate : on multiplie son poids par 0,36 pour avoir la magnésie.

Quant au précipité d'oxalate de chaux qui est resté sur filtre, on le sèche et calcine au rouge-blanc dans le four Leclerc et Forquignon pour le transformer en chaux vive que l'on pèse.

Dosage du fer. — On prend une portion de solution chlorhydrique des cendres représentant 2 grammes de matière, et on évapore à sec après addition d'acide sulfurique pour chasser l'acide chlorhydrique ; on reprend par l'eau, on réduit le fer au minimum par le zinc et titre avec une liqueur de permanganate de potasse à 1 gramme par litre.

On opère comme il a été dit aux pages 119 et suivantes.

Dosage du chlore et du manganèse. — On attaque 1 gramme de cendres par 5 centimètres cubes d'acide azotique pur et 20 centimètres cubes d'eau distillée; on laisse digérer à froid pendant quelques minutes en agitant fréquemment, puis on laisse déposer et on décante le liquide limpide sur un filtre; on lave le résidu insoluble complètement à l'eau distillée chaude.

Le liquide filtré est additionné d'un léger excès d'azotate d'argent qui précipite le chlore à l'état de chlorure d'argent; on chauffe vers 70° en évitant l'action directe des rayons solaires, on agite pour rassembler le précipité et on filtre. On lave à l'eau acidulée par l'acide azotique puis à l'eau distillée, on sèche, puis on sépare le plus possible le précipité du filtre que l'on brûle dans un creuset de porcelaine; on humecte les cendres avec une ou deux gouttes d'acide azotique pour redissoudre l'argent réduit, puis on ajoute une goutte d'acide chlorhydrique, on évapore à sec et calcine légèrement; on ajoute alors le chlorure d'argent sec séparé du filtre, on chauffe avec précaution jusqu'au moment où le chlorure commence à fondre; on laisse refroidir et on pèse.

(Pour retirer le chlorure du creuset, on y met un peu de zinc et d'acide sulfurique étendu; le chlorure est réduit et le creuset se nettoie facilement).

Le poids du chlorure d'argent multiplié par 0,247 fait connaître le poids du chlore.

On sèche le filtre contenant les cendres lavées et on calcine pour détruire complètement le filtre et le charbon qui pouvait exister dans les cendres : cette calcination est rapide et ne nécessite pas de précautions spéciales, les alcalis ayant été enlevés par le traitement précédent.

On attaque ensuite la cendre dans une capsule par l'acide

azotique concentré bouillant en ayant soin de ne pas évaporer à sec; puis on étend d'eau, on porte à l'ébullition et, dès qu'elle est obtenue, on retire le feu : on ajoute alors dans la capsule 2 ou 3 grammes de minium en agitant au moyen d'une baguette de verre; il se développe une coloration violette due à la formation d'acide permanganique ; on laisse déposer puis on filtre sur de l'amiante lavée et calcinée, et on lave à l'eau distillée bouillante.

On titre alors la liqueur au moyen d'une solution d'azotate mercureux titré (5 grammes dans 1 litre d'eau acidulée par l'acide azotique) ajoutée au moyen d'une burette graduée jusqu'à décoloration, s'il y a peu de manganèse, ou jusqu'au jaune-vert, s'il y en a beaucoup.

La liqueur d'azotate mercureux est titrée au moyen de la liqueur de permanganate à 1 gramme par litre.

Celle-ci est à son tour titrée au moyen du fer métallique ou de l'acide oxalique.

Méthodes de dosage du phosphore total et du soufre total.

La calcination des matières organiques pour la préparation des cendres laisse le plus souvent échapper en combinaisons volatiles une partie du soufre et du phosphore contenus dans ces matières.

M. Berthelot a appelé l'attention sur ces pertes et donné une méthode générale de dosage du soufre et du phosphore dans les végétaux, les sols et les engrais[1].

---

[1] Berthelot. Compte rendu des travaux de la station de chimie végétale de Meudon, 1883-1889, dans les *Annales de la Science agronomique française et étrangère*, tome 1, 1890.

Nous la reproduisons ci-après ; nous indiquons également les méthodes par voie humide de M. Joulie, pour le dosage du soufre et de M. Garola, pour le dosage du phosphore.

A. Méthode de M. Berthelot. — Elle consiste à brûler le produit à analyser, préalablement desséché à 100°, dans un courant d'air, puis d'oxygène, et à diriger les vapeurs résultantes sur une longue colonne de carbonate de potasse ou de soude, pur et anhydre.

La matière (20 à 50 grammes) est contenue dans une longue nacelle de platine, faite avec une feuille repliée de ce métal.

On opère dans un tube de verre dur, à une température voisine du rouge, quoique insuffisante pour fondre le carbonate alcalin et même pour déterminer sa réaction au contact sur le verre du tube. Ce point est tout à fait essentiel.

On vérifie d'ailleurs par une épreuve à blanc, faite sur le même lot de tubes, qu'il ne se produit pas de sulfate dans les mêmes conditions ; certains échantillons de tubes étant susceptibles d'en fournir, et certains carbonates contenant des produits sulfurés.

Pour préparer les carbonates alcalins, on prend les bicarbonates purs que l'on chauffe avec ménagement dans un grand creuset d'argent sans les fondre, et l'on obtient comme résidu les carbonates de potasse ou de soude purs et anhydres sous une forme très convenable pour l'usage : on les garde dans des flacons secs et bien clos.

On en vérifie la pureté en chauffant au rouge 25 à 30 grammes de ces sels dans un tube de verre dur, pareil à celui des analyses dans un courant d'oxygène ; après refroidissement on dissout le contenu du tube dans de l'acide chlorhydrique étendu et on ajoute du chlorure de baryum : on ne doit pas obtenir trace de sulfate de baryte.

Lorsque l'on est assuré de la pureté du carbonate, on procède à la combustion comme il est dit ci-dessus.

Quand la matière organique a complètement brûlé, on prolonge encore quelque temps le courant d'oxygène, en maintenant la température voisine du rouge, de façon à transformer en sulfates, les sels alcalins sulfurés, formés tout d'abord sous l'influence du carbonate alcalin.

On laisse refroidir le tube, puis on en dissout le contenu dans une grande quantité d'eau, on acidule par l'acide chlorhydrique, on évapore à siccité pour insolubiliser la silice, on reprend par l'acide chlorhydrique et l'eau, on filtre et précipite par le chlorure de baryum ; on filtre, lave, sèche, calcine et pèse le sulfate de baryte avec les précautions que nous avons déjà indiquées.

Dosage du phosphore. — La liqueur filtrée séparée du sulfate de baryte peut servir au dosage de l'acide phosphorique. Le mieux est de l'évaporer à sec dans une grande capsule de porcelaine, de l'arroser à plusieurs reprises d'acide azotique en évaporant chaque fois à sec, de manière à chasser l'acide chlorhydrique, et enfin de précipiter par le molybdate d'ammoniaque (page 71). On transforme le phosphomolybdate en phosphate ammoniaco-magnésien, que l'on calcine et pèse sous forme de pyrophosphate de magnésie.

Méthode de M. Joulie[1]. — Cette méthode n'a été

1. H. Joulie, *Mémoire sur la composition et les exigences des céréales* (Moniteur scientifique de Quesneville, nᵒˢ de septembre, octobre, novembre 1894).

appliquée par son auteur qu'au dosage du soufre, mais elle convient également au dosage du phosphore.

On introduit 5 grammes de matière à analyser dans un matras de 1/2 litre de capacité, on ajoute 2 grammes de nitrate de potasse, puis 40 centimètres cubes d'acide nitrique fumant pur (on l'obtient en distillant sur du nitrate de potasse, dans une cornue en verre, l'acide nitrique fumant, *dit pur*, du commerce, après l'avoir agité avec du nitrate de baryte en poudre fine).

On place sur le col du matras un petit entonnoir et on chauffe au bain de sable. Il se produit d'abord une assez vive effervescence avec dégagement de vapeurs rutilantes. Puis il s'établit une ébullition tranquille, que l'on maintient aussi faible que possible pendant une douzaine d'heures. On enlève alors l'entonnoir et on évapore jusqu'à réduction du liquide à un volume de 10 centimètres cubes environ. On passe le liquide dans une capsule de platine, ainsi que l'eau de lavage du matras, et on évapore à sec au bain de sable.

Il suffit alors de quelques minutes de calcination sur une lampe à alcool ou même dans le moufle à gaz, pour achever de détruire la matière organique, qui est brûlée par le nitrate de potasse en excès, sans même qu'il y ait trace de déflagration, tant il en reste peu.

On reprend par l'eau, on transvase dans un verre de Bohème ou une capsule de porcelaine, on évapore plusieurs fois à sec après addition d'acide chlorhydrique de manière à chasser tout l'acide azotique; finalement on reprend par l'eau faiblement acidulée par l'acide chlorhydrique, on filtre et précipite à l'ébullition par le chlorure de baryum.

On décante le liquide clair après dépôt sur un filtre, on lave le précipité par décantation à l'eau bouillante, puis on le fait passer sur le filtre ; on sèche et calcine à une température modérée ; on achève comme il a été dit ci-dessus (page 295).

Nota. — Il est clair que sur la solution primitive entière, ou sur une partie, on peut doser l'acide phosphorique par la méthode au molybdate.

Méthode de M. Garola[1]. — Cette méthode a été employée par son auteur dans ses travaux sur la composition des céréales, et pour l'analyse des engrais organiques.

Le Congrès international de chimie appliquée tenu à Paris en juillet 1896 en a recommandé l'emploi.

On traite 2 grammes de la substance dans un ballon de 2(0 centimètres cubes, par 20 centimètres cubes d'acide sulfurique concentré et un demi-gramme de mercure, comme il s'agissait d'un dosage d'azote par la méthode Kjeldahl ; lorsque la matière est complètement dissoute, on ajoute 2 grammes de substance (s'il s'agit de céréales ou de produits relativement pauvres en acide phosphorique), et on poursuit l'ébullition jusqu'à ce que le liquide soit complètement décoloré ; on ajoute un peu d'acide sulfurique si cela paraît nécessaire.

On transvase le liquide dans une capsule de porcelaine de 11 centimètres de diamètre, on neutralise par l'ammoniaque, puis on réacidifie par l'acide azotique en excès.

1. Garola, *Annales de la Science agronomique française et étrangère*, tome II, 1890, et *Revue de chimie analytique appliquée*, n° 11, tome IV, 1896.

On filtre pour séparer les substances insolubles, on ajoute 5 grammes de nitrate d'ammoniaque, puis on précipite à l'ébullition par 30 centimètres cubes de nitro-molybdate à 50 grammes d'acide molybdique par litre, et on éteint le gaz.

On filtre, lave et transforme le phosphomolybdate en phosphate ammoniaco-magnésien, puis en pyrophosphate comme nous l'avons déjà dit (page 71).

§ 4. Dosage des matières grasses.

Le principe de la méthode consiste à extraire les corps gras de la matière sèche broyée, au moyen d'un dissolvant approprié : éther, sulfure de carbone, éther de pétrole, etc., à évaporer la solution, et à peser le résidu après dessiccation à 100°.

Il existe une foule d'appareils pour l'extraction de la matière grasse : nous n'en signalerons que quelques-uns dont l'emploi est particulièrement satisfaisant.

1° **Extraction par l'éther sans appareil spécial.** — Dans un tube assez large, finement étiré à une extrémité, on dispose la matière sèche sur un tampon d'amiante ou de coton : on remplit à peu près le tube d'éther, et on le bouche immédiatement au moyen d'un bon bouchon de liège afin que l'éther ne s'écoule pas immédiatement.

On place cependant le tube au-dessus d'une capsule à fond plat tarée qui servira à peser la graisse.

Après une heure de digestion, on débouche le tube, l'éther chargé de graisse s'écoule dans la capsule ; on renouvelle le traitement cinq ou six fois, suffisamment dans tous les cas pour qu'une goutte d'éther du dernier épuisement ne laisse plus de résidu sur un verre de montre ; puis on laisse l'éther s'évaporer à l'air et enfin on dessèche le résidu à 100° et on en prend le poids.

2° **Appareil de M. Schlœsing.** — Il se compose d'un ballon de 250 à 375 centimètres cubes de capacité dont le bouchon de liège, percé de deux trous, reçoit un tube condenseur dont la partie supérieure est couchée dans une cuvette parcourue par un courant d'eau froide, et se relie à une allonge munie d'un tube en S qui est montée sur le bouchon du ballon (fig. 57).

Le ballon est placé dans un bain-marie.

On place la matière convenablement broyée dans l'allonge sur un tampon de coton modérément serré ou dans un cornet de papier à filtre formé d'un disque plié en 8 suivant le rayon ; on la recouvre d'une couche mince de coton hydrophile, puis on dispose l'allonge sur le ballon ; on verse alors de l'éther qui s'écoule dans le ballon dès que son niveau dans l'allonge atteint le sommet du tube en S. On introduit ainsi dans l'appareil 80 à 100 centimètres cubes d'éther (ou de sulfure de carbone).

On assujettit alors tous les tubes dans les bouchons et l'on place l'appareil comme l'indique la figure. On chauffe l'eau du bain-marie au moyen de la flamme d'un bec de Bunsen que l'on règle de façon que la distillation de l'éther ne soit pas plus rapide que l'écoulement à travers la matière.

Au bout de cinq ou six heures, l'épuisement est en général terminé ; on s'en assure en évaporant quelques gouttes du liquide d'extraction recueillies à l'extrémité inférieure de l'allonge, qui ne doivent laisser aucun résidu.

On enlève alors l'allonge, et l'on engage l'extrémité du tube condenseur dans la petite branche d'un long tube

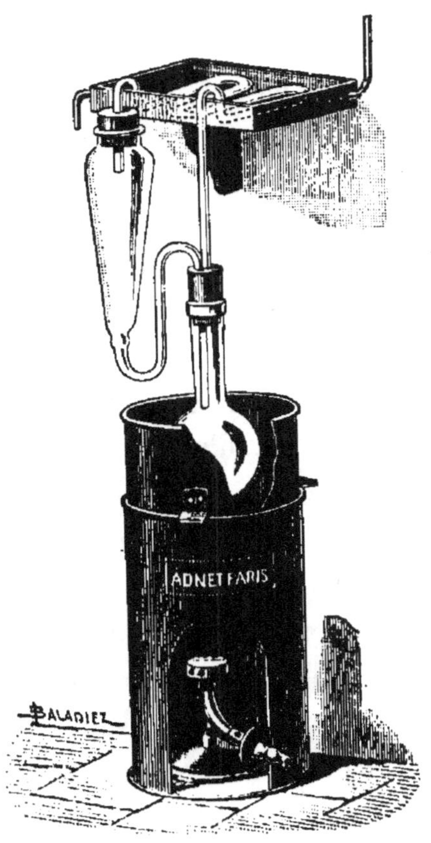

Fig. 57. — Appareil à extraction de M. Schlœsing.

courbé près d'une de ses extrémités à angle obtus. L'autre extrémité de ce tube entre dans un ballon de 100 centimètres cubes destiné à recueillir l'éther distillé.

Lorsqu'il ne reste plus que quelques centimètres cubes de liquide dans le ballon, on démonte l'appareil, on chasse le reste de l'éther au moyen d'une insufflation d'air sec dans le ballon maintenu au bain-marie, puis on retire le ballon de l'eau, on l'essuie et on le place à l'étuve à 100° pour dessécher complètement la matière grasse que l'on pèse.

Si le liquide d'extraction avait entraîné des substances solides, ce qui n'arrive pas si l'appareil est bien monté, on n'achèverait pas l'évaporation dans le ballon ; on filterait la solution trouble sur un petit filtre en recueillant le liquide filtré dans une capsule tarée ; puis on laverait ballon et filtre à l'éther et on évaporerait et dessécherait le liquide comme il a été dit.

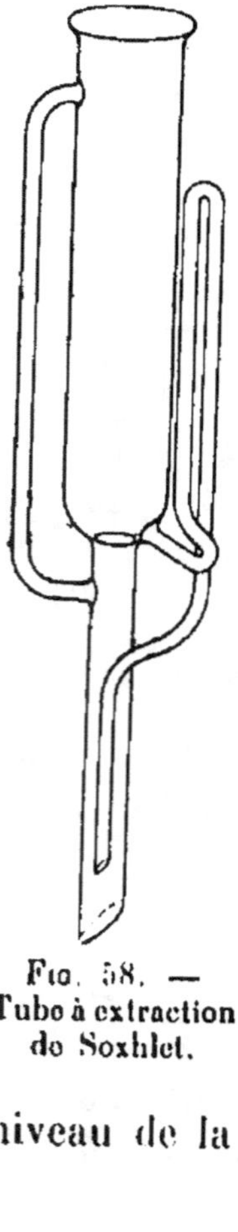

3° **Appareil de Soxhlet.** — Cet instrument, qui est d'un usage très commode, se compose d'un tube à extraction représenté dans la figure 58, monté par un bouchon de liège sur un ballon ou une fiole de 200 à 300 centimètres cubes de capacité, et réuni par sa partie supérieure au moyen d'un bon bouchon de liège à un condenseur quelconque (serpentin ou réfrigérant de Liebig, montés *per ascensum*). La matière est placée dans un tube en papier à filtre que l'on prépare sur un mandrin d'un diamètre un peu moindre que celui du tube à extraction ; on recouvre la matière d'un peu de coton hydrophile ; le niveau de la matière ne doit pas dépasser sensiblement

Fig. 58. — Tube à extraction de Soxhlet.

la courbure du petit tube siphon figuré sur la droite de la figure.

On introduit l'éther par le tube extracteur ; et on opère comme avec l'appareil de M. Schlœsing.

§ 5. Dosage des sucres.

Nous n'examinerons dans ce qui va suivre que les cas qui répondent aux exigences les plus fréquentes de la pratique ; car l'étude de tous les cas possibles serait très longue et conduirait parfois à des obstacles insurmontables dans l'état actuel de la science.

1° **Dosage du saccharose.** -- Lorsque le saccharose existe seul dans une substance, la méthode la plus rapide et la plus exacte pour le doser consiste dans l'emploi du polarimètre.

La solution aqueuse ou alcoolique déféquée par le sous-acétate de plomb, puis filtrée est examinée au polarimètre dans un tube de longueur convenable, en rapport avec la concentration de la liqueur. Nous renvoyons pour la description des saccharimètres aux ouvrages spéciaux et aux instructions dont les constructeurs accompagnent les instruments.

On observe une déviation a exprimée en degrés d'angle et *dixièmes* ; le volume du liquide étant v, la longueur du tube étant l (exprimée en décimètres), le pouvoir rotatoire du sucre de cannes $\alpha_j = 66°,8$, le poids p du sucre sera donné par la formule :

$$p = \frac{a\,v}{l\,\alpha} = \frac{a\,v}{l \times 66,8}$$

L'emploi de cette formule est très restreint, car dans la plupart des cas, on amène le liquide au volume de 100 centimètres cubes et on l'examine dans un tube de 20 centimètres, et la formule devient

$$p = \frac{a \times 100}{2 \times 66,8}$$

ou bien on amène le liquide, qui avait précédemment un volume de 100 centimètres cubes, au volume de 110 centimètres cubes par addition de 10 centimètres cubes de sous-acétate de plomb, et l'on emploie alors un tube de 22 centimètres, ce qui ne change pas la formule, car on a :

$$p = \frac{a \times 100}{2 \times 66,8} = \frac{a \times 110}{2,2 \times 66,8} = \frac{a \times 50}{66,8}$$

Cette formule est elle-même peu employée ; car les polarimètres sont munis d'une échelle saccharimétrique dont la lecture donne immédiatement la teneur en sucre dans les conditions suivantes : une plaque de quartz droit taillée perpendiculairement à l'axe et ayant une épaisseur de 1 millimètre, dévie à droite le plan de polarisation de la lumière de 21° 40′, soit 21°,66 ; une solution de 16^{gr},2 de sucre de cannes chimiquement pur dans l'eau distillée et dont le volume total est de 100 centimètres cubes, examinée dans un tube de 20 centimètres, donne la même déviation qui sert de base à la division du saccharimètre.

L'angle de 21° 40′ est divisé en 100 parties égales dont chacune est de 1 degré saccharimétrique, équivalant à 0^{gr},162 de sucre de cannes dans 100 centimètres cubes, la solution étant examinée en tube de 20 centimètres ; il résulte de là que si l'on extrait le sucre d'une prise d'essai de 16ᵍʳ,2 de matière, que l'on amène le volume à 100 centimètres cubes et que l'on examine le liquide au saccharimètre dans un tube de 20 centimètres, chaque degré saccharimétique observé correspondra à 1 pour 100 de sucre.

Il en serait de même pour une prise d'essai de 16ᵍˡ,2 dont dont le volume serait amené à 110 centimètres cubes, à condition d'examiner le liquide dans un tube de 22 centimètres.

Cas des liquides. — Lorsque le saccharose est contenu dans un liquide naturel, un jus de betterave, par exemple, on en mesure un volume connu (100 centimètres cubes), que l'on défèque au moyen du dixième de sous-acétate de plomb à 30 degrés Baumé (10 centimètres cubes), on agite fortement et on filtre.

On examine ensuite le liquide filtré dans un tube de 22 centimètres, et l'on applique la formule

$$p = \frac{50\,a}{66,{}^{\circ}8}$$

en lisant *a* sur la partie du limbe divisée en degrés d'angle.

Il est plus simple encore de lire la division saccharimétrique et de multiplier le nombre de degrés lu A par 0ᵍʳ162.

Vérification. — Lorsque l'on traite le saccharose par un acide étendu à chaud il s'hydrate et se transforme en *sucre inverti*, mélange à parties égales de lévulose et de dextrose, déviant à *gauche* le plan de polarisation de la lumière.

L'inversion se fait en chauffant au bain-marie 50 centimètres cubes du liquide sucré avec 5 centimètres cubes d'acide chlorhydrique pur fumant, à la température de 65-70° pendant 10 minutes ; on laisse refroidir le liquide jusqu'à 15° en plaçant le ballon dans l'eau froide. (Il suffit de 1 pour 100 en volume d'acide chlorhydrique à la température de 95-100° maintenue pendant 10 à 15 minutes pour invertir 20 grammes de saccharose.)

On remplit alors de ce liquide un tube de 22 centimètres et on détermine la déviation du plan de polarisation vers la gauche.

Soient D la déviation primitive du liquide à droite en tube de 20 centimètres, G la déviation à gauche après inversion, en tube de 22 centimètres, exprimées en degrés saccharimétiques, T la température (15°), la quantité x de saccharose par décilitre de liquide sera donnée par la formule empirique :

$$x = \frac{200 \ (D + G) \times 0^{gr},162}{288 - T}$$

La somme $D + G$ est la somme arithmétique des déviations : par exemple D $= + 100$, G $= - 38$ T $= 12$; on trouvera :

$$x = \frac{200 \times 138 \times 0,162}{288 - 12} = 16^{gr},2$$

comme on devait s'y attendre, puisque l'on a opéré sur le poids normal de saccharose pur.

(Dans les cas où les déviations avant et après inversion seraient *de même sens* (toutes deux à droite ou toutes deux à gauche), au lieu de faire la *somme* des déviations, on prend leur *différence*, et la formule ci-dessus reste applicable.)

Table de Clerget. — Les constructeurs de saccharimètres livrent avec les instruments, une table dressée par
Clerget et qui supprime le calcul indiqué par la formule
précédente ; comme toutes les sommes ou différences de
déviation n'y existent pas (elles se suivent à 3 ou 4 dixièmes),
on prend dans la table le chiffre qui se rapproche le plus de
la somme ou de la différence observée et l'on obtient le titre
en saccharose du liquide avec une approximation de quelques
centigrammes.

Lumière jaune pour saccharimètres. — On emploie le plus souvent le sel marin fondu, que l'on place
dans une cuiller de platine disposée dans la flamme du bec
de Bunsen, pour colorer celle-ci en jaune. M. Dupont a
indiqué récemment l'emploi d'un mélange de chlorure de
sodium et de phosphate tribasique de soude, fondu dans une
proportion voisine de leurs poids moléculaires ; ce mélange
fond plus facilement que le sel marin seul, il ne décrépite
pas, et donne une lumière jaune très favorable aux observations polarimétriques.

Pouvoirs rotatoires des principaux sucres.

Nous donnons dans le tableau suivant les pouvoirs rota-
toires des sucres les plus répandus, d'après les recherches
les plus récentes, en indiquant lorsqu'il y a lieu l'influence
de la température et de la concentration.

SUCRES	TEMPÉRATURE C°	LIMITES de CONCENTRATION	POUVOIRS ROTATOIRES (α) D
Sucre de cannes ($C^{12}H^{22}O^{11}$). . .	20	$p = 4 - 18$	$+ 66,81 - 0.015553\,p - 0,000052462\,p^2$.
Id. . . .	20	$p = 18 - 69$	$+ 66,386 + 0.015035\,p - 0,0003986\,p^2$.
Id. . . .	20	$c = 4 - 28$	$+ 66,67 - 0,00955\,c$.
Dextrose anhydre ($C^6H^{12}O^6$). . .	20	$p = 0 - 100$	$+ 52,50 + 0,018796\,p + 0.00051683\,p^2$.
Id. hydraté ($C^6H^{12}O^6 + H^2O$).	20	$p = 0 - 100$	$+ 47,73 + 0,015534\,p + 0,0003883\,p^2$.
Lévulose ($C^6H^{12}O^6$).	0-40	$c = 0 - 40$	$+ 100,3 - 0,108\,c + 0,56\,t$.
Sucre inverti.	20	$c = 1 - 14$	$+ 20,07 - 0,041\,c$.
Maltose ($C^{12}H^{22}O^{11}$).	15-35	$p = 5 - 35$	$+ 140,375 - 0,01837\,p - 0,095\,t$.
Lactose ($C^{12}H^{22}O^{11} + H^2O$). . .	20	$p = 0 - 36$	$+ 52,47$ (constant).
Dextrine.	. . . .	. . . . .	$+ 194,8$.
Amidon (empois).	. . . .	. . . . .	$+ 197$.
Amylodextrine	. . . .	. . . . .	$+ 194,8$.

(α) D pouvoir rotatoire à la lumière du sodium.
$p =$ poids en grammes de matière active dans 100 grammes de solution.
$c = pd =$ poids en grammes de matière active dans 100 centimètres cubes.

2° Dosage des sucres réducteurs par les liqueurs cuivriques. — Le glucose, le lévulose, le sucre interverti, le lactose, le maltose, réduisent les solutions alcalines d'oxyde de cuivre rendues stables par l'addition de tartrates alcalins ; il se précipite de l'oxydule de cuivre dont on peut déterminer le poids : c'est la méthode pondérale ; ou bien on peut partir d'un volume connu de liqueur cuivrique auquel on ajoute à l'ébullition assez de liquide sucré pour le décolorer complètement ; la liqueur cuivrique étant titrée par rapport au corps à doser, on déduit du volume de liquide sucré employé pour la décoloration la richesse en sucre de ce liquide : c'est le dosage volumétrique.

Avant de décrire ces deux méthodes, il n'est pas inutile de montrer que leurs conditions d'application doivent être parfaitement déterminées et que les indications des auteurs qui les ont imaginées ou transformées doivent être rigoureusement suivies, si l'on veut obtenir des résultats aussi exacts que possible.

Les conditions qu'il importe particulièrement de fixer sont : la concentration de la liqueur sucrée, celle de la solution cuivrique, la durée de la réduction, la rapidité de l'introduction de la liqueur sucrée dans le réactif cuivrique.

C'est ainsi que l'équivalent de sucre de raisins réduit 10 équivalents de bioxyde de cuivre, ou, ce qui revient au même, que 10 centimètres cubes de liqueur de Fehling correspondent à $0^{gr},050$ de sucre de raisins anhydre, lorsque la solution sucrée a un titre de 0,5 à 1 pour 100 et que la liqueur cuivrique est étendue de 4 parties d'eau (10 centimètres cubes de liqueur de Fehling et 40 centimètres cubes d'eau) ; si la liqueur sucrée est à 1 pour 100, un équivalent de sucre réduit 10,11 équivalents de bioxyde de cuivre, c'est-à-dire que 10 centimètres cubes de liqueur cuivrique ne valent plus que 0^{gr},0495 de sucre.

Si la liqueur cuivrique est employée pure, 1 équivalent de sucre réduit 10,52 équivalents de bioxyde de cuivre, la liqueur sucrée étant au titre de 1 pour 100.

Lorsque les premières portions de liquide sucrée arrivent dans la liqueur cuivrique, elles se trouvent en présence d'un grand excès de cuivre et le pouvoir réducteur est plus grand que vers la fin de l'opération.

Ce pouvoir varie donc continuellement, ce qui montre l'importance d'une grande régularité dans le mode opératoire.

Les différents sucres ne possèdent pas le même pouvoir réducteur : c'est ainsi qu'en employant 10 centimètres cubes de liqueur de Fehling étendus de 40 centimètres cubes d'eau et les sucres en solution à 1 pour 100, on constate que ces 10 centimètres cubes correspondent à

> 0^{gr},0495 de sucre de raisins ;
> 0^{gr},0515 de sucre interverti ;
> 0^{gr},0740 de maltose ;
> 0^{gr},0676 de lactose.

Il est à remarquer que le pouvoir réducteur de ce dernier sucre est sensiblement constant quelles que soient les concentrations et du liquide sucré et de la liqueur cuivrique.

Enfin, les divers sucres ne réduisent pas également vite les liqueurs cuivriques à la température de l'ébullition, il faut :

Pour le sucre interverti.. . . .	2 minutes.
Pour le sucre de raisins.. . .	2 —
Pour le maltose.	3 à 4 —
Pour le lactose.	6 à 7 —

La conséquence à tirer des observations qui précèdent est que le chimiste doit s'appliquer à suivre exactement les prescriptions relatives au procédé qu'il choisit, et à opérer *toujours* rigoureusement de la même manière.

Lorsque l'on emploie la méthode volumétrique, il est très recommandable de déterminer le titre de la liqueur cuivrique au moyen d'un échantillon pur du corps que l'on se propose de doser.

Nous indiquerons seulement quatre formules de liqueurs cuivriques, qui suffisent largement dans tous les cas, et nous remarquerons à propos de la multiplicité des formules tendant à obtenir des liqueurs stables, que la stabilité est due plutôt à la pureté des matières employées et aux soins apportés à la conservation qu'à la composition même des liqueurs.

1° *Liqueur de Fehling.*

Sulfate de cuivre pur.. . . . . 34^{gr},65
Eau distillée. 200,00

On dissout le sulfate de cuivre dans l'eau distillée bouillante.

D'autre part on dissout :

Tartrate double de potasse et de soude. . 173 grammes.

dans

Lessive de soude de densité 1,14.. . . . 480 centimètres cubes.

La première solution est versée par petites quantités, en agitant constamment dans la seconde, et le mélange, refroidi à 15°, est amené à un litre au moyen d'eau distillée ;

10 centimètres cubes de cette liqueur correspondent à $0^{gr}050$ de glucose ou de sucre interverti.

2° *Liqueur de Boussingault.*

Dissoudre :

Sulfate de cuivre pur. . . . .   40 grammes.

dans

Eau distillée bouillante. . . . . . . 200 centimètres cubes.

Ensuite, on dissout :

Soude caustique en plaques. . . . . 130 grammes.
Tartrate neutre de potasse. 160   —

dans

Eau distillée chaude. . . . . 600 centimètres cubes.

On mélange les deux liqueurs, on fait bouillir pendant deux ou trois minutes, et après refroidissement à 15° on complète le volume à 1 litre avec de l'eau distillée.

On décante le liquide dans un flacon pour l'usage.

3° *Liqueur d'Allihn.*

1° Dissoudre $34^{gr},60$ de sulfate de cuivre pur dans de l'eau distillée jusqu'à 500 centimètres cubes ;

2° Dissoudre 173 grammes de sel de Seignette, 125 grammes d'hydrate de potasse dans de l'eau distillée jusqu'à 500 centimètres cubes.

Conserver les deux solutions séparément ; cette formule est surtout employée pour les essais par pesée.

4° *Liqueur de Violette.*

1° Dissoudre sulfate de cuivre pur $36^{gr},46$ dans eau distillée 200 centimètres cubes ;

2° Dissoudre, sel de Seignette 200 grammes dans 500 centimètres cubes de lessive de soude caustique, densité 1,199 ou 24° Baumé, ou dans 600 centimètres cubes de lessive de soude, densité 1,18 ou 22° Baumé.

Verser lentement la dissolution cuivrique dans la dissolution alcaline ; compléter à 1 litre avec de l'eau distillée à la température de 15°.

Agiter le liquide pour le rendre hommogène, laisser déposer, décanter dans un flacon de verre brun et conserver à l'abri de la lumière.

A. **Méthode volumétrique.** — α) *Titrage de la liqueur.* — Pour l'emploi de cette méthode, la liqueur cupropotassique doit être titrée avec précision ; pour cela on pèse exactement $4^{gr},75$ de sucre candi pur et sec que l'on introduit dans un ballon avec 50 centimètres cubes d'eau distillée, et un demi-centimètre d'acide chlorhydrique concentré pur.

On place le ballon dans un bain-marie bouillant et on l'y laisse séjourner pendant 15 minutes ; puis on transvase dans une fiole jaugée de un litre et on complète le volume avec de l'eau distillée, après refroidissement à 15°.

Cette liqueur sucrée contient par suite de l'inversion du sucre de cannes, 5 grammes de sucre interverti par litre, soit 0,5 pour 100 ; c'est la concentration que l'on ne doit jamais dépasser aussi bien pour le titrage de la liqueur que pour les essais.

On place 5 ou 10 centimètres cubes de la liqueur cuivrique dans un large tube à essais (tube de Violette), d'une capacité de 80 centimètres cubes environ; on y ajoute 1 ou 2 centimètres cubes de lessive de soude à 36° Baumé, 10 ou 20 centimètres cubes d'eau et cinq ou six grains de pierre ponce calcinée, lavée à l'acide sulfurique, puis calcinée de nouveau.

On saisit le tube de Violette dans une pince en bois tenue de la main gauche, et on porte le liquide à l'ébullition en agitant le tube au-dessus de la flamme pas trop forte d'un brûleur de Bunsen; après une ou deux minutes d'ébullition, on ne doit constater aucune trace de précipité dans le liquide.

On place de nouveau le tube sur la flamme, et on y fait couler, au moyen d'une burette de Gay-Lussac, la solution titrée de sucre, très lentement pour ne pas interrompre l'ébullition: quand on en a introduit un demi-centimètre cube environ, la réduction commence, et l'on continue l'addition de liqueur sucrée, goutte à goutte, jusqu'à ce que la décoloration de la liqueur soit presque complète: à partir de ce moment, on observe le liquide, *qui doit toujours être bouillant,* après l'addition de chaque goutte de liquide sucré, par transparence sur une assiette ou un papier blanc; on note le volume de liqueur sucrée employé pour arriver à obtenir un liquide *incolore* surnageant le précipité rouge d'oxydule de cuivre après une à deux minutes de repos.

L'aspect du liquide *en pleine ébullition* guide l'opérateur et lui indique l'approche de la fin de l'opération: la masse d'abord bleu-foncé prend successivement une nuance violette, puis violet-rougeâtre, puis rouge brique, puis rouge pur plus ou moins vif et enfin rouge clair; le liquide, observé après un instant de repos, présente une couleur bleu-foncé qui s'éclaircit de plus en plus pendant que l'ensemble présente la succession de couleurs que nous venons d'indiquer, jusqu'à devenir incolore, lorsque le précipité présente la couleur rouge clair.

Enfin, lorsqu'on a obtenu la décoloration complète et noté le volume de liqueur sucrée correspondant, on peut vérifier le point final en ajoutant au liquide contenu dans le tube un dixième de centimètre cube, soit deux gouttes de liqueur sucrée : après une ébullition de deux minutes et repos d'une minute, le liquide surnageant le précipité prend une teinte jaune-paille, si le point du titrage est dépassé : cette teinte provient de l'action de l'alcali de la liqueur cuivrique sur le sucre interverti en excès.

Étant donné que chaque centimètre cube de liqueur sucrée renferme 5 milligrammes de glucose, il est facile de calculer la valeur de 1 centimètre cube de liqueur cupro-potassique.

Ce titrage doit être effectué de temps en temps pour éviter des erreurs provenant d'un changement de titre.

Nous bornerons là ces indications générales sur la méthode de titrage, car l'expérience seule apprend à bien titrer: il faut pour y arriver rapidement observer avec attention tous les phénomènes de la réduction et s'astreindre à opérer toujours de même, assez vite mais sans précipitation; si l'opération est lente, l'oxydule de cuivre se réoxyde au contact de l'air et l'on emploie plus de liqueur sucrée qu'il ne faudrait pour arriver à la décoloration.

Cet effet est surtout sensible lorsqu'on fait le titrage dans un ballon et à plus forte raison dans une capsule, la surface de liquide en contact avec l'air étant très grande ; aussi conseillons-nous l'usage exclusif du tube de Violette qui est d'un emploi très sûr.

β) *Pratique du dosage.* — La liqueur contenant le glucose ou le sucre interverti à doser doit être étendue ou concentrée de manière à renfermer une proportion voisine de 0,5 pour 100 de sucre réducteur, et dans tous les cas plutôt moins que plus ; on en remplit une burette de Gay-Lussac et l'on opère comme il a été dit pour le titrage.

Nota. — Lorsque l'on a des liquides très pauvres en sucre réducteur, on a quelquefois intérêt à préparer une liqueur cupro-potassique 5 fois ou 10 fois plus faible que la liqueur normale ; on la titre au moyen de la liqueur sucrée normale réduite au cinquième ou au dixième, de la même façon que la liqueur normale.

B. **Méthodes pondérales.** — Lorsque l'on soumet à l'ébullition un volume assez grand de liqueur cupro-potassique et que l'on y introduit une quantité de sucres réducteurs dissous insuffisante pour réduire la totalité ou mieux la plus grande partie du cuivre contenu dans la liqueur, le poids du précipité transformé par calcination en bioxyde de cuivre, ou par réduction subséquente en cuivre métallique est fonction du poids des sucres réducteurs contenu dans la prise d'essai.

Il n'y a pas proportionnalité entre les poids de cuivre ou d'oxyde de cuivre et le poids de sucre ; de plus, le pouvoir réducteur du glucose (sucre de raisins) n'est pas exactement le même que celui du sucre interverti (quant aux pouvoirs réducteurs du lactose et du maltose ils sont très notablement différents).

Nous décrirons cependant deux méthodes, dont l'une est basée sur l'usage d'un coefficient unique, tandis que la deuxième nécessite l'emploi d'une table établie d'après plusieurs déterminations faites avec des liqueurs de différentes richesses.

1° **Méthode de M. Aimé Girard.** — On porte à l'ébullition 25, 50 ou 100 centimètres cubes d'une liqueur cupropotassique (suivant la richesse en sucre du liquide à essayer), et on y laisse couler brusquement un volume de la dissolution sucrée insuffisant pour réduire la plus grande partie du cuivre de la liqueur; on maintient le tout à l'ébullition pendant deux minutes, et on jette le liquide sur un filtre Berzélius disposé sur un entonnoir Joulie, de façon à tenir le filtre plein; on lave immédiatement avec de l'eau distillée bouillante tenue prête à l'avance, jusqu'à ce que le liquide filtré n'ait plus la réaction alcaline ; on replie alors le filtre, on le dessèche dans une nacelle de platine tarée, on l'incinère puis on introduit la nacelle dans un tube de verre où l'on fait arriver un courant d'hydrogène sec et pur. Lorsque l'air est expulsé de l'appareil, on chauffe la nacelle au rouge très sombre jusqu'à réduction complète de l'oxyde. On laisse refroidir dans le courant d'hydrogène, et on pèse. L'augmentation de poids de la nacelle multipliée par $0^{gr},569$ donne le poids de sucre réducteur existant dans la prise d'essai.

2° **Méthode d'Allihn.** — On emploie les deux dissolutions indiquées plus haut sous le même nom ; on place dans un vase de Bohème d'environ 300 centimètres cubes,

30 centimètres cubes de la solution alcaline de sel de Seignette et pareil volume de dissolution de sulfate de cuivre ; puis on porte le mélange à l'ébullition.

On y verse ensuite 25 centimètres cubes de liquide sucré, qui ne doit pas renfermer plus de 1 pour 100 de sucre, on fait bouillir pendant une minute, et on filtre dans un tube de Soxhlet garni d'amiante (fig. 59) ou plus simplement dans un bout de tube à analyses étiré et garni d'amiante.

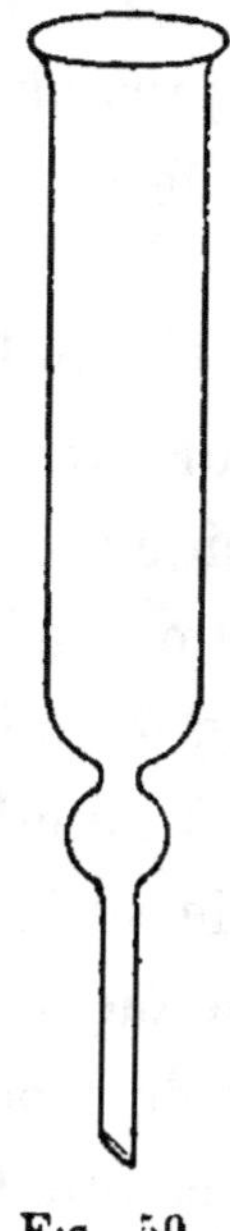

Fig. 59.
Tube à filtration
de Soxhlet.

Ce tube est d'abord séché puis pesé ; la filtration a lieu avec l'aide d'une trompe à eau ou d'un aspirateur ; on lave rapidement à l'eau froide, puis à l'alcool, puis à l'éther ; puis on sèche à l'étuve, et l'on réduit le protoxyde de cuivre par l'hydrogène comme il est dit plus haut : on pèse après refroidissement, et l'on cherche le poids de glucose correspondant au poids de cuivre trouvé dans la table d'Allihn, que nous ne reproduisons pas ici, car il est aussi facile de déterminer le glucose en résolvant l'équation

$$a\,x^2 + b\,x + c = p$$

dans laquelle

$p =$ le poids de cuivre réduit ;
$x =$ le poids de glucose cherché ;
$a = -\ 0,000753$;
$b = +\ 2,0514$;
$c = -\ 2,61.$

Nota. — Lorsqu'il s'agit *de sucre interverti*, et non de glucose, la formule ou la table d'Allihn ne sont plus applicables ; on emploie la table de Meissl, que nous reproduisons ci-dessous.

TABLE DE MEISSL

POUR LE DOSAGE DU SUCRE INTERVERTI PUR

Milligrammes de sucre interverti	Milligrammes de cuivre réduit	Milligrammes de cuivre réduit correspondant à 1 milligramme de sucre interverti	Milligrammes de sucre interverti	Milligrammes de cuivre réduit	Milligrammes de cuivre réduit correspondant à 1 milligramme de sucre interverti
50	96,0		140	259,4	
55	105,4		145	258,1	1,744
60	114,8		150	276,8	
65	124,2	1,876	155	285,2	
70	133,5		160	293,6	
75	142,9		165	302,1	1,684
80	152,1		170	310,5	
85	161,3		175	318,9	
90	170,5	1,840	180	327,2	
95	179,7		185	335,5	
100	188,9		190	343,7	1,656
105	197,8		195	352,0	
110	206,6		200	360,3	
115	215,5	1,772	205	368,2	
120	224,4		210	376,2	
125	233,2		215	384,2	1,592
130	241,9	1,744	220	392,4	
135	250,6		225	400,1	

Exemple. — Si l'on a trouvé 258 milligrammes de cuivre réduit, on cherche dans la table le nombre inférieur qui s'approche le plus de ce poids; c'est 250.6 qui correspond à 135 milligrammes de sucre interverti; il reste 258 — 250.6 = 7,4 milligrammes de cuivre non comptés, et la troisième colonne indique que, pour la concentration de la liqueur sucrée, $1^{mgr},744$ de cuivre réduit correspond à 1 milligramme de sucre interverti; $7^{mgr},4$ de cuivre valent donc $\frac{7.4}{1.744} = 4^{mgr}2$ de sucre à ajouter aux 135 milligrammes donnés par la table, soit $139^{mgr},2$ de sucre interverti.

3° **Dosage du maltose.** — Le maltose, qui se produit pendant la saccharification de l'amidon sous l'influence de la diastase, possède un pouvoir rotatoire environ trois fois plus grand ($+ 140°$) que celui du glucose, et un pouvoir réducteur qui est sensiblement un tiers plus faible; ainsi que nous l'avons dit plus haut, 10 centimètres cubes de liqueur de Fehling étendus de 40 centimètres cubes d'eau étant réduits par $0^{gr},0495$ de sucre de raisins en solution à 1 pour 100, exigeront $0^{gr},074$ de maltose.

On pourra donc déterminer le maltose par le saccharimètre (voir le tableau, page 316) ou par les liqueurs cuivriques par les méthodes volumétrique ou pondérale.

Le maltose se transforme rapidement en glucose par l'inversion en présence d'acide sulfurique étendu (1 pour 100).

On peut par conséquent vérifier le dosage du maltose par celui du glucose après inversion.

4° **Dosage du lactose.** — Le lactose réduit la liqueur de Fehling, mais son pouvoir réducteur est moindre que celui du glucose; c'est ainsi que 10 centimètres cubes de liqueur cuivrique étendus de 40 centimètres cubes d'eau n'exigent que $0^{gr},0495$ de glucose, en solution à 1 pour 100, tandis qu'il faut pour la réduction complète employer $0^{gr},0676$ de lactose.

Le dosage par les liqueurs cuivriques s'effectue comme pour le glucose, soit par pesée, soit volumétriquement, avec cette différence que la réduction est plus lente ; il faut maintenir le liquide à l'ébullition pendant 6 à 7 minutes.

Le lactose subit l'inversion par l'action des acides étendus à 100° et se transforme en un mélange de galactose et de glucose, mélange dont le pouvoir réducteur est égal à celui du glucose.

On pourra donc vérifier le titrage du lactose en l'intervertissant ; pour cela on le chauffera en solution à 1 pour 100, acidulée par 1 centimètre cube d'acide sulfurique pour 100 centimètres cubes de liquide, dans un flacon bouché pendant 5 heures au bain-marie à 100°, puis on dosera le sucre réducteur par la liqueur de Fehling.

Le pouvoir rotatoire du lactose hydraté est égal à $+ 52°,47$ et constant quelles que soient la température et la concentration ; il permet donc un dosage facile par la méthode polarimétrique. Il faut cependant noter que le lactose, comme plusieurs autres sucres réducteurs, ne prennent un pouvoir rotatoire constant dans les dissolutions aqueuses et à froid qu'après 24 heures ; ils acquièrent immédiatement cette constance par l'ébullition.

§ 6. Dosage de la cellulose.

a) *Dosage de la cellulose brute.* — Lorsque l'on procède à l'analyse d'un fourrage, il n'est pas absolument indispensable de déterminer la cellulose avec une grande précision. On peut se contenter du dosage de la cellulose brute ou ligneux, encore incrustée de matières azotées et de matières minérales.

La matière doit être réduite en poudre très fine ; pour y arriver le moulin Girard (fig. 60) est d'un excellent usage.

La poudre obtenue est rendue bien homogène ; on en pèse 3 grammes que l'on introduit dans un ballon de 750 centimètres cubes, avec 5 centimètres cubes d'acide chlorhydrique concentré et 200 centimètres cubes d'eau distillée.

On fait bouillir pendant une demi-heure, puis on laisse déposer et on décante le liquide clair au moyen d'un siphon. On lave deux ou trois fois par décantation, puis on ajoute 200 centimètres cubes d'eau distillée contenant en dissolution 2 à 3 grammes de potasse caustique et on fait bouillir de nouveau pendant une demi-heure.

On laisse déposer, lave par décantation, et on procède à un nouveau traitement par l'acide chlorhydrique, identique au premier.

On lave enfin par décantation à l'eau distillée et on fait tomber la matière sur un filtre taré, que l'on sèche après lavage complet.

On pèse dans un étui de verre pour éviter que la matière reprenne de l'eau ; l'augmentation de poids du filtre correspond à la cellulose brute contenue dans 3 grammes de matière.

On peut obtenir un dosage plus exact en dosant l'azote dans un poids connu de la cellulose par la chaux sodée ou la méthode Kjeldahl ; le taux d'azote obtenu est multiplié par 6,25 pour obtenir la quantité correspondante de matière azotée que l'on rapporte à la totalité de la cellulose et qu'on en retranche.

Sur le reste de la cellulose brute on dose les cendres par calcination, on en calcule la quantité totale que l'on retranche du poids corrigé déjà obtenu, et l'on a ainsi en définitive le taux approximatif de cellulose pure.

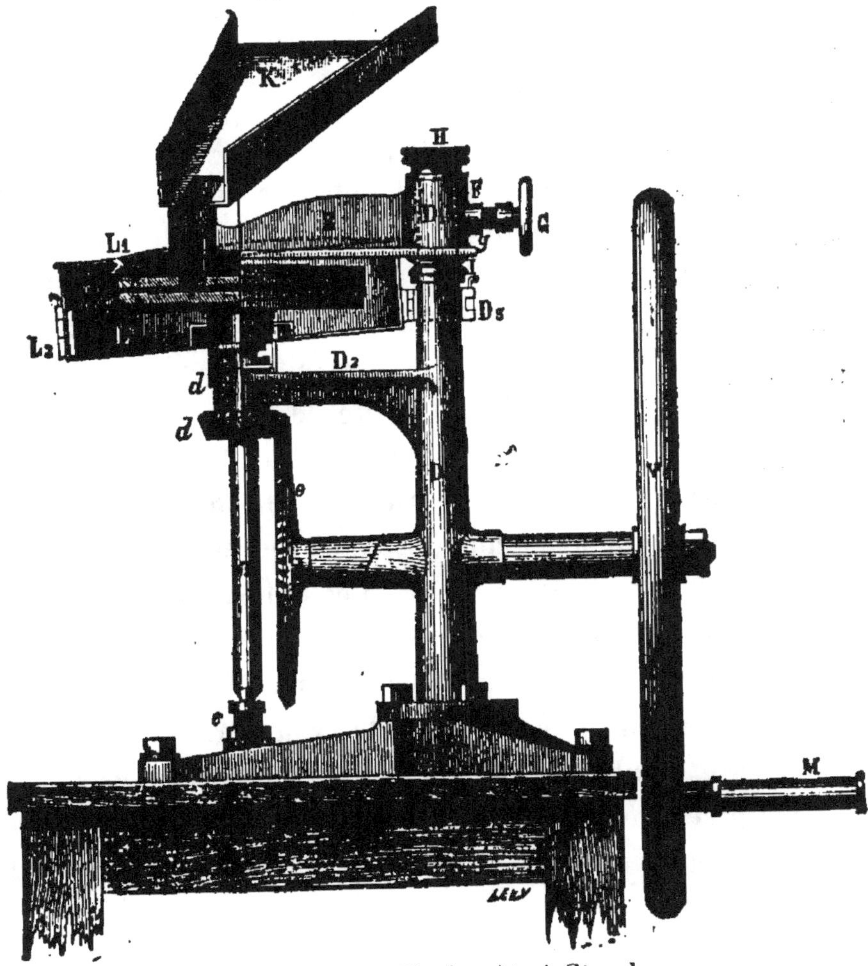

Fig. 60. — Moulin Aimé Girard.
A et B, meules de cuivre à lames d'acier. — K trémie. — H écrou de serrage.
— C vis de pression.

Cependant, dans les recherches exactes il est préférable de recourir au procédé suivant :

b) *Dosage de la cellulose pure.* — La matière finement divisée est d'abord épuisée successivement par l'éther, pour enlever les matières grasses et résineuses, par l'alcool, puis par l'eau acidulée à l'acide chlorhydrique à 5 pour 100; ensuite la matière subit un traitement à la potasse à 5 pour 100 pendant une demi-heure à l'ébullition, puis un lavage complet à l'eau distillée.

Ces traitements ont pour objet de débarrasser la cellulose des ciments organiques et des matières incrustantes qui en empêcheraient la dissolution ultérieure.

Dans le cas où la matière est très riche en amidon, on intercale entre le lavage à l'éther et celui à l'alcool, un traitement par la diastase ou par l'extrait de malt à 60-65° de manière à saccharifier la totalité de l'amidon si possible, ce qui rend les opérations suivantes plus faciles.

La matière étant ainsi purifiée, on la dessèche et on la traite dans un mortier couvert par 30 fois au moins son poids de réactif de Schweizer, en prolongeant le contact pendant au moins 12 heures, et en broyant fréquemment la matière.

On filtre ensuite sur un filtre à amiante couvert, en relation avec une trompe pour accélérer la filtration; on lave le mortier et le filtre au moyen de liqueur de Schweizer.

On précipite le liquide filtré par l'acide acétique employé avec précaution de manière à obtenir une réaction nettement mais faiblement acide.

On étend avec de l'eau, puis on laisse déposer les flocons de cellulose jusqu'au lendemain; on lave une ou deux fois par décantation, puis on passe la matière sur un filtre Berzélius lavé et taré à sec; on lave complètement à l'eau bouillante, on sèche à 100° et on pèse dans un étui de verre.

On calcine enfin la cellulose qui retient toujours du cuivre à l'état d'oxyde, dont on retranche le poids de celui de la cellulose ; la différence correspond à la cellulose pure.

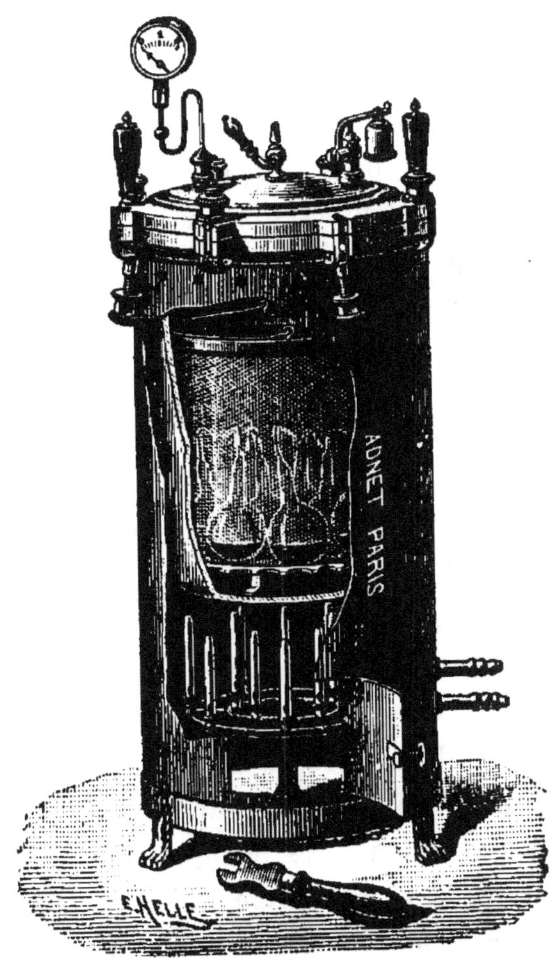

Fig. 61. — Autoclave de Chamberland.

§ 7. Dosage de l'amidon et de la fécule.

Procédé Maercker. — Ce procédé, qui n'exige pas l'emploi de la diastase pour la solubilisation de l'amidon convient

19.

surtout pour l'analyse des grains tendres et de la pomme de terre; pour les grains durs, il ne réussit bien qu'à la condition d'obtenir une mouture très fine.

On emploie 3 grammes de la substance sèche réduite en farine aussi fine que possible, que l'on introduit dans une fiole d'Erlenmeyer de 150 centimètres cubes de capacité, avec 45 centimètres cubes d'eau et 5 centimètres cubes d'acide lactique à 1 pour 100; on chauffe la fiole à l'autoclave (fig. 61) à la température de 135° pendant 4 heures.

Après ce temps on éteint, et dès que la pression est retombée à une atmosphère, on ouvre le robinet avant de démonter le couvercle; puis on filtre la matière chaude sur un entonnoir garni de coton de verre, disposé sur un flacon en relation avec une trompe à eau; on lave à plusieurs reprises au moyen d'eau bouillante, puis on s'assure que le résidu restant sur le filtre ne donne plus la réaction de l'amidon au contact de la liqueur d'iode.

On ajoute alors au liquide filtré, qui occupe un volume d'environ 150 centimètres cubes, 20 centimètres cubes d'acide chlorhydrique concentré et on chauffe au bain-marie bouillant pendant trois heures environ : le volume du liquide doit être réduit à un tiers par évaporation.

On neutralise à peu près le liquide avec une lessive de soude caustique d'un poids spécifique de 1,33, en laissant une très légère réaction acide, puis on filtre dans une fiole jaugée de 250 centimètres cubes, on lave et on complète le volume avec de l'eau.

Sur 10 centimètres cubes du liquide obtenu, on dose le glucose formé par l'une des méthodes précédemment décrites. (Voyez p. 317.)

Nota. — Dans le cas des graines dures, il sera bon de les dessécher et d'en extraire la graisse avant de procéder au broyage définitif ; on tiendra compte de la différence de poids causée par le départ de l'eau et l'extraction de la matière grasse, dans la pesée de la prise d'essai.

2° *Procédé basé sur l'emploi de la diastase*. — La méthode précédente ne donne que des résultats approchés, qui peuvent cependant suffire dans la plupart des cas, surtout dans l'analyse des grains.

Celle que nous allons décrire est d'une plus grande rigueur et d'un emploi plus général.

L'échantillon destiné à l'analyse devra être finement moulu, soit avant tout traitement si cela est possible, soit après dessiccation et extraction de la graisse dans le cas contraire ; on tiendra compte des pertes de poids éprouvées par la matière par suite de ces traitements pour prélever l'échantillon définitif.

Celui-ci correspondra à 3 grammes de matière première s'il s'agit de grains et à 5 grammes au moins dans le cas des fourrages ou pailles ; on le traitera successivement par l'éther, puis par l'alcool à 80° à la température de 35 à 40° puis enfin par l'eau à la même température, de façon à extraire les graisses et résines, le sucre, les composés azotés et les hydrates de carbone solubles.

On transformera ensuite l'amidon en empois en faisant bouillir le résidu pendant une demi-heure avec 50 centimètres cubes d'eau ; puis on laissera refroidir à 62-63°, et on ajoutera environ 0^{gr},030 de diastase (dont nous donnons plus loin la préparation) dissoute dans quelques centimètres cubes d'eau ; on maintient la température à 62-63° pendant

24 heures, puis on filtre sur du coton de verre, à l'aide de la trompe et on lave à l'eau distillée jusqu'à obtenir un volume de 100 centimètres cubes ; on y ajoute 100 centimètres cubes d'eau contenant 4 grammes d'acide sulfurique ; puis on chauffe tout ou partie du mélange dans un flacon placé au bain-marie bouillant, que l'on bouche dès que le liquide a atteint 100° ; on maintient à cette température pendant 5 heures, puis on laisse refroidir et on dose le glucose formé par la liqueur de Fehling (méthode pondérale, p. 324) sur une partie du liquide que l'on neutralise d'abord presque complètement au moyen de lessive de soude de densité 1,33.

PRÉPARATION DE LA DIASTASE. — On écrase très finement 2 kilogrammes de malt d'orge que l'on trempe dans une quantité d'eau juste suffisante pour couvrir la farine ; après 3 ou 4 heures, on presse, on filtre le liquide et on y ajoute de l'alcool à 90° jusqu'à ce qu'il se produise un trouble laiteux au-dessus du précipité floconneux qui se forme ; on filtre, on lave le précipité d'abord avec de l'alcool à 80°, puis avec de l'alcool absolu ; on le presse dans des linges à plusieurs reprises, puis on le sèche dans le vide au-dessus de l'acide sulfurique.

3° *Procédé Baudry.* — Ce procédé s'applique avec avantage au dosage de la fécule dans la pomme de terre ; il peut rendre de grands services pour la sélection, en raison de sa rapidité.

La pomme de terre étant réduite en râpure très fine, on en pèse 2^{gr},75 que l'on place dans une fiole jaugée de 200 centimètres cubes en verre mince, avec 90 centimètres cubes d'eau et 0^{gr},500 d'acide salicylique.

On ferme la fiole au moyen d'un bouchon portant un long tube condenseur, et on chauffe à l'ébullition au bain de sable ou au bain d'eau salée pendant une demi-heure ; on remplit presque complètement d'eau froide, on ajoute 1 centimètre cube d'ammoniaque à 22° qui donne à la liqueur une teinte jaunâtre, favorable à l'observation ; on refroidit à 15° et on affleure au trait de jauge avec de l'eau ; on mélange la masse, on filtre et on observe au saccharimètre dans le tube de 40 centimètres.

On multiplie le résultat en degrés saccharimétriques par 2 : le nombre obtenu représente la richesse de la pomme de terre en fécule.

4° *Procédé Leclerc.* — Ce procédé, basé sur la solubilisation de l'amidon par le chlorure de zinc, est employé avec succès pour le dosage de l'amidon dans les pailles et les fèces au Laboratoire de la Compagnie générale des voitures, à Paris.

Nous ne décrirons que la méthode pondérale d'après le *Traité d'analyse des matières agricoles,* de M. L. Grandeau, 3e édition, 1897.

On pèse 2 grammes de matière finement pulvérisée, s'il s'agit de grains, et 5 grammes, s'il s'agit de pailles, foins, fèces. On les introduit dans un flacon de 200 centimètres cubes, avec 10 centimètres cubes d'eau distillée et on agite afin de bien humecter la masse et de l'étaler sur la paroi du flacon ; de cette façon, on ne risque pas de voir le chlorure de zinc former des sortes de rognons au centre desquels la matière resterait inattaquée.

Lorsque l'humectation est obtenue, on verse sur la matière 180 centimètres cubes d'une solution de chlorure neutre de zinc de 1,450 de densité. On agite puis on chauffe au bain d'eau salée à 108° pendant une heure à une heure et demie ; on laisse refroidir et on verse son contenu dans une fiole jaugée de 250 centimètres cubes ; on lave le flacon avec la solution de chlorure de zinc qui a déjà servi et on complète jusqu'au trait de jauge avec cette solution ; s'il s'agit de grains, dont les membranes cellulaires n'ont qu'un volume négligeable ; dans le cas des fourrages fibreux, on amène le volume à 253 centimètres cubes pour tenir compte du volume de la matière non dissoute ; on mélange par agitation et on filtre ; la filtration est très lente et le liquide opalescent.

On prélève un volume connu, 25 centimètres cubes par exemple, de cette dissolution zincique d'amidon que l'on met dans un vase à précipiter de 150 centimètres cubes ; on y ajoute 2 centimètres cubes d'acide chlorhydrique puis 3 fois son volume, soit 75 centimètres cubes d'alcool à 90°, ou 2 volumes et demi d'alcool à 95°. La précipitation de l'amidon des grains est instantanée, mais le précipité se dépose lentement ; pour les pailles, la précipitation exige au moins douze heures ; on attend en général 24 heures, puis on décante, on lave le précipité par décantation avec de l'alcool à 90° contenant 5 centimètres cubes d'acide chlorhydrique dans 1 litre ; on passe la matière sur un filtre taré et on lave jusqu'à élimination du chlorure de zinc ; on termine le lavage avec de l'alcool neutre pour enlever l'alcool acide, puis on dessèche et on pèse.

On calcine ensuite le précipité et le filtre et l'on retranche le poids des cendres du poids de l'amidon brut.

Le précipité peut contenir, en outre, un peu de matière

azotée : on peut en tenir compte en faisant un dosage d'azote; mais A. Leclerc a trouvé que la quantité de matières azotées est sensiblement constante pour une même espèce de grains : ainsi pour le maïs, 150 milligrammes de précipité contiennent de 1,5 à 2 milligrammes de matières azotées (et environ 5 milligrammes de matières minérales) ; pour l'avoine, la proportion des matières azotées est un peu plus forte ; pour les pailles, elle devient négligeable ; 27 milligrammes de précipité contiennent moins de un demi-milligramme (et 2 milligrammes de matières minérales).

PRÉPARATION DU CHLORURE DE ZINC. — On fait dissoudre un excès de zinc dans l'acide chlorhydrique du commerce. Lorsque l'attaque est terminée, la solution étant colorée, on y ajoute une solution concentrée de caméléon jusqu'à décoloration complète.

On décante le liquide limpide et incolore dans une capsule de porcelaire et on le porte à l'ébullition ; à ce moment on ajoute par petites portions de l'oxyde de zinc tant que le liquide peut en dissoudre. On laisse refroidir, on filtre et la solution est prête à servir; elle a une densité de 1,430 à 1,450.

§ 8. Dosage du tannin.

Le tannin est très répandu dans les végétaux ; parfois, il y existe en forte proportion, comme dans les écorces et certains bois; ailleurs, il est en proportions minimes, comme dans les fruits, et dans les jus de fruits fermentés ; nous décrirons trois méthodes, dont l'une est d'application générale, tandis que les deux autres sont des méthodes applicables à des cas particuliers.

1º Méthode de Neubauer-Löventhal modifiée.

— *Principe de la méthode.* — Elle est basée sur l'oxydation de l'acide tannique en solution sulfurique par le permanganate de potasse en présence d'un excès de carmin d'indigo : la liqueur doit être *étendue,* et il doit y avoir en présence de l'acide tannique assez d'indigo pour que celui-ci exige deux fois plus de caméléon que l'acide tannique ; dans ce cas, l'oxydation de l'acide tannique est complète lors de la décoloration de l'indigo.

Si l'on détermine le volume de permanganate consommé pour la décoloration de l'indigo seul, on aura par différence le volume de permanganate utilisé pour l'oxydation du tannin : connaissant le titre du permanganate par rapport au tannin pur, on pourrait calculer facilement la richesse en tannin du liquide, si celui-ci ne renfermait que du tannin.

Mais les substances tannifères renferment à côté du tannin de nombreuses matières organiques agissant sur le permanganate et qui seraient comptées comme tannin.

(Dans la méthode Neubauer simplifiée, on néglige l'influence de ces matières, et on en diminue l'importance en titrant le plus vite possible ; cette méthode simplifiée n'est à recommander que pour des dosages approximatifs dans des substances riches.)

Pour tenir compte des matières non tannantes, on sépare le tannin dans une partie de la dissolution au moyen du noir animal, de la peau en poudre, ou mieux encore du tissu gélatineux des os ou de la partie médullaire des cornes ; le titrage au permanganate de la solution privée de tannin, additionnée de teinture d'indigo, donne le volume de permanganate utilisé par les matières non-tannantes ;

le titrage de la solution entière, additionnée du même volume d'indigo que précédemment, correspond à l'ensemble du tannin et des matières non-tannantes ; la différence permet de calculer le tannin.

RÉACTIFS NÉCESSAIRES. — 1° *Solution de permanganate de potasse à 1 gramme par litre.* — On la titre par rapport au *tannin de noix de galle pur* et sec dont on fait une solution à 1 pour 1000 ; cette solution ne se conserve pas, à moins qu'on la répartisse dans de petits flacons bouchés hermétiquement que l'on chauffe au bain-marie à 70° pendant quelques heures.

Si l'on ne possède pas de tannin pur, on peut titrer la solution de permanganate par rapport à l'acide oxalique décime normal, c'est-à-dire à 6^{gr},3 par litre : ce poids équivaut à 4^{gr},157 d'acide tannique pur de la noix de galle, d'après Neubauer.

2° *Dissolution de carmin d'indigo.* — On dissout dans un peu d'eau 40 grammes de carmin d'indigo très pur en pâte ; on ajoute 60 centimètres cubes d'acide sulfurique monohydraté, on complète le volume à 1 litre avec de l'eau distillée et on filtre.

3° *Peau en poudre.* — On la trouve toute préparée dans le commerce.

4° *Tissu gélatineux des os* ou *partie médullaire des cornes.* — On concasse en gros morceaux des os tubulaires dont on a enlevé les têtes et la moelle, ou bien on concasse de même la partie osseuse qui se trouve à la base des cornes ; on laisse digérer 2 jours dans une lessive de soude à 5 pour 100 ; on brosse les morceaux, on les lave à plusieurs reprises à l'eau, en les laissant chaque fois quelques heures en contact ; puis on les laisse jusqu'à ramollissement complet dans de l'acide chlorhydrique étendu de 7 fois son volume d'eau ; après ce traitement, on les lave à peu près complètement, puis on les broie au moulin soit encore humides, soit après dessiccation.

On laisse de nouveau la poudre grossière en digestion dans de l'acide chlorhydrique au vingtième ; puis on lave à l'eau ordinaire et enfin à l'eau distillée ; on fait égoutter et dessécher la matière. Il est bon de la tamiser en différentes grosseurs et d'employer chacune d'elles séparément.

Marche de l'opération. — La dissolution de la substance à analyser doit renfermer de $0^{gr},5$ à 1 gramme de tannin par litre.

On prendra donc 10 grammes d'écorce de chêne réduite en poudre fine que l'on traitera à l'ébullition à quatre reprises, chaque fois pendant un quart d'heure par l'eau distillée ; on décantera les liquides dans une fiole d'un litre dans laquelle on recevra les eaux de lavage de l'écorce ; on complétera au trait de jauge après refroidissement ; puis on filtrera.

Lorsqu'il s'agira d'extraits tout préparés, on en prendra un poids convenable, en rapport avec leur richesse présumée ou approximative ; mais avant de procéder à la dissolution, on évaporera à sec au bain-marie la prise d'essai additionnée d'une goutte d'acide acétique, pour insolubiliser les matières pectiques ; on épuisera le résidu par l'alcool à 95°, et on évaporera de nouveau au bain-marie la solution alcoolique de manière à bien chasser tout l'alcool, puis on dissoudra le résidu dans l'eau distillée et on étendra au volume convenable.

Titrage du permanganate. — Si l'on établit le titre du permanganate par le tannin pur, on procède de la manière suivante : on commence par titrer l'indigo ; pour cela, on verse dans un vase à précipiter de 1 litre, 700 centimètres cubes d'eau distillée et 20 centimètres cubes de solution d'indigo ; le vase étant placé sur une assiette de porcelaine blanche, on y fait couler la liqueur de permanganate contenue dans une burette graduée, en agitant constamment. La liqueur passe successivement du bleu foncé, au vert foncé, au vert clair, au vert jaunâtre, puis en ajoutant goutte à goutte et lentement le caméléon, au jaune d'or. Le passage du vert au jaune est très net si l'indigo est bien pur.

On note alors le volume de caméléon employé ; s'il est voisin de 20 centimètres cubes, la liqueur d'indigo est d'une force convenable ; sinon on la corrige par addition d'eau ou de carmin d'indigo.

Soit 19 centimètres cubes le volume de caméléon employé.

On place dans un vase à précipiter de 1 litre, 700 centimètres cubes d'eau distillée, 10 centimètres cubes de la solution titrée de tannin et 20 centimètres cubes d'indigo, et on titre comme précédemment.

Soit 22^{cc}6 le volume de caméléon employé.

La différence, 26,6 — 19 = 7,6 représente le volume de caméléon correspondant à 10 centimètres cubes de solution de tannin, soit 10 milligrammes de tannin ; 1 centimètre cube de permanganate équivaut donc à 0^{gr},0013157 de tannin.

Le titrage de la liqueur devra être vérifié par une deuxième opération.

Il reste maintenant à procéder au dosage : on place dans un vase à précipiter de 1 litre, 700 centimètres cubes d'eau,

10 centimètres cubes de la dissolution de la matière et 20 centimètres cubes d'indigo ; on y verse le caméléon contenu dans la burette de façon à arriver à la *même* teinte jaune d'or que dans les essais précédents au. bout d'un temps déterminé, 4 minutes par exemple ; le volume de caméléon ne doit pas dépasser 30 centimètres cubes ; si cela arrivait, la solution tannique devrait être étendue ou le volume de la prise d'essai diminué dans une proportion convenable.

Soit 29 centimètres cubes le volume de caméléon employé.

Dans un petit ballon on humecte 5 grammes de noyau de corne ou d'os préparés avec 50 centimètres cubes d'eau ; on ajoute 50 centimètres cubes du liquide à essayer, on bouche et on laisse digérer 12 heures en agitant de temps à autre ; puis on filtre un peu du liquide, on le concentre et on y ajoute quelques gouttes d'une solution de gélatine limpide saturée de sel marin ; il ne doit pas se produire de précipité, si tout le tannin est fixé par la matière absorbante. Sinon on ajoute encore 2 ou 3 grammes d'os ot on laisse de nouveau digérer.

Quand le but est atteint, on filtre, on prend 40 centimètres cubes du liquide filtré correspondant à 20 centimètres cubes du liquide primitif, on les introduit avec 700 centimètres cubes d'eau distillée et 20 centimètres cubes de teinture d'indigo dans un vase de 1 litre et l'on titre au caméléon.

Soit 23 centimètres cubes le volume de caméléon employé ; il correspond aux matières non tannantes de 20 centimètres cubes de liquide d'essai et à 20 centimètres cubes d'indigo. Or ceux-ci exigent 19 centimètres cubes de caméléon ; les matières non tannantes en exigent donc 23 — 19 = 4 pour 20 centimètres cubes et 2 pour 10.

De même 10 centimètres cubes du liquide d'essai exigent 29 — 19 = 9 centimètres cubes de caméléon pour le tannin et les matières non tannantes, indigo déduit.

Il en résulte enfin que 10 centimètres cubes du liquide d'essai exigent 9 — 2 = 7 centimètres cubes de caméléon pour l'oxydation du tannin qu'ils renferment ; ce qui correspond à $7 \times 0^{gr},0013157 = 0^{gr},0092099$ pour 10 centimètres cubes à $0^{gr},92099$ pour 1 litre ou 10 grammes d'écorce et à $9^{gr},21$ pour 100 grammes d'écorce.

2° **Méthode de Müntz et Ramspacher.** — Cette méthode est d'une exécution facile et rapide et convient surtout pour l'analyse des matières tannantes riches : écorces, bois, extraits ; elle n'est pas applicable aux matières pauvres.

Elle est basée sur ce fait que la peau préparée pour le tannage absorbe le tannin d'une dissolution d'écorces, et laisse passer les matières non tannantes.

La détermination de l'extrait sec du jus avant et après filtration fournira par simple différence le poids de tannin.

On commence par broyer au moulin un échantillon moyen de l'écorce à analyser et on en pèse 20 grammes que l'on introduit sur un tampon de coton dans une allonge étroite, et l'on épuise la matière par de petites quantités d'eau bouillante que l'on ne verse sur la substance que lorsque la précédente portion est complètement écoulée ; le liquide qui s'écoule de l'allonge est reçu dans une fiole jaugée à 200 centimètres cubes, que l'on remplit jusqu'au trait au moyen des eaux de lavage. On laisse refroidir, on complète le volume, on mélange par agitation et on prélève

20 centimètres cubes du liquide que l'on place dans une capsule à fond plat ; le reste de la solution est introduit dans l'appareil de Müntz et Ramspacher.

Il se compose d'un cylindre court porté sur un socle creux, que l'on ferme à sa partie inférieure par un morceau de peau sortant du *travail de rivière*, c'est-à-dire qui après avoir été dépoilé, a séjourné quelques jours dans l'eau courante. On choisit dans le bœuf le flanc, dans la vache le flanc et la tête, dans le veau la tête.

Si la peau a été dépoilée à l'échauffe, ce qui vaut mieux, on s'en sert telle quelle ; si elle a été dépoilée à la chaux, on la malaxe pendant quelque temps dans l'eau pour en faire sortir la chaux.

Dans tous les cas, le morceau coupé à la grandeur voulue est exprimé à la main pour en faire couler l'eau qui l'imbibe.

On le pose sur le socle et on dispose le cylindre que l'on serre au moyen des pinces à vis *p*.

La partie supérieure du cylindre est fermée par un fond en caoutchouc C, sur lequel porte un champignon monté sur une tige à vis *v* qui permet d'exercer une pression graduelle sur le caoutchouc.

Latéralement, la couronne est percée d'un orifice en forme d'entonnoir, servant à introduire le liquide, et que l'on ferme au moyen d'un bouchon à vis *h*.

Entre les pieds du socle on place un gobelet de verre R destiné à recevoir le liquide filtré privé de tannin (fig. 62).

Le liquide étant introduit dans l'appareil, on fait tourner la vis pour comprimer le caoutchouc, ce qui force le liquide à filtrer à travers la peau P ; on rejette les 10 ou 15 centimètres cubes qui passent en premier lieu et qui contiennent l'eau imbibant la peau ; quand on a obtenu ensuite 25 centimètres cubes, on en prélève 20 que l'on place dans une capsule à fond plat, en même temps que la première qui

contient la solution primitive, et l'on évapore à sec, à l'étuve de Gay-Lussac ; puis on porte les deux capsules à l'étude de Wiesnegg à 110° pendant une demi-heure et on pèse. La différence de poids des extraits indique la quantité de tannin contenue dans 20 centimètres cubes de la solution. On multiplie ce poids par 50 pour avoir la teneur en tannin de 100 parties d'écorce.

3° Méthode de M. Aimé Girard. — Ce procédé, qui est particulièrement destiné au dosage des matières tanniques et astringentes des vins, et qui convient parfaitement à l'analyse des jus de fruits, est basé sur l'absorp-

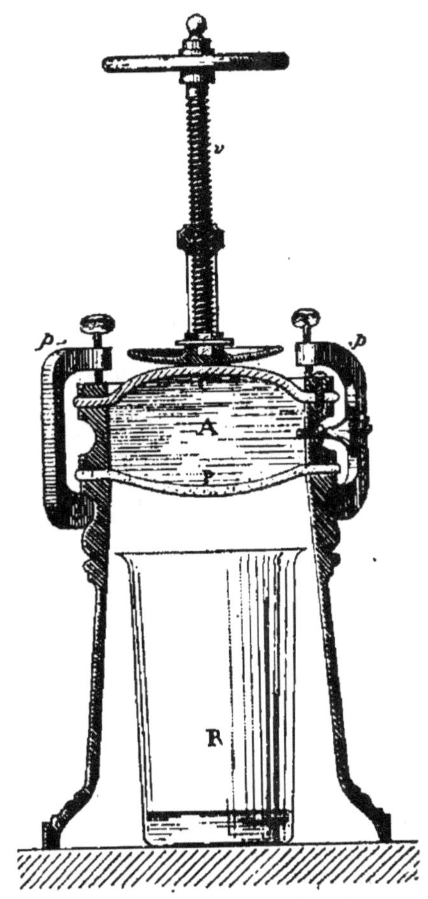

Fig. 62. — Appareil de Müntz et Ramspacher.

tion du tannin par le boyau de mouton pris sous forme de cordes harmoniques.

On se procure chez un luthier des cordes de *ré* de violon *non polies ;* on les laisse séjourner pendant quelque temps dans de la benzine pure après les avoir détordues ; puis on décante et on dessèche les cordes dans du papier à filtre ; on les porte ensuite à l'étuve à 100° jusqu'à ce que toute odeur de benzine ait disparu ; on conserve les cordes coupées en fragments de 5 ou 6 centimètres dans un flacon bien bouché.

On en pèse 1 ou 2 grammes pour doser l'humidité qu'elles contiennent encore, et on note le chiffre trouvé sur le flacon pour en tenir compte dans les essais.

D'autre part, on pèse 3 grammes de cordes s'il s'agit d'un vin faible et 5 grammes si le vin est chargé en couleur ; on fait détremper les fragments de cordes dans l'eau pendant quatre ou cinq heures, puis on les détord, et on les introduit dans 100 centimètres cubes du vin à essayer, préalablement étendu d'eau, s'il est très chargé.

Le tissu animal fixe le tannin et la couleur ; au bout de vingt-quatre heures en général et de quarante-huit heures au plus, le liquide est décoloré et le perchlorure de fer n'y produit plus la réaction du tannin ; on lave les fragments de corde à deux ou trois reprises à l'eau distillée, puis on les dessèche d'abord à 35 ou 40 degrés dans un vase plat ; ensuite, lorsqu'ils ont perdu toute propriété adhésive, on les introduit dans un flacon-tare bouché à l'émeri, dans lequel achève de les dessécher à 100°.

Pour calculer le tannin, on ramène à l'état sec le poids de cordes que l'on a utilisé pour le dosage et on retranche ce poids de celui constaté pour les mêmes cordes tannées.

§ 9. Détermination de l'acidité des jus et des liquides organiques.

Les acides contenus dans les fruits, les racines et leur jus et dans tous les liquides organiques en général sont très variés.

La détermination spéciale de chacun de ces acides n'est pas toujours possible ; elle n'a d'ailleurs d'intérêt que pour des recherches spéciales.

. Dans la pratique on se borne à déterminer en bloc l'acidité et on l'exprime soit en acide sulfurique, soit en acide tartrique.

Le titrage des liquides organiques incolores peut se faire comme les essais acidimétriques en ajoutant au liquide de la teinture de tournesol et en versant au moyen d'une burette graduée une liqueur titrée alcaline jusqu'à virage au bleu du liquide.

Lorsque les solutions sont colorées, on opère à la touche, c'est-à-dire que l'on verse la liqueur alcaline dans le liquide à essayer, en se guidant sur les changements de couleur ou de transparence du liquide et en essayant de temps à autre la réaction du liquide soit sur du papier de tournesol sensible, soit sur du papier de tournesol bleu et sur du papier rouge.

La préparation des liqueurs titrées et leur titrage se font suivant les méthodes indiquées p. 30 et suivantes.

———

SIXIÈME PARTIE

PRODUITS VÉGÉTAUX ET ANIMAUX.

CHAPITRE PREMIER

FOURRAGES.

Nous réunirons sous cette désignation les matières végétales propres à la consommation par les animaux de la
ferme.

Nous les classerons de la façon suivante, en tenant
compte des analogies qu'ils présentent :

1° *grains et farines, tourteaux* ; 2° *foins, pailles, ramilles* ; 3° *racines, tubercules* ; 4° *pulpes, drêches, marcs,
vinasses.*

Les recherches analytiques que peuvent nécessiter les
fourrages pour diriger leur emploi peuvent être réduites à
quelques dosages faciles à exécuter dont l'ensemble est
connu sous le nom de méthode de Weende, parce qu'elle a
été employée par Henneberg et Stohmann dans le laboratoire de la station agronomique de Weende (Hanovre)
pour leurs recherches classiques sur l'alimentation du
bœuf.

Elle comprend les dosages directs de l'eau, des matières
azotées prises en bloc, des matières grasses, de la cellulose

brute, des cendres, et par différence la détermination indirecte et en bloc des matières hydrocarbonées.

Cette méthode suffit pour l'appréciation au point de vue pratique de la valeur nutritive d'un fourrage.

Ce n'est que dans les recherches physiologiques sur l'alimentation, ou dans les travaux d'analyse immédiate qu'il est nécessaire de recourir à des méthodes plus perfectionnées permettant la séparation des diverses matières azotées, des divers principes hydrocarbonés, etc.

Nous indiquerons le mode opératoire pour chaque dosage, en renvoyant le plus souvent aux méthodes générales lorsqu'elles seront applicables sans modification.

1° **Dosage de l'eau.** — Le dosage de l'eau se fait sur un échantillon d'autant plus fort que la matière est moins homogène ; dans tous les cas on dessèche la prise d'essai à 110° à l'étuve à air.

On prendra 10 grammes de matière pour les *grains, farines, tourteaux* ; 50 grammes pour les *foins, pailles, ramilles* ; 100 à 200 grammes pour les *tubercules* et *racines,* en ayant soin de commencer pour ces matières la dessiccation à une température de 40 à 50° de manière à éviter la *cuisson.*

La même observation est à faire en ce qui concerne les pulpes (échantillon de 200 grammes).

Quant aux *drèches,* si elles sont solides on en dessèche 100 à 200 grammes ; si elles sont liquides (drèches de distillerie) on les traite comme ci-dessous.

Après avoir bien mélangé la matière, on en mesure rapidement un volume déterminé (50, 100, 200 centimètres cubes) que l'on introduit dans une capsule de platine entièrement ou en partie ; on évapore lentement, en ajoutant de temps à autre le reste de la matière s'il y a lieu et en rinçant à la fin le ballon avec un peu d'eau que l'on verse dans la capsule ; lorsque la matière est presque sèche, on peut la réunir en une masse au moyen d'une spatule ; on achève alors la dessiccation et l'on pèse.

Si l'on a opéré sur une prise d'essai assez forte, la matière sèche broyée au mortier puis desséchée à nouveau pourra servir aux autres dosages.

Cette manière de procéder est lente, mais elle obvie au manque d'homogénéité de la matière.

Les *vinasses* sont liquides ; il suffit d'en dessécher un volume connu, 25 ou 50 centimètres cubes, d'abord à l'étuve de Gay-Lussac, puis à l'étuve de Wiesnegg à 110°.

La dessiccation étant effectuée dans une capsule de platine tarée, on pourra déterminer les cendres en calcinant au moufle au rouge sombre, la matière sèche après pesée.

Les *marcs* seront traités comme les ramilles.

2° Dosage des matières azotées. — La méthode consiste à déterminer l'azote total et à multiplier le taux d'azote trouvé par 6,25 pour avoir en bloc ce qu'on est convenu de compter comme matières azotées.

Si la matière est facile à réduire en poudre sans préparation préalable, comme les grains, les tourteaux, on en passe une certaine quantité au moulin, et l'on conserve la matière broyée finement dans un flacon bien bouché.

Dans le cas de matières solides fibreuses, comme les *foins, pailles, ramilles, tubercules, racines, marcs, etc.,* on opérera sur la matière sèche provenant du dosage de l'eau ; en la passant toute chaude au moulin, on réussira à la réduire en poudre fine ; après le broyage, on l'introduira dans un flacon que l'on puisse fermer hermétiquement, et sur une petite portion de la poudre bien mélangée on dosera l'humidité que la matière a reprise pendant le broyage. On en tiendra compte dans les prises d'essai ultérieures.

La prise d'essai de cette dernière détermination pourra d'ailleurs servir à doser les cendres.

Pour les *drêches,* on agira comme nous l'avons dit plus haut.

Enfin pour les *vinasses,* on prendra un échantillon de 10 ou 20 centimètres cubes que l'on évaporera presque à sec dans un petit ballon à long col, en s'aidant au besoin vers la fin de l'opération, d'un courant d'air que l'on dirigera dans le ballon pour entraîner la vapeur d'eau.

Dans tous les cas, on dosera l'azote par la méthode de Kjeldahl (voir page 38) ; on emploiera 1 gramme de matière sèche pour les grains, farines, tourteaux, tubercules, racines, foins, marcs, drêches, ramilles, etc.

3° **Dosage des matières grasses.** — Le dosage s'effectue par l'extraction au moyen du sulfure de carbone (page 308), sur un échantillon de 5 grammes de matière sèche. On n'aura pas à s'en préoccuper pour les *vinasses.*

4° **Dosage de la cellulose brute.** — Nous avons décrit le procédé (page 329). On l'appliquera à 1 ou 2 grammes de matière sèche, aussi finement moulue que possible ; la prise d'essai de 1 gramme s'applique aux foins, pailles, ramilles, marcs, celle de 2 grammes aux autres matières, sauf aux vinasses, qui ne contiennent pas de cellulose.

5° **Dosage des cendres.** — On calcine au moufle un

poids connu de la matière sèche, si l'on en a suffisamment, ou à défaut, de la matière première ; on aura soin de ne pas dépasser le rouge sombre pour obtenir des cendres bien blanches ; cette recommandation est tout à fait de rigueur en ce qui concerne les racines, tubercules et vinasses, qui sont riches en potasse.

6° Séparation des diverses matières azotées. — Détermination des hydrates de carbone. — Les recherches récentes sur la composition des fourrages ont eu pour résultat l'institution de méthodes qui permettent de séparer approximativement les différentes matières azotées (matières protéiques, corps amidés, peptones, nucléines). De même on peut aujourd'hui différencier parmi les hydrates de carbone les penta-glucoses ou pentoses (arabinose et xylose). Ces déterminations ne me paraissent applicables, quant à présent, qu'aux recherches physiologiques[1].

CHAPITRE II

MATIÈRES PREMIÈRES VÉGÉTALES DES INDUSTRIES AGRICOLES.

§ 1. Raisins — Pommes — Poires.

Les matières à doser dans ces fruits sont : les *sucres*, l'*acidité*, les *matières tannantes*.

---

1. Voyez *Traité d'analyse des Matières agricoles* de M. L. Grandeau (3° édition, 1897), où ces questions sont traitées avec tous les développements qu'elles comportent.

Raisins. — Préparation de l'échantillon. — S'il s'agit de raisins, on commence par déterminer sur un échantillon de 1 ou plusieurs kilogrammes la proportion de grains et de rafles que l'on note.

On prélève ensuite 100 grammes de grains que l'on malaxe au pilon dans un mortier sans écraser les pépins ; on délaye dans l'eau et on filtre sur un petit linge disposé dans un entonnoir sur un ballon jaugé de 1 litre. On exprime la pulpe en formant un nouet, que l'on malaxe dans 150 centimètres cubes d'eau dans une capsule de porcelaine ; on verse cette eau dans le ballon après avoir exprimé le nouet, et on recommence l'opération jusqu'à ce que le volume total soit amené à 1 litre ; le liquide est rendu homogène, et abandonné au dépôt.

Dans le liquide limpide, on déterminera le glucose par la liqueur de Fehling (pages 317 et suivantes) ; puis on soumettra 100 centimètres cubes du liquide à l'inversion au moyen de 1 centimètre cube d'acide chlorhydrique en chauffant à $95°$-$100°$ (au bain-marie) pendant un quart d'heure ; on refroidira à $15°$ et on portera le volume à 110 centimètres cubes.

Sur cette liqueur, on déterminera le sucre réducteur exprimé en glucose ; on multipliera le résultat par $\frac{11}{10}$ pour le ramener à la concentration primitive : le chiffre trouvé sera plus fort que le précédent qui ne comprenait que le glucose, tandis que le nouveau comprend en outre le saccharose. La différence des deux chiffres multipliée par 0,95 donnera le poids du saccharose.

On dosera le tannin sur 50 à 100 centimètres cubes par la méthode de Neubauer-Loventhal modifiée (page 339).

On mesurera l'acidité en titrant 20 à 50 centimètres cubes de liquide par l'eau de chaux ou la soude normale décime.

Pommes et poires. — On râpe 200 grammes de fruits ou de parties de fruits (quarts ou moitiés suivant leur grosseur) au moyen d'une râpe à main bien étamée, puis on place la râpure dans un mortier de porcelaine où on la malaxe au pilon avec de l'eau ; on filtre sur toile, et on lave la râpure dans le nouet comme nous l'avons dit pour les raisins, jusqu'à obtenir un volume total de 1 litre.

Les dosages du sucre, du tannin, et de l'acidité se font sur le liquide résultant comme pour le raisin.

§ 2. Betterave à sucre.

L'analyse de la betterave à sucre au point de vue de son emploi en sucrerie et distillerie comprend les opérations et déterminations suivantes :

Échantillonnage ; densité du jus ; sucre par décilitre de jus ; sucre pour 100 en poids ; coefficient salin du jus ; quotient de pureté ; valeur proportionnelle.

A. Échantillonnage. — Si l'on doit prélever l'échantillon dans le champ, le mieux est de prendre sur 10 ou 15 lignes de betteraves espacées sur tout le champ 5 ou 10 racines par ligne, également espacées, mais en alternant le point initial sur chaque ligne : par exemple on prendra sur la première ligne d'échantillonnage les betteraves nos 50, 150, 250, 350, 450, etc.

Sur la deuxième ligne (qui sera plus ou moins éloignée de la première) on prendra les nos 100, 200, 300, 400, etc.

Sur la troisième, les n°ˢ 25, 125, 225, 325, etc.

Sur la quatrième, les n°ˢ 50, 150, 250, etc., et ainsi de suite.

On récoltera ainsi 50, 100 ou 150 racines que l'on réunira sur un chemin ; on les rangera par ordre de grosseur ; grosses, moyennes et petites ; soit :

> 40 grosses.
> 80 moyennes.
> 30 petites.

On prendra pour faire l'échantillon définitif 4 grosses, 8 moyennes et 3 petites, en les prenant en différents points de la ligne. Si l'on prend l'échantillon sur voiture, wagons ou bateau, il sert en même temps à déterminer la tare ; on prélève 1 échantillon de 25 betteraves pour une voiture, 2 pour un wagon, 10 au moins pour un bateau.

B. **Détermination de la densité.** — L'échantillon ainsi constitué sera rapporté au laboratoire et toutes les racines seront décolletées au niveau des premières feuilles *vertes;* on les lavera ensuite en les brossant au moyen d'une brosse de chiendent, de manière à enlever la terre adhérente aussi complètement que possible, puis après les avoir essuyées, on pèsera la totalité du lot ; le poids total divisé par le nombre des racines est le *poids moyen* qu'il est utile de noter (en même temps que la variété de betteraves) sur le bulletin d'analyse.

Les racines seront ensuite coupées en deux parties égales suivant leur grand axe, et une moitié de chacune d'elles sera envoyée à la râpe (fig. 63); la râpure bien mélangée sera ensachée dans des sacs de molleton épais d'une dimension en rapport avec celle du plateau de la presse : on empilera ensuite ces sacs sur la presse en les séparant l'un de l'autre par une plaque de tôle perforée ; on devra employer ainsi au moins 1,500 grammes de râpure.

La presse différentielle (fig. 64) permet d'exercer une pression de 130 kilogrammes par centimètre carré ; on donnera la pression lentement et progressivement en se guidant sur l'écoulement du jus que l'on recueillera dans

FIG. 63. — Râpe à betteraves Lefèvre [1].

un vase de 1 litre ; à la fin on donnera toute la pression jusqu'à cessation d'écoulement du jus.

Celui-ci sera mélangé intimement puis refroidi ou réchauffé à la température de 15° centigrades dans une éprouvette de 30 centimètres de hauteur sur 5 de diamètre ; on le laissera reposer pendant 10 minutes ; au bout de ce

1. Ch. Gallois et F. Dupont, Ingénieurs, 81, rue de Maubeuge, Paris.

temps on enlèvera la mousse au moyen d'une carte ou d'un peu de papier à filtre, et on y plongera un densimètre contrôlé qu'on y abandonnera doucement : après équilibre on lira le degré indiqué. Le densimètre sera ensuite lavé à l'eau, essuyé avec un linge fin, propre et sec et plongé dans le liquide jusqu'au point indiqué par la précédente lecture;

FIG. 64. — Presse différentielle [1].

on le laissera flotter et on notera définitivement le degré indiqué à la seconde lecture.

Le jus étant à la température de 15° aucune correction n'est à faire, ce que l'on doit rechercher, car les tables de correction ne sont pas d'accord entre elles.

1. Ch. Gallois et F. Dupont, Ingénieurs, 81, rue de Maubeuge, Paris.

Cependant si on voulait éviter de ramener la température du jus à 15°, on pourrait adopter la table suivante :

Température du jus	Correction à ajouter	Température du jus	Correction à retrancher
16	0°.02	14	0°.03
17	0°.05	13	0°.05
18	0°.07	12	0°.08
19	0°.10	11	0°.10
20	0°.12	10	0°.12
21	0°.15	9	0°.13
22	0°.17	8	0°.13
23	0°.20	7	0°.13

Au-dessous de 9° la correction ne change plus, comme je m'en suis assuré maintes fois.

C. **Dosage du sucre dans le jus.** — On prend 100 centimètres cubes de jus que l'on mesure dans un ballon spécial, jaugé à 100 et à 110 centimètres cubes, et on y ajoute 10 centimètres cubes d'une solution de sous-acétate de plomb à 30° Baumé.

(Il est au moins aussi commode, et beaucoup plus exact de prélever le jus au moyen d'une pipette de 100 centimètres cubes, de mesurer le sous-acétate au moyen d'une pipette de 10 centimètres cubes et de mélanger les liquides par agitation dans un verre à précipiter; on laisse ensuite reposer pendant 10 minutes, en couvrant le vase au moyen d'une plaque de verre).

Le sous-acétate se prépare de la façon suivante: faire bouillir dans une grande capsule :

Acétate de plomb neutre. . .	300 gr.
Litharge finement pulvérisée. .	150 gr.
Eau distillée.	1000 gr.

jusqu'à dissolution à peu près complète de la litharge, ce qui exige environ une demi-heure ; filtrer et conserver le liquide limpide dans un flacon bien bouché ; il marque à froid 30° Baumé.

Le jus étant bien mélangé au sous-acétate, on filtre sur un filtre à plis sec, on éclaircit au besoin le liquide filtré en y plongeant une baguette de verre trempée préalablement dans de l'acide acétique cristallisable, et on agite ; puis on remplit un tube saccharimétrique de 22 centimètres (pour tenir compte de la dilution du jus par le sous-acétate) et on observe au saccharimètre.

On cherche la teneur en sucre correspondante dans les tables livrées avec le saccharimètre, ou bien on multiplie simplement le nombre de degrés et de dixièmes lu sur l'échelle saccharimétrique par $0^{gr},162$.

Lorsque les betteraves sont bien mûres, il n'y existe que des quantités négligeables de glucose ; il est cependant quelquefois utile de vérifier le dosage du saccharose par l'inversion optique (page 313).

De plus on peut rechercher et doser le glucose dans les jus de betteraves par les liqueurs cuivriques (pages 317 et suivantes).

D. Dosage direct du sucre dans la betterave. — Pendant longtemps, on a calculé la richesse en sucre de la betterave en partant de la richesse du jus ; on multipliait la teneur en sucre de 100 *grammes* de jus par les *coeffi-cients* 94, 95 ou 96.

Ceux-ci avaient été déterminés en dosant dans la betterave les matières insolubles dans l'eau : le reste constituant le jus.

On obtenait bien ainsi les *taux* de jus, mais non les *coefficients* de jus permettant de passer de la richesse du jus à celle de la racine.

Pour obtenir ces coefficients, la seule méthode exacte consiste à déterminer directement le sucre dans la racine et dans le jus et à prendre le rapport du premier au second : on trouve ainsi des chiffres qui varient de 0,90 à 0,99 ; c'est dire que l'emploi d'un coefficient quel qu'il soit peut conduire à des erreurs grossières en plus ou en moins.

Il est plus exact de recourir aux méthodes directes de dosage du sucre dans la betterave[1] ; on en connaît plusieurs qui donnent d'excellents résultats : méthodes par extraction alcoolique, par digestion alcoolique, par digestion aqueuse à chaud, par diffusion aqueuse instantanée à froid.

Nous décrirons ces deux dernières, qui sont à la fois exactes, faciles à appliquer et rapides.

1. Digestion aqueuse a chaud (H. Pellet). — On pèse 16^{gr},1 de râpure de betterave obtenue en B (p. 357), et aussi homogène que possible, et on introduit cette pulpe au moyen d'un entonnoir en fer-blanc ou en nickel à large douille, en s'aidant d'un agitateur à bout aplati dans un ballon jaugé à 100 centimètres cubes ; on lave l'entonnoir et la baguette au moyen de la pissette, ou mieux d'un flacon-siphon-laveur (page 66) ; on ajoute 3 centimètres cubes de sous-acétate de plomb pour des betteraves normales et 5 ou 6 centimètres cubes pour des betteraves non mûres ou conservées ; on place le ballon au bain-marie à 75-80° pendant une demi-heure ; on refroidit à 15°, on

1. Voy. Horsin-Déon, *Le sucre et l'industrie sucrière* (Encyclopédie de chimie industrielle).

ajoute deux ou trois gouttes d'éther pour abattre la mousse, et on complète le volume jusqu'au trait au moyen d'eau distillée.

On agite fortement pour rendre le liquide homogène, on filtre sur un filtre à plis sec; quand tout le liquide est filtré on y ajoute 2 gouttes d'acide acétique cristallisable, on mélange et on examine au saccharimètre soit en tube de 20 centimètres, soit en tube de 40.

Dans le premier cas, on obtient directement la richesse en unités et dixièmes sur la division saccharimétrique, dans le second le chiffre lu est le double de cette richesse.

Fig. 65. — Râpe conique rationnelle Pellet et Lhomond.

2. Diffusion aqueuse instantanée a froid (H. Pellet). — Cette méthode repose sur ce fait que l'eau froide enlève instantanément tout le sucre à la pulpe lorsque celle-ci est suffisamment divisée.

Cette condition nécessite l'emploi d'une râpe spéciale, telle que la râpe conique Pellet et Lhomond à taille Keil (fig. 65). Elle consiste essentiellement en une lentille d'acier dont la surface est taillée en râpe à bois, et qu'un système d'engrenages permet de faire tourner avec une grande vitesse.

On pousse sur la râpe les betteraves dans le sens de leur longueur et suivant leur axe; la râpe y creuse un secteur conique en réduisant la matière enlevée en pulpe très fine.

On opère sur un nombre suffisant de betteraves pour obtenir un échantillon moyen, puis on mélange intimement la pulpe pour la rendre tout à fait homogène (ceci est très important), et on en pèse 32^{gr},20 que l'on introduit dans un ballon jaugé à 200 centimètres cubes; on fait couler la râpure au moyen d'un jet d'eau distillée, on ajoute 3 à 6 centimètres cubes de sous-acétate de plomb, on complète le volume jusqu'au trait de jauge, en employant un peu d'éther pour abattre la mousse; on agite fortement pour rendre le liquide homogène, on filtre et passe au saccharimètre en tube de 40 : on lit ainsi le double de la teneur en sucre des racines.

Il est important pour l'application de cette méthode que la pulpe soit complètement exempte de *semelles;* on y arrive en enlevant toutes les petites racines secondaires des betteraves, et au besoin en passant la pulpe sur un tamis à mailles assez larges.

E. **Dosage des cendres. Coefficient salin.** — On mesure au moyen d'une pipette jaugée à deux traits 10 centimètres cubes du jus obtenu en B, après filtration, et on les laisse couler dans une capsule de platine modèle de la Régie (diamètre 55 millimètres, hauteur 20 millimètres, poids 20 à 22 grammes). On y ajoute 10 gouttes d'acide sulfurique concentré et on dessèche lentement au bain de sable; on porte ensuite la capsule au fourneau à moufle au rouge sombre jusqu'à combustion *complète* du charbon; puis on chauffe quelques instants au rouge vif pour ramener sûrement les bisulfates à l'état de sulfates neutres; on laisse refroidir et on pèse.

Après la pesée, il est bon de dissoudre la cendre dans un peu d'eau pour s'assurer de l'absence complète de charbon.

On obtient ainsi le poids des *cendres sulfatées;* on est convenu de le diminuer de $\frac{1}{10}$ et de compter le reste comme *cendres*.

On appelle *coefficient salin* d'un jus le rapport du poids de sucre contenu dans un certain volume de jus au poids de cendres contenu dans le même volume.

Il suffit donc de multiplier par 10 le poids de cendres corrigé, et de diviser par le nombre obtenu le taux de sucre par décilitre de jus déterminé en C.

F. Quotient de pureté. — On définit le quotient de pureté le rapport de la quantité de sucre contenue dans un certain poids ou un certain volume de jus, à la quantité de matière sèche contenue dans le même poids ou le même volume de jus.

Si l'on détermine cette quantité de matière sèche par dessiccation et pesée directe (voyez page 9, dessiccation dans un gaz inerte), on obtient le *quotient de pureté réel.*

Mais le plus souvent on se borne à calculer le poids de matière sèche du jus d'après sa densité; plusieurs auteurs (Balling, Vivien, Barbet) ont calculé des tables donnant ce qu'on appelle le *degré saccharométrique* en regard de la densité.

Ce degré saccharométrique est le poids de sucre contenu

dans 100 centimètres cubes (ou dans 100 grammes) d'une solution de sucre pur dans l'eau distillée qui aurait la densité correspondante; exemple (table de Vivien):

Poids du litre à 15°	Degrés saccharométriques	
	pour 100cc	pour 100 gr.
1050	13.29	12.67
1060	15.91	15.01
1070	18.54	17.32
1080	21.20	19.63
1090	23.83	21.86

On peut calculer facilement par interpolation les chiffres intermédiaires.

Dans ces conditions, si un jus ayant une densité de 1,060 contient (d'après le dosage au saccharimètre) 12,73 pour 100 de sucre, son quotient de pureté apparent sera

$$\frac{12.73}{15.91} = 0.80.$$

On voit que le *quotient de pureté apparent* est le rapport de la quantité de sucre contenue dans un certain volume de jus à la quantité de sucre que contiendrait le même volume d'une solution aqueuse de sucre pur ayant même densité.

G. **Valeur proportionnelle.** — En combinant la richesse en sucre d'un jus avec son quotient de pureté, on obtient un nombre absolu qui permet de juger de la qualité du jus : on multiplie le taux de sucre par le quotient de pureté, et l'on obtient ainsi la valeur proportionnelle ; par exemple : un jus contient 12gr,73 sucre dans 100 centimètres cubes ; sa densité est 1,060 ; son quotient de pureté est donc 0,80 ; sa *valeur proportionnelle* sera 12,73 × 0,8 = 10,18.

§ 3. Pomme de terre industrielle.

La seule détermination qui soit intéressante au point de vue industriel dans la pomme de terre est la richesse en fécule.

On l'obtient par voie indirecte, en fonction de la densité où par le dosage direct de la fécule.

A. **Dosage de la fécule par la densité.** — Il existe un grand nombre de procédés de détermination de la densité : les uns sont basés sur la mesure du volume de l'eau déplacée par un certain poids de tubercules (féculomètres de MM. A. Girard et Fleurent, de M. Dupont); d'autres sont des applications de la balance hydrostatique; d'autres enfin consistent à mesurer au densimètre la densité d'un bain salin (solution de nitrate de soude) dans lequel les tubercules se tiennent en équilibre, ou plus exactement dans lequel la moitié des tubercules d'un lot plongent, tandis que les autres flottent à la surface.

Ces procédés ne présentent aucune difficulté d'exécution, mais ne donnent que des résultats trop incertains au point de vue de la teneur en fécule : les deux tables les plus employées sont en désaccord de 2 pour 100 de fécule pour la même densité !

B. **Méthodes chimiques.** — Les méthodes que nous avons indiquées page 333 (méthode de Maercker), et page 335 (procédé basé sur l'emploi de la diastase) conviennent parfaitement pour des dosages exacts.

Si l'on tient à obtenir rapidement un dosage suffisamment approché, ce qui dépend beaucoup de l'échantillonnage, la méthode de Baudry (page 336) est tout à fait indiquée ; elle s'applique également à la sélection des plants.

§ 4. Grains.

Les grains employés dans l'industrie ne nécessitent en général que la détermination de l'eau et de l'amidon.

L'eau est dosée sur la graine réduite en farine au moyen du moulin Girard (page 331) ; en portant lentement la température à 105-110°.

Pour le dosage de l'amidon on aura recours aux méthodes décrites plus haut, pages 333 et suivantes.

§ 5. Graines oléagineuses.

L'essai de ces graines se borne aux dosages de l'humidité et de la matière grasse.

Pour obtenir un dosage correct de l'eau, il faudrait dessécher la graine moulue à 100° dans un courant de gaz inerte (page 9) ; on se borne généralement à dessécher à l'étuve à 100-110°.

Quant au dosage de l'huile, il se fait par la méthode de M. Schlœsing (p. 308).

§ 6. Matières tannantes.

Nous avons indiqué avec suffisamment de détails dans la 5ᵉ partie, chapitre 1ᵉʳ, § 8, tout ce qui se rapporte au dosage du tannin, ainsi que le procédé d'extraction du tannin des écorces (pages 342 et 345).

Nous n'y reviendrons pas ici, nous bornant à faire remarquer que l'essai des matières tannantes se borne au dosage du tannin.

CHAPITRE III.

PRODUITS ET SOUS-PRODUITS DES INDUSTRIES AGRICOLES.

§ 1. Produits de la sucrerie.

Nous trouvons sous ce titre les sucres bruts, les mélasses, les pulpes et les écumes.

A. **Analyse des sucres bruts.** — Méthode officielle (Riche et Bardy).

DOSAGE DU SACCHAROSE. — On pèse $80^{gr}.95$ de sucre que l'on dissout dans 160 centimètres cubes d'eau distillée ; on transvase dans une fiole jaugée à 250 centimètres cubes, et on lave plusieurs fois le vase dans lequel on a fait la dissolution, au moyen d'eau distillée que l'on introduit dans la fiole ; on opère par décantation pour laisser dans le vase le résidu insoluble qui peut s'y trouver.

On complète le volume jusqu'au trait de jauge, on agite pour rendre le liquide homogène et on filtre sur un filtre sec en évitant l'évaporation.

On remplit du liquide filtré une fiole jaugée à 50 centimètres cubes à col très étroit et très court (fig. 66), puis on verse le contenu dans un ballon de 100 centimètres cubes, et on rince à plusieurs reprises la première fiole à l'eau distillée en recueillant l'eau de lavage dans la seconde.

On y ajoute de 5 à 30 gouttes d'une solution de 20 grammes de tannin dans 100 centimètres cubes d'alcool complétée à 1 litre au moyen d'eau distillée, puis, goutte à goutte, une solution de sous-acétate de plomb à 30° Baumé, en agissant après chaque addition, et jusqu'à ce que le réactif ne change plus la couleur de la masse (2 à 3 centimètres cubes suffisent en général).

On complète le volume à 100 centimètres cubes avec de l'eau distillée, en abattant la mousse s'il y a lieu au moyen d'une ou deux gouttes d'un mélange à parties égales d'éther et d'alcool.

Fig. 66. — Ballon jaugé pour l'analyse des sucres.

On mélange le liquide par agitation, on le jette sur un filtre à plis sec, en remettant sur le filtre les premières portions du liquide qui passent généralement troubles; enfin on observe le liquide limpide dans un tube de 20 au saccharimètre.

La notation saccharimétrique en degrés et dixièmes indique directement la richesse du sucre en unités et dixièmes : exemple 96°,4 = 96,4 pour 100.

DOSAGE DU GLUCOSE. — On dose le glucose (ou plutôt les matières réductrices) par la liqueur cupro-potassique (méthode volumétrique) en se servant du liquide sucré précédemment préparé.

DOSAGE DES CENDRES. — On prélève, au moyen d'une pipette spéciale à robinet, à deux traits de jauge limitant un volume de 12^{cc},35 ce volume du liquide sucré préparé en premier lieu (dissolution filtrée de 80^{gr},95 dans 250 centimètres cubes).

On introduit ce volume de sirop (contenant 4 grammes de sucre) dans une capsule Régie (page 364), on y ajoute 20 gouttes d'acide sulfurique pur, on évapore à sec au bain de sable, puis on incinère au moufle au rouge sombre.

Le poids des cendres est multiplié par 0,9, puis par 25 pour obtenir le taux centésimal.

CALCUL DU RENDEMENT. — On multiplie le poids du glucose par 2, on y ajoute 4 fois le poids des cendres, et on retranche la somme du titre saccharimétrique :

Exemple :

```
Sucre.   .  . 85.60
Glucose.   .   0.05  × 2 = 0,10
Cendres.   .   1.60  × 4 = 6,40
                           ______
             TOTAL.   .    6,50

Rendements.  .  85,6 — 6,5 = 79,1.
```

B. **Analyse des mélasses.** — *Méthode de M. Lindet.* — La méthode de Clerget qui peut donner de bons résultats lorsqu'on applique exactement les prescriptions de son auteur aux mélasses qui ne contiennent que du sucre cristallisable et du sucre interverti, ne convient pas du tout pour l'examen des mélasses ou des autres produits de sucrerie contenant de la raffinose.

On doit, dans ce cas surtout, lui substituer la méthode de M. Lindet ; celle-ci est d'une application si sûre et si facile dans tous les cas que nous la recommandons à l'exclusion de toute autre.

On pèse 5 fois le poids normal de mélasse (80^{gr},95), que l'on délaye dans l'eau distillée jusqu'à obtenir un volume de 500 centimètres cubes.

Après avoir rendu le liquide homogène par agitation, on prend 100 centimètres cubes du liquide qu'on additionne de 2 centimètres cubes de sous-acétate de plomb ; on agite fortement et on laisse déposer ; on rajoute 1 centimètre cube de sous-acétate, on agite, et ainsi de suite jusqu'à ce que l'addition du sous-acétate ne produise plus de précipité.

On complète alors le volume à 110 centimètres cubes avec de l'eau distillée ; on mélange bien le liquide, on filtre et passe au saccharimètre en tube de 22 centimètres ; soit A la déviation en degrés saccharimétriques.

On prend 20 centimètres cubes de la solution primitive de mélasse que l'on place dans une fiole d'environ 50 centimètres cubes avec 5 grammes de poudre de zinc ; on suspend la fiole dans l'eau ou dans la vapeur d'un bain-marie bouillant ; on ajoute alors toutes les cinq minutes 2 centimètres cubes d'acide chlorhydrique étendu de son volume d'eau, jusqu'à ce qu'on en ait mis 10 centimètres cubes ; on laisse refroidir, on filtre sur un petit filtre sans plis, placé sur une fiole jaugée à 50 centimètres cubes, on lave à plusieurs reprises la fiole, le zinc et le filtre, de façon à compléter le volume à la température de 20°.

On mélange bien le liquide filtré et on l'observe en tube de 20 centimètres au saccharimètre ; la déviation saccharimétrique observée est multipliée par 2,5 ; soit B le produit, soit C la différence des deux polarisations avant et après inversion ; si on appelle S et R les quantités de sucre et de raffinose contenues dans 100 centimètres cubes, on a :

$$S = \frac{C\,89 - 0.4A}{0.801}$$

$$R = \frac{A - S}{1.54}.$$

DOSAGE DES CENDRES. — On évapore à sec 10 centimètres cubes de la solution primitive de mélasse, soit 1^{gr},62 après addition de 5 ou 6 gouttes d'acide sulfurique concentré, dans une capsule Régie ; on calcine ensuite avec les précautions que nous avons indiquées pour les sucres (page 371).

C. **Analyse des pulpes de betteraves. — Dosage du sucre.** — Nous considérons ici les pulpes de sucrerie aussi bien que celles de distillerie, car on peut les analyser par une méthode commune ; cependant nous indiquerons d'abord la méthode saccharimétrique, qui ne peut s'appliquer qu'aux pulpes de sucrerie.

a) PULPES DE SUCRERIE. — *Méthode saccharimétrique.* — On passe au hache-viande 1 kilogramme de pulpe et l'on mélange intimement la masse divisée.

On en prélève un échantillon de 50 grammes que l'on dessèche à l'étuve à 100-110°.

On traite ensuite 100 grammes de pulpe par 100 grammes d'eau bouillante ajoutée progressivement pendant qu'on triture la masse dans un mortier ; après digestion d'un quart d'heure on filtre dans une toile, puis on presse de manière à recueillir tout le liquide qui s'écoule ; on prend 100 centimètres cubes de ce liquide ; on l'additionne de

4 centimètres cubes de sous-acétate de plomb, d'une pincée de tannin, puis de 3 centimètres cubes d'une solution saturée de sulfate de soude ; on complète à 110 centimètres cubes, on agite, on laisse reposer pendant 10 minutes et on filtre sur un filtre sec.

On remplit du liquide limpide un tube de 40 centimètres et on examine au saccharimètre. Soit n le nombre de degrés et dixièmes lu ; soit P le taux centésimal de l'eau dans la pulpe déterminé par dessiccation ; le volume total du liquide est P +100.

Le sucre pour 100 de pulpe sera donné par l'expression :

$$\frac{n + \dfrac{n}{10}}{2} \times \frac{P + 100}{100}.$$

b) Méthode cuivrique. — Elle s'applique aussi bien aux pulpes de sucrerie qu'à celles de distillerie.

On introduit 50 grammes de pulpes hachées dans un ballon de 200 centimètres cubes avec 2 grammes d'acide tartrique et de l'eau presque jusqu'au trait de jauge ; on chauffe à 100° au bain-marie pendant une heure, puis on laisse refroidir, on complète jusqu'au trait et on rajoute encore 2cc,5 d'eau pour tenir compte du volume du marc. On agite longuement pour rendre le liquide homogène, on filtre, puis on titre le sucre contenu dans le liquide filtré placé dans une burette, en décolorant 10 centimètres cubes d'une liqueur cuivrique 5 fois plus faible que la liqueur normale, c'est-à-dire dont 10 centimètres cubes correspondant à 0gr,001 de sucre cristallisable ; on opère comme il est dit page 321.

On peut aussi opérer par pesée, suivant la méthode de M. A. Girard (page 325).

§ 2. Produits et sous-produits de l'amidonnerie et de la féculerie.

Les matières les plus importantes sont les fécules et amidons, les sons, les glutens et les pulpes.

A. **Analyse des fécules et amidons.** — On doit y doser : l'eau, les cendres, l'amidon, plus rarement la cellulose et les matières azotées.

Les méthodes que nous avons décrites plus haut s'appliquent aisément dans ce cas ; pour le dosage de la fécule on emploiera la méthode de M. Baudry (page 336).

B. **Sons, glutens, pulpes.** — Nous renvoyons pour ces produits à l'analyse des fourrages ; nous ajouterons seulement que pour le dosage de la fécule, la méthode Baudry est particulièrement convenable.

Pour le dosage de l'amidon, on aura recours à l'une des méthodes précédemment décrites (pages 333 et suiv.).

§ 3. Produits et sous-produits de la distillerie.

Nous décrirons sous ce titre l'essai des alcools[1] et des vinasses.

A. **Dosage de l'alcool dans les produits fabriqués.** — Ce dosage se réduit à la détermination du degré

1. Pour l'analyse complète des alcools, voir la « *Pratique des essais commerciaux* », par G. Halphen. Paris, J.-B. Baillière et fils.

alcoolique au moyen de l'alcoomètre centésimal de Gay-Lussac, avec constatation de la température ; on fait ensuite la correction au moyen des tables de Gay-Lussac livrées par le constructeur avec l'alcoomètre.

B. **Appréciation de la pureté des alcools.** — *Procédé de M. E. Barbet.* On commence par amener l'alcool à essayer au titre de 94 à 96° centésimaux ; s'il est plus faible, on y ajoute de l'alcool *pur*. Puis on en place 50 centimètres cubes dans un flacon de verre blanc de 100 centimètres cubes, d'un diamètre extérieur de 36 à 37 millimètres.

Dans un flacon identique on introduit 50 centimètres cubes d'une solution ainsi composée :

2 centimètres cubes de solution contenant $0^{gr},01$ de fuchsine par litre ; 3 centimètres cubes d'une solution de chromate jaune de potasse à $0^{gr},5$ par litre ; 45 centimètres cubes d'eau distillée.

Préparer le réactif 24 heures à l'avance.

Ensuite on amène la température de l'alcool à 18°, et on y verse au moyen d'une pipette à 1 trait 2 centimètres cubes d'une solution de $0^{gr},2$ de permanganate de potasse dans 1 litre d'eau distillée.

En même temps on note l'heure, la minute et la seconde qu'indiquent un chronomètre ; on agite le flacon, puis on le place ainsi que le flacon type dans un cristallisoir contenant de l'eau à 18°, placé sur une feuille de papier blanc.

On attend jusqu'à ce que la teinte de l'alcool additionné de permanganate soit identique à celle du flacon type, et on note le temps écoulé depuis le commencement de l'essai ; ce temps est d'autant plus considérable que l'alcool est plus pur ; exemples : l'alcool éthylique pur met 45 minutes ; les qualités commerciales extra-fines mettent de 2 à 10 minutes ; le 3/6 du nord met souvent moins d'une minute ; le type officiel d'alcool de mélasse de la Bourse de Paris ne met que 15 secondes.

Nota. — Si l'échantillon était assez impur pour que la teinte type se produise instantanément, on recommencerait l'essai avec une liqueur de permanganate à 1 gramme par litre ; la solution type étant composée de :

30 cc de la solution de chromate à 0 gr,5 par litre.
12 cc   —   de fuchnine à 0 gr,01 .   —
8 cc d'eau distillée.

C. Essai des vinasses. — Les vinasses doivent être essayées au point de vue de leur teneur en alcool, pour le contrôle de la distillation ; quant à leur analyse en tant qu'engrais et fourrages, nous renvoyons aux chapitres spéciaux.

Les vinasses étant très pauvres en alcool, il convient pour obtenir une précision suffisante d'en traiter un fort volume pour la détermination de l'alcool.

On distillera donc 5 litres de vinasses dans un alambic en cuivre ou dans un grand ballon de verre relié à un réfrigérant, de manière à recueillir 1 litre de liquide ; celui-ci sera additionné de quelques grammes de chaux éteinte, puis introduit dans un ballon de 1 litre et demi qu'on reliera au réfrigérant ascendant de M. Schloesing (fig. 26, p. 45). On distillera de manière à obtenir 250 centimètres cubes de produit ; on le ramènera à la température de 15° puis on en déterminera le degré au moyen de l'alcoomètre ; ce degré divisé par 20 indiquera le taux d'alcool en volume de la vinasse.

§ 4. Analyse des farines.

Les principaux dosages à effectuer pour l'analyse des farines sont ceux de l'eau, des cendres, du gluten et de ses composants.

Dosage de l'eau et des cendres. — On pèse dans une capsule de platine à fond plat tarée 5 grammes de farine ; on dessèche à l'étuve à 100° jusqu'à poids constant.

La perte de poids multipliée par 20 donne le taux centésimal d'eau. Il ne doit pas dépasser 13 à 15 pour 100.

La capsule contenant la matière sèche est ensuite portée au moufle chauffé au-dessous du rouge sombre jusqu'à carbonisation ; on élève alors un peu la température, sans dépasser le rouge sombre jusqu'à ce que les cendres soient bien blanches. Si un peu de charbon subsistait, on ajouterait dans la capsule refroidie quelques gouttes d'eau distillée, on évaporerait à sec et porterait de nouveau au rouge sombre.

Les farines de blé donnent de 0,5 à 1 pour 100 de cendres suivant leur qualité.

Dosage du gluten. — On pèse 33^{gr},33 de farine que l'on additionne dans un mortier de 16 à 17 centimètres cubes d'eau distillée ; on triture au pilon de manière à obtenir un pâton homogène. On rassemble bien toute la pâte que l'on enferme dans un nouet en linge fin. On laisse ce nouet dans un vase plein d'eau pendant deux heures pour permettre au gluten de s'hydrater.

Au bout de ce temps, on malaxe le nouet dans une terrine pleine d'eau ou sous un mince filet d'eau jusqu'à élimination complète de l'amidon ; on défait alors le nouet, on rassemble le pàton de gluten qu'on lave dans l'eau en le malaxant entre les doigts jusqu'à ce qu'il commence à y adhérer ; on le roule alors à sec dans le creux de la main pour en expulser l'eau retenue mécaniquement, puis on le

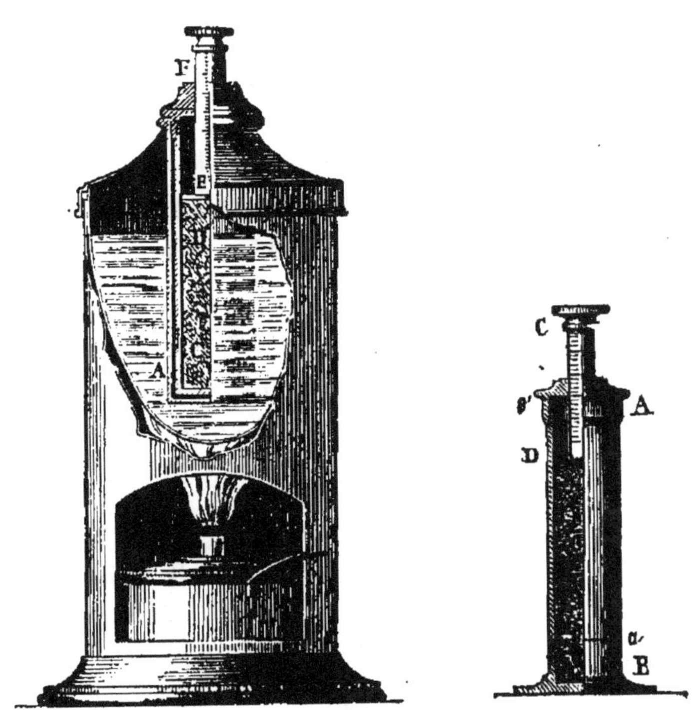

Fig. 67. — Aleuromètre de Boland.

place sur un verre de montre et on le pèse. On multiplie le poids trouvé par 3 ; on a ainsi le taux de *gluten humide*.

Il est difficile d'obtenir de cette façon un chiffre constant pour la même farine ; il vaut mieux peser le gluten sec : pour cela, on jette dans de l'eau bouillante le pàton de gluten obtenu précédemment ; on le retire après quelques minutes, puis on le dessèche sur un verre de montre à l'étuve à 100-105° jusqu'à poids constant. On multiplie le poids trouvé pour 3 : on obtient ainsi le taux de *gluten sec*.

Essai du gluten. — a) POUVOIR DE DILATATION DU GLUTEN. — On peut apprécier la qualité de la farine au point de vue de la panification au moyen de l'aleuromètre de Boland, qui sert à déterminer la dilatation qu'éprouve le gluten frais par la cuisson.

Il se compose (fig. 67) d'un cylindre de cuivre A B de 15 centimètres de long, de 2 à 3 centimètres de diamètre, dont le fond formant cuvette se visse en *a* sur le corps du cylindre.

Il est muni d'un couvercle percé à travers lequel passe une tige C de 5 centimètres de hauteur divisée en 25 parties de 25° à 50° ; cette tige est terminée à sa partie inférieure par un disque dont le diamètre est à peine inférieur à celui du cylindre.

Après avoir graissé à l'huile d'olive les diverses parties de l'appareil, on introduit dans la cuvette 7 grammes de gluten humide, obtenu comme il est dit ci-dessus, pétri en boule et enrobé dans un peu de poudre d'amidon.

On place le tube dans un four de boulanger, pendant 30 minutes, ou bien on l'introduit dans un bain d'huile chauffé à 150°, représenté sur la gauche de la figure 67 ; on chauffe pendant 10 minutes ; on éteint la lampe et on attend encore 10 minutes avant de lire sur la tige le *degré aleurométrique* ; pour une farine de bonne qualité, il doit être d'au moins 25 à 26°.

b) SÉPARATION DE LA GLUTÉNINE ET DE LA GLIADINE. —

M. Fleurent a montré[1] que la valeur boulangère d'une farine
dépend des proportions de *gluténine* et de *gliadine* constituant le gluten ; que le rapport de 1 à 3 de la gluténine à
la gliadine correspond à une farine donnant un pain bien
développé et de facile digestion ; que le rapport $\frac{1}{4}$ se trouve
dans des farines donnant un pain qui se développe bien à
la fermentation mais qui devient compact pendant la cuis-
son ; enfin que si le rapport atteint $\frac{1}{2}$, le pain fermente mal,
se cuit mal, reste compact et indigeste.

Pour doser la gluténine et la gliadine, on introduit dans
un flacon à large ouverture, bouché à l'émeri, 80 centimètres
cubes d'alcool à 70° alcalinisé par 3 grammes de potasse
réelle (KO.HO) par litre environ, et dont on connaît d'ailleurs
la richesse *exacte* ; puis on y ajoute le gluten frais provenant
de $33^{gr},33$ de farine, divisé en menus fragments, et quelques
perles de verre.

On bouche le flacon et on agite fréquemment jusqu'à
dissolution complète, ce qui demande de 36 à 48 heures.

On fait alors passer jusqu'à refus un courant d'acide carbonique, puis on transvase le liquide dans une fiole jaugée
à 110 centimètres cubes, et l'on complète jusqu'au trait avec
l'eau de lavage.

On agite vivement et on prélève avant repos 20 centimètres cubes de liquide qu'on évapore à sec à l'étuve de Gay-
Lussac dans une capsule tarée : on obtient ainsi l'ensemble
de la gluténine, de la gliadine et du carbonate de potasse :
on calcule ce dernier pour en retrancher le poids.

1. Fleurent, *Comptes rendus de l'Académie des Sciences*, séance
du 9 novembre 1896.

On filtre d'autre part la liqueur complexe pour en séparer la gluténine insoluble ; on évapore à sec 20 centimètres cubes du liquide filtré, et l'on obtient la gliadine plus le carbonate de potasse.

On déduit facilement de là par le calcul le rapport gluténine-gliadine.

Lorsque la quantité de gluten (sec) contenu dans la farine atteint 9-10 pour 100, il est préférable d'opérer la désagrégation avec 50 centimètres cubes d'alcool potassé et de compléter ensuite à 200 centimètres cubes avec de l'eau distillée.

§ 5. Vins.

1. Caractères physiques.

a) DENSITÉ. — La détermination de la densité des vins peut être faite par la méthode du flacon, par la balance hydrostatique, par le densimètre.

L'emploi du densimètre et en particulier de l'œnobaromètre de E. Houdart (fig. 68) nous semble le plus recommandable.

C'est un densimètre gradué de telle façon qu'il marque 10 degrés dans un liquide dont le poids spécifique est 0,996 à 15° centigrades. Chaque degré en plus ou en moins indique une augmentation ou une diminution de 0,001 dans le poids spécifique. Il est accompagné d'une table qui permet de ramener toutes les indications à la température de 15°.

b) POUVOIR ROTATOIRE. — Dans les vins de table purs et bien fermentés, il n'existe que très peu de sucre fermentescible, capable de dévier le plan de polarisation de la lumière.

Il importe donc de rechercher le pouvoir rotatoire des vins.

On traite 100 centimètres cubes de vin par 10 centimètres cubes de sous-acétate de plomb à 30° Baumé, puis on étend à 200 centimètres cubes au moyen d'une solution étendue de sulfate de soude ; on filtre et examine au saccharimètre dans un tube de 20 centimètres (ou mieux de 40).

Les vins naturels ainsi traités donnent une déviation à

Fig. 68. — Œnobaromètre Houdart.

gauche à peu près proportionnelle au poids de matière sucrée non fermentée qu'ils contiennent.

Si une déviation à droite se manifeste, elle rend le vin suspect dès qu'elle atteint + 0°15′ (soit 1° saccharimétrique), l'observation étant faite en tube de 20 centimètres.

c) INTENSITÉ ET NUANCE DE LA COLORATION. — La couleur des vins des différents cépages et des différentes régions est loin d'être identique tant au point de vue de l'intensité que de la nuance. Certains vins tirent sur le violet, d'autres sont franchement rouges et entre ces deux couleurs existent plusieurs teintes intermédiaires.

Salleron a constaté que les teintes des différentes variétés de vins rouges peuvent être rapportées exactement à 10 types empruntés aux gammes chromatiques de la manufacture des Gobelins, établies par Chevreul ; ces 10 types sont :

1) Violet rouge.
2) 1er violet rouge.
3) 2e violet rouge.
4) 3e violet rouge.
5) 4e violet rouge.
6) 5e violet rouge.
7) Rouge.
8) 1er rouge.
9) 2e rouge.
10) 3e rouge.

Fig. 69. — Vino-colorimètre de Salleron.

Ils ont été employés pour la dénomination de toutes les couleurs des vins et pour la détermination de leurs intensités.

Le vino-colorimètre se compose de 20 disques de soie disposés sur deux rangs sur un carton ; l'une des séries présente toutes les colorations indiquées ci-dessus, l'autre est en satin blanc.

Deux lunettes sont montées sur un support (fig. 69) à travers le pied duquel passe le carton portant les disques ;

l'une de ces lunettes reçoit la lumière réfléchie par les disques colorés ; l'autre, qui est une cuvette à fond mobile qui reçoit le vin à examiner, est disposée en regard des disques de satin blanc.

On commence par faire glisser la plaque de carton sous les deux lunettes jusqu'à ce qu'on trouve que la nuance est la même dans les deux ; on connaît ainsi la nuance du vin, soit 4e *violet rouge*.

Fig. 70. — Vino-colorimètre de Salleron.

On manœuvre ensuite la tête molletée de la cuvette contenant le vin, de manière à faire varier l'épaisseur de la couche vineuse, jusqu'à ce qu'on obtienne l'*égalité de teinte ;* puis on lit, sur le vernier dont la cuvette est munie latéralement, l'épaisseur correspondante de la couche, soit 150 : la couleur du vin sera désignée par la notation 4e *violet rouge* 150 (chaque division vaut $\frac{1}{100}$ de millimètre). Plus un vin est coloré, moins la couche sous laquelle on l'amène à égalité de teinte avec les disques types est épaisse ; de sorte que le vin pris pour exemple serait exactement deux fois plus coloré que celui qui serait noté 4ᵉ *violet rouge* 300.

Salleron a déduit de l'observation d'un grand nombre d'échantillons de vins du commerce que le type de l'*unité de couleur* adopté peut être estimé à 300.

Le vin à 150 étant deux fois plus coloré, on peut le qualifier 4ᵉ *violet rouge 2 couleurs,* ce qui veut dire qu'il est deux fois plus coloré que le vin type des coupages vendus à Paris.

Pour observer commodément le vino-colorimètre, on dispose en avant un long tube conique qui écarte toute lumière étrangère [1] (fig. 70).

2. Composition chimique.

A. Dosage de l'alcool. — On peut utiliser pour la détermination de l'alcool dans les vins des propriétés physiques diverses : densité, point d'ébullition, indice de réfraction, etc.

Les méthodes les plus employées sont basées sur la mesure de la densité des liquides alcooliques (alcoomètre de Gay-Lussac) et sur celle de leur point d'ébullition (ébullioscopes).

a) DOSAGE PAR DISTILLATION. — La méthode consiste à distiller un certain volume de vin mesuré à une température déterminée, soit 500 centimètres cubes à 18° ; on distille en chauffant modérément, et on recueille le produit dans une fiole jaugée à un volume moitié moindre que le volume pri-

---

1. Pour plus de détails, consulter la *Notice sur les instruments de précision appliquées à l'OEnologie.* (J. Dujardin, successeur de Salleron, rue Pavée, 24, Paris.)

mitif, soit 250 centimètres cubes, de manière à recueillir le
produit jusqu'au voisinage du trait de jauge ; on ramène
la température à 18° et on complète le volume jusqu'au

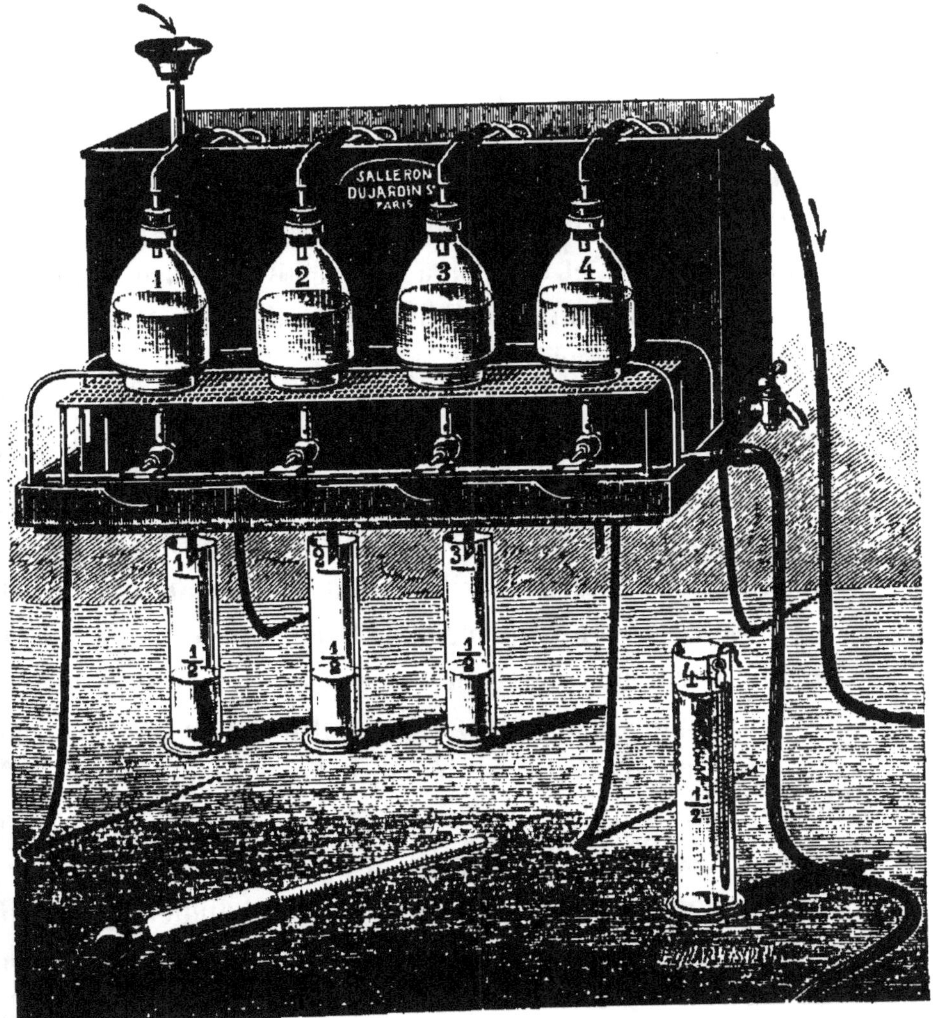

FIG. 71. — Alambic Dujardin à quatre ballons.

trait ; on rend le liquide homogène par agitation, puis on le
transvase dans une éprouvette à pied dans laquelle plonge

un thermomètre. On y introduit ensuite l'alcoomètre de Gay-Lussac dont la tige a été frottée au moyen d'un morceau de papier à filtre imprégné de quelques gouttes de lessive de soude ; on laisse l'alcoomètre prendre son équilibre, et on note la division tangente à la partie inférieure du ménisque.

On corrige le chiffre lu en se reportant à la table de Gay-Lussac, et on prend pour titre alcoolique du vin la moitié du nombre corrigé.

Pour les essais dans lesquels on ne recherche pas une très grande précision et dont on a un certain nombre à faire en même temps, l'alambic de Salleron, modifié par M. Dujardin, convient parfaitement (fig. 71).

b) Dosage par l'ébullioscope. — L'ébullioscope Malligand (fig. 72) se compose d'une chaudière F chauffée par l'intermédiaire d'un thermo-siphon, au moyen d'une lampe à alcool ; la chaudière est fermée à sa partie supérieure par un bouchon métallique à vis portant un thermomètre coudé T dont le réservoir est placé dans la chaudière ; le long de la tige du thermomètre se trouve une réglette mobile E portant une échelle des degrés alcooliques, et que l'on peut fixer au moyen d'une vis de pression ; sur le bouchon peut être vissé un réfrigérant R.

Pour se servir de l'appareil, on commence par le régler ; pour cela on introduit de l'eau dans la chaudière jusqu'au niveau de la bague intérieure la plus voisine du fond ; on visse le couvercle portant le thermomètre et on allume la lampe à alcool.

Au bout de quelques minutes, l'eau entre en ébullition, le mercure apparaît dans le tube thermométrique, puis se fixe au bout de quelques instants vers l'extrémité T. On place le

curseur mobile C de façon que son index coïncide avec l'extrémité de la colonne mercurielle, puis on déplace la réglette
E de manière à amener le trait zéro à la pointe de l'index.

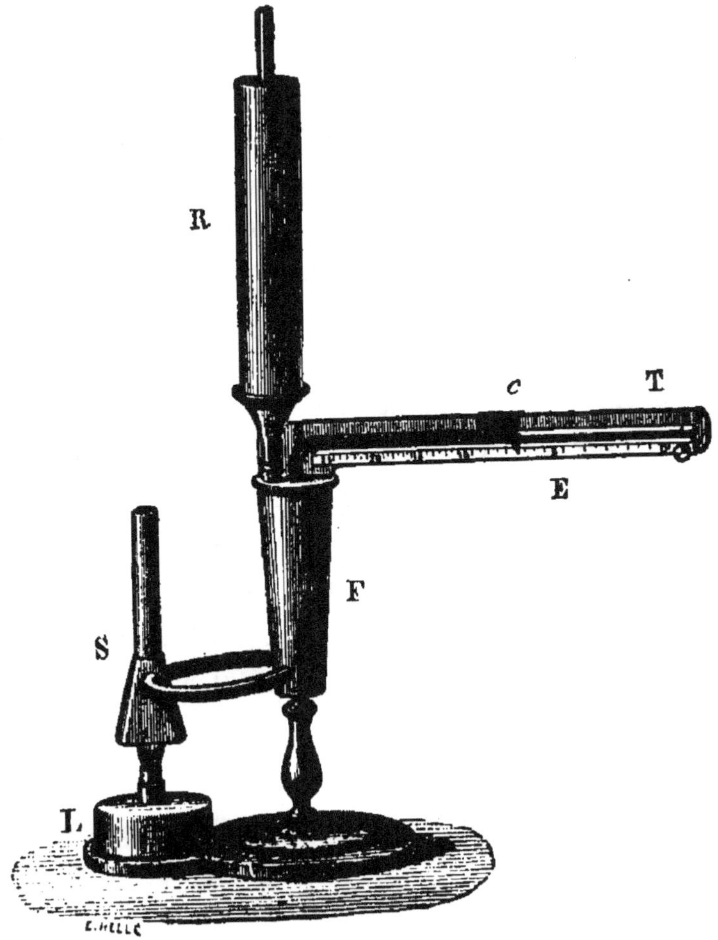

Fig. 72. — Ébullioscope Malligand.

On s'assure que l'extrémité de la colonne mercurielle reste
immobile, puis on fixe la réglette en serrant la vis.

L'appareil est ainsi réglé pour la pression atmosphérique
actuelle.

On dévisse le couvercle, on vide la chaudière, on la rince avec quelques gouttes de vin, puis on la remplit de ce vin jusque près du bord, au niveau de la bague supérieure que porte intérieurement la chaudière.

On replace le couvercle, on y visse le réfrigérant rempli d'eau et on chauffe comme ci-devant.

Le mercure apparaît dans la tige thermométrique et l'extrémité de la colonne mercurielle finit par s'arrêter vers la gauche, d'autant plus loin du zéro que le vin est plus alcoolique ; on amène le curseur en regard de l'extrémité du mercure et on lit sur la réglette le degré indiqué par l'index du curseur : c'est le degré alcoolique du vin.

Nota. — Les vins liquoreux ou très alcooliques doivent être dédoublés avec de l'eau avant d'être soumis à l'essai. On double naturellement le résultat lu.

B. **Dosage de l'extrait sec.** — L'extrait sec d'un vin est le résidu obtenu par l'évaporation à sec d'un certain volume de ce vin ; suivant le procédé de dessiccation employé, suivant le volume de la prise d'essai, la forme et la matière du vase qui la contient, on obtient des résultats très divers avec le même liquide.

La détermination de l'extrait sec est donc essentiellement conventionnelle.

Nous indiquerons ici le dosage de l'extrait sec à 100°, celui de l'extrait sec dans le vide, et enfin le dosage approximatif de l'extrait en fonction de la densité.

a) DOSAGE DE L'EXTRAIT SEC A 100°. — D'après le Comité consultatif des arts et manufactures, on doit opérer de la façon suivante : « Vingt centimètres cubes de vin seront évaporés au bain-marie d'eau bouillante, dans une capsule

de platine à fond plat, de diamètre tel que la hauteur du
liquide ne dépasse pas un centimètre. La capsule sera plon-
gée dans la vapeur, elle émergera seulement de un centimètre de la plaque sur laquelle elle sera supportée (fig. 73).
Les capsules devront être placées sur le bain préalablement

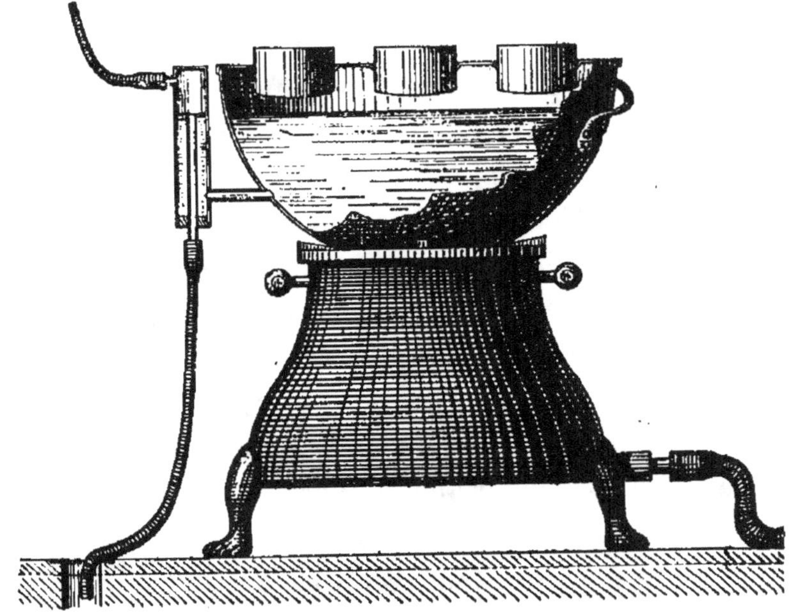

Fig. 73. — Bain-marie à niveau constant.

porté à l'ébullition et l'évaporation sera continuée pendant
6 heures. »

Souvent, on introduit 10 centimètres cubes de vin dans
une capsule plate de 7 centimètres de diamètre, et on place
la capsule dans l'étuve de Gay-Lussac où on la laisse séjourner 6 heures.

Dans tous les cas, on rapporte la quantité d'extrait à un
litre.

b) DOSAGE DE L'EXTRAIT SEC DANS LE VIDE. — Cette méthode, préconisée par M. Magnier de la Source, donne des résultats constants, même entre les mains d'opérateurs différents, ce qui n'arrive pas toujours pour la précédente.

On introduit 5 centimètres cubes de vin dans un verre de montre d'au moins 6 centimètres de diamètre, et d'une courbure assez faible pour que le liquide s'étale sur un cercle de 5 centimètres de diamètre environ.

Ce verre a été préalablement taré vide et recouvert d'un autre verre semblable, à bord rodé sur le sien.

On le place découvert dans une cloche à vide munie d'un support à trois étages, contenant un cristallisoir à acide sulfurique concentré, et un cristallisoir renfermant des fragments de potasse.

On fait le vide à 10 ou 12 centimètres de mercure, et on le maintient deux jours; puis on remplace l'acide sulfurique par de l'acide phosphorique anhydre et on fait de nouveau le vide, *aussi complet que possible;* on le maintient deux jours en été et quatre jours en hiver.

Puis on pèse après avoir rapidement recouvert l'extrait du second verre de montre rodé.

Le poids ainsi obtenu est beaucoup plus élevé que celui de l'extrait à 100°, en raison de ce que celui-ci ne contient plus qu'une faible partie de la glycérine du vin, qui reste au contraire entièrement dans l'extrait obtenu à froid dans le vide.

c) DÉTERMINATION DE L'EXTRAIT PAR L'OENOBAROMÈTRE. — Lorsqu'on connaît le titre alcoolique d'un vin et sa densité, on peut en déduire la quantité d'extrait qu'il renferme, en admettant que la densité des extraits de vins soit constante.

M. Houdart a basé sur ce principe une méthode très rapide et qui suffit le plus souvent aux besoins du commerce ; on prend la densité du vin au moyen de l'œnobaromètre (fig. 68, page 383) ; on détermine en même temps la température et on corrige le chiffre lu au moyen des tables de correction fournies avec l'instrument ; on connaît d'ailleurs le degré alcoométrique du vin (page 386) ; on cherche dans le tableau œnobarométrique le chiffre qui se trouve à la fois dans la colonne du degré alcoolique et dans celle du degré densimétrique observés ; c'est le poids de l'extrait sec en grammes par litre.

On le qualifie *Extrait Houdart.*

C. **Dosage des cendres.** — On évapore à sec dans une capsule de platine tarée 25 centimètres cubes de vin, puis on carbonise le résidu avec précaution ; on laisse refroidir, on ajoute dans la capsule quelques gouttes d'eau distillée, puis on dessèche d'abord au bain-marie, puis à 110-115° ; par ce procédé, les sels alcalins grimpent sur les parois de la capsule : on calcine avec précaution ; le charbon privé des sels alcalins brûle facilement et rapidement à basse température.

On peut également calciner le résidu sec au moufle chauffé au rouge très sombre, mais l'opération est beaucoup plus longue.

D. **Essai du plâtrage.** — **Dosage du sulfate de potasse.** — La mise en vente de vins contenant plus de 2 grammes de sulfate de potasse est interdite.

Le plus souvent on se contente de s'assurer si cette limite n'est pas dépassée.

On prépare une solution de 14 grammes de chlorure de

baryum dans 800 centimètres cubes d'eau distillée environ ; on ajoute 50 centimètres cubes d'acide chlorhydrique pur et concentré, puis on complète le volume de 1 litre avec de l'eau distillée : 10 centimètres cubes de cette liqueur précipitent l'acide sulfurique de 0,1 gramme de sulfate de potasse.

Pour l'essai, on ajoute 5 centimètres cubes de liqueur barytique à 25 centimètres cubes de vin et on fait bouillir ; on filtre et on ajoute quelques gouttes de liqueur barytique au liquide filtré, qui ne doit pas se troubler si la limite de 2 grammes n'est pas dépassée.

Pour procéder au *dosage,* on évapore à sec 50 centimètres cubes de vin additionnés de quelques décigrammes de nitrate de potasse ; on calcine ensuite avec ménagement, puis on reprend par l'eau acidulée par l'acide chlorhydrique et on filtre ; on porte à l'ébullition, on ajoute peu à peu quelques centimètres cubes de solution de chlorure de baryum à 10 pour 100, puis après 15 à 20 minutes d'ébullition on laisse déposer et on filtre : on lave à l'eau bouillante, on sèche et calcine avec les précautions indiquées pages 237 et 238.

On multiplie le poids d'acide sulfurique anhydre par 2,177 pour le transformer en sulfate de potasse, et le résultat par 20 pour le ramener à 1 litre de vin.

E. **Détermination de l'acidité.** — La méthode de Pasteur est la plus convenable : elle consiste dans le titrage de l'acidité du vin au moyen d'eau de chaux titrée elle-même par rapport à l'acide sulfurique décime normal ; on mesure 10 centimètres cubes de vin que l'on verse dans un verre de Bohême assez grand, pour que le liquide s'y étale en une couche de 5 millimètres au plus; on y verse l'eau de chaux titrée contenue dans une burette d'abord assez vite, puis lentement lorsque la teinte du liquide change; on s'arrête dès qu'il se produit un *trouble floconneux* dans la liqueur.

On calcule l'acidité en acide sulfurique monohydraté; c'est l'*acidité totale*.

On a souvent à rechercher la proportion d'acides volatils; pour la déterminer, on emploie deux méthodes.

Pour obtenir la totalité des *acides volatils libres* et *combinés*, on sature par la potasse 50 centimètres cubes de vin, on fait bouillir jusqu'à réduction de moitié pour chasser l'alcool, puis on introduit le résidu dans un ballon avec un léger excès d'acide phosphorique sirupeux, et on distille en chauffant le ballon au moyen d'un bain de sel marin saturé; on recueille le produit de la distillation dans une fiole fermée par un bouchon percé de deux trous; lorsque tout le liquide est passé à la distillation, on introduit dans le ballon 25 centimètres cubes d'eau distillée et on distille de nouveau à sec.

Le produit de la distillation est titré au moyen d'une liqueur alcaline très faible en présence de teinture de tournesol sensible; le résultat est exprimé en acide acétique.

Si l'on veut déterminer seulement les *acides volatils libres*, on sature 50 centimètres cubes de vin au moyen d'eau de baryte dont on note le volume; on fait bouillir pour chasser l'alcool, puis on ajoute au résidu un volume d'acide sulfurique titré juste suffisant pour saturer le volume d'eau de baryte employé; on distille et titre comme ci-dessus.

F. Dosage du tartre et de l'acide tartrique. —
a) *Méthode de MM. Berthelot et de Fleurieu.* — On mesure
25 centimètres cubes de vin qu'on additionne de 50 centimètres cubes d'alcool à 96° et de 50 centimètres cubes
d'éther à 65°; le tout est placé dans une fiole bouchée que
l'on maintient dans une cave fraîche pendant 48 heures; au
bout de ce temps on décante le liquide sur un petit filtre
sans plis, on lave le précipité par décantation au moyen
d'un mélange à parties égales d'éther et d'alcool, jusqu'à
ce que le liquide de lavage ne soit plus acide; on introduit
alors le filtre et son contenu dans la fiole où se trouve la
plus grande partie de la crème de tartre, et on dissout
celle-ci dans de l'eau distillée chaude; on titre ensuite
l'acidité du liquide au moyen d'eau de baryte titrée elle-
même par rapport à l'acide sulfurique décime normal; on
emploie comme indicateur la phtaléine du phénol ou le
tournesol sensible. On calcule le tartre en se basant sur ce
que 188 de bitartrate de potasse équivalent à 40 d'acide
sulfurique anhydre ou à 49 d'acide sulfurique monohydraté.

Pour rechercher et doser l'acide tartrique, on sature
exactement 10 centimètres cubes de vin par la potasse pure;
soit n le nombre de centimètres cubes de potasse employé.
On ajoute après saturation 40 centimètres cubes de vin non
saturé, on mélange et on prélève $25 + \frac{n}{2}$ centimètres cubes
du mélange.

On y dose le bitartrate comme précédemment. Si le taux
de bitartrate trouvé en dernier lieu est supérieur au premier, le vin contient de l'acide tartrique libre : la différence
des deux dosages multipliée par $\frac{150}{188}$ donne le poids de ce
dernier. On ajoute à chaque dosage 0^{gr},2 de bitartrate *par*

litre, pour tenir compte de la solubilité du tartre dans les liquides éthéro-alcooliques.

b) *Méthode de Pasteur modifiée par M. Reboul.* — On évapore 100 centimètres cubes de vin au bain-marie jusqu'à ce que le résidu pèse 8 grammes ; on abandonne au repos à froid pendant 24 heures ; on filtre et on lave le résidu contenu dans la capsule quatre fois avec 5 centimètres cubes d'alcool à 42° Gay-Lussac chaque fois. On dissout ensuite le bitartrate dans l'eau distillée bouillante et on titre comme précédemment.

Les liquides de filtration et de lavage sont recueillis et évaporés à sec et le résidu repris par l'alcool concentré ; on filtre, évapore de nouveau à sec, reprend par l'eau, et divise la liqueur en deux parties : l'une est saturée par la potasse pure puis réunie à l'autre moitié ; le liquide résultant est traité comme le vin, c'est-à-dire qu'on évapore jusqu'au volume de 8 centimètres cubes, on abandonne pendant 24 heures, on filtre, lave à l'alcool à 42° et titre le bitartrate. Celui-ci correspond à l'acide tartrique libre, c'est-à-dire qu'il faut multiplier son poids par $\frac{150}{188}$ pour connaitre celui de l'acide tartrique libre.

Cette méthode est meilleure que la précédente pour les vins riches en sels calcaires.

G. **Dosage de la glycérine.** — a) *Méthode de Pasteur.* — On décolore 250 centimètres cubes de vin par le noir animal, et on évapore doucement le liquide jusqu'au volume de 100 centimètres cubes, sans chauffer au delà de 60 à 70° ; on sature par la chaux éteinte et on évapore dans le vide sec. Le résidu est épuisé par un mélange de 1 volume d'alcool à 92° et 1,5 volume d'éther à 65°.

Le liquide éthéré est filtré, évaporé lentement dans une capsule tarée, desséché dans le vide sur l'acide sulfurique, puis sur l'anhydride phosphorique et pesé.

b) *Méthode de Raynaud.* — Dans le cas de vins fortement plâtrés, la méthode de Pasteur donne des résultats inexacts; on opère alors de la manière suivante : on évapore doucement au cinquième de leur volume 250 centimètres cubes de vin; on ajoute au résidu assez d'acide hydrofluosilicique pour précipiter la potasse, puis assez d'alcool à 96° pour doubler le volume total. On filtre après dépôt, on sursature par l'eau de baryte et on évapore à sec dans le vide sur du sable quartzeux.

On épuise le résidu par un mélange à volumes égaux d'alcool et d'éther purs et anhydres (il en faut 300 centimètres cubes), on évapore lentement la solution, on transvase dans une grande nacelle de platine et on dessèche complètement le résidu dans le vide sec.

On prend la tare de la nacelle, puis on l'introduit dans un tube où on fait le vide tout en le chauffant au bain d'huile à 120°. La glycérine distille seule; son poids est égal à la perte de poids de la nacelle.

II. **Dosage du tannin.** — Nous avons indiqué dans les méthodes générales, page 347, la méthode de M. A. Girard et son application aux vins; c'est la méthode la plus exacte et la plus commode dans ce cas.

On peut également appliquer la méthode de Neubauer-Lœventhal, page 339, en opérant sur le vin débarrassé de son alcool; on prendra par exemple le résidu du dosage de l'alcool par distillation (page 386); on le ramènera à son volume primitif par addition d'eau; et on opérera sur 10 centimètres cubes ou plus pour le dosage du tannin.

I. Dosage des matières réductrices. — Si le vin est peu sucré, on en décolore un certain volume par le noir animal.

S'il est relativement chargé de sucre, on en mesure 50 centimètres cubes dans un ballon jaugé à 50-55 ; on y ajoute du sous-acétate de plomb jusqu'à ce qu'il ne provoque plus la formation de précipité, et on complète jusqu'au trait avec une solution saturée de sulfate de soude ; on agite pour rendre le liquide homogène et on filtre.

Dans l'un ou l'autre cas, on détermine les matières réductrices par les liqueurs cuivriques (méthodes pondérale ou volumétrique, page 317 et 324), et on exprime le résultat en glucose.

Quand on a décoloré le vin par le sous-acétate on multiplie le résultat par $\frac{11}{10}$ pour tenir compte de la dilution produite par l'addition de sous-acétate de plomb et de sulfate de soude.

J. Recherche et dosage de la mannite (Gayon et Dubourg). — Les vins des régions chaudes (Algérie, Espagne, Italie, et même France méridionale) contiennent quelquefois des quantités plus ou moins élevées de mannite provenant de la transformation du sucre produite par un ferment spécial. Ces vins ont presque toujours un extrait sec très élevé. Pour rechercher la mannite, on laisse évaporer lentement à froid 2 à 3 centimètres cubes de vin dans un verre de montre ; s'il y a de la mannite, on voit au bout de 24 heures des aiguilles cristallines soyeuses très fines, rayonnant autour de différents centres, distinctes des cristaux de

tartre, même si le poids de la mannite ne dépasse pas
1 gramme par litre.

Pour la doser, on concentre 50 centimètres cubes de vin
au bain-marie, jusqu'à consistance d'extrait fluide ; on
laisse cristalliser pendant deux ou trois jours dans un endroit
frais, puis on mélange le résidu avec 2 grammes de sable
fin calciné. On broie ensuite la masse avec un pilon d'agate,
en la délayant peu à peu avec 100 centimètres cubes
d'alcool à 85° saturé de mannite ; on filtre et laisse égoutter
au moins deux heures.

On introduit le filtre et son contenu dans un appareil à
digestion chaude, et l'on traite par 100 centimètres cubes
d'alcool à 85° pendant 1 heure ; après refroidissement, on
distille les 4/5 de l'alcool, on ajoute un peu de noir au
liquide restant et on filtre ; on lave le noir deux fois avec
50 centimètres cubes d'alcool à 85° bouillant et on évapore
à 60 degrés. Le résidu est de la mannite pure.

Si le vin est sucré, il faut d'abord le faire fermenter
complètement avant de le soumettre au traitement indiqué.

K. **Dosage de l'ammoniaque dans les vins.** —
M. Müntz a montré [1] que l'élévation de la température lors de
la fermentation vinaire était accompagnée de la production
d'ammoniaque aux dépens de la matière albuminoïde du
vin ; la quantité d'ammoniaque est d'autant plus grande
que la température maxima de la fermentation était elle-
même plus élevée ; elle peut atteindre 100 milligrammes
par litre, alors que dans les vins normaux elle ne dépasse
guère 4 à 5 milligrammes.

---

1. Müntz, *Comptes rendus de l'Académie des sciences*, 15 février 1897.

La quantité d'ammoniaque paraît d'ailleurs être en relation avec l'état de maladie du vin.

Il y a donc intérêt, surtout pour les vins de garde, à doser l'ammoniaque contenue dans le vin [1].

L. Recherche de l'acide salicylique. — Dans un petit entonnoir à séparation, on introduit 50 centimètres cubes de vin, 3 gouttes d'acide sulfurique et 10 à 15 centimètres cubes de benzine pure ; on agite en tournant toujours dans le même sens, pour éviter l'émulsion, on laisse déposer puis on soutire la couche vineuse inférieure ; on recueille ensuite à part la benzine dans une capsule, d'où on la décante dans une autre en ayant soin de ne pas entraîner le liquide aqueux ; on évapore au bain-marie, on reprend par deux ou trois gouttes d'eau et on ajoute une ou deux gouttes de solution très étendue de perchlorure de fer : il se produit une coloration rouge violette en présence d'acide salicylique.

M. Recherche de la coloration artificielle. — Nous nous bornerons à indiquer les procédés généraux de recherche des colorants de la houille, renvoyant pour les détails et pour la recherche des colorants végétaux aux ouvrages spéciaux [2].

a) ESSAI A LA BARYTE. — On traite dans une éprouvette 25 centimètres cubes de vin par l'eau de baryte en léger excès jusqu'à virage au vert, on ajoute 8 à 10 centimètres

1. La méthode spéciale de M. Müntz (*Annales de la Science agronomique française et étrangère*, 1896).

2. Armand Gautier, *Sophistication et analyse des vins*, 4ᵉ édition 1891.

cubes d'alcool amylique ou d'éther acétique (neutre);
l'éprouvette doit être presque pleine ; on la bouche et la
retourne doucement quinze à vingt fois, puis on laisse déposer et on décante à la pipette la couche supérieure bien
limpide.

Cette couche est incolore ou colorée; dans le premier cas
on y ajoute quelques gouttes d'acide acétique :

La liqueur devient *violette : orseille.*

> *rose* : rouge de Biebrich ou roccelline.
> *verte* : colorants azoïques.

Si la liqueur alcoolique ou éthérée est colorée, on y ajoute
également quelques gouttes d'acide acétique, de manière à
accentuer la coloration :

Si elle est *rose : rosaniline* et ses *dérivés basiques.*

> *jaune :* matières *azoïques.*
> *violette : violet de méthyle, mauvéine.*

b) Essai a l'ammoniaque. — On additionne d'ammoniaque
jusqu'à virage au vert foncé 20 à 30 centimètres cubes de
vin, on ajoute 10 centimètres cubes d'alcool amylique, on
agite et on laisse reposer. On décante l'alcool amylique
limpide dans un tube à essai, et on l'évapore rapidement en
présence d'une petite floche de deux ou trois brins de soie
blanche.

On arrête l'évaporation lorsqu'il reste encore quelques
gouttes d'alcool, on place la floche de soie dans l'eau distillée, et si elle n'est pas colorée, on ajoute quelques
gouttes d'acide sulfurique : si elle se colore avant ou après
cette addition, on conclut à la présence d'un *colorant de la
houille à caractère acide.*

c) Essai au mercure. — On prend 10 centimètres cubes

de vin, 2 centimètres cubes de potasse à 5 pour 100 ; le liquide doit devenir franchement vert, sinon on y ajoute peu à peu de la solution de potasse.

On l'additionne alors d'un volume d'acétate mercurique, en solution à 20 pour 100, égal au volume de potasse employé : le mélange doit être légèrement alcalin ; on agite et on filtre. Si la liqueur filtrée est *rose : dérivés azoïques sulfoconjugué*s.

Si elle est *incolore* et devient *rose* par l'addition de quelques gouttes d'acide chlorhydrique ou sulfurique, cela dénote plus spécialement le *dérivé sulfoconjugué de la fuchsine* [1].

§ 6. Analyse de la bière.

Les éléments les plus essentiels à déterminer sont : l'alcool, l'extrait sec, les cendres et l'acidité.

Dosage de l'alcool. --- On agite de la bière placée dans un flacon rempli au tiers seulement assez longtemps pour en expulser l'acide carbonique.

On en mesure ensuite 500 centimètres cubes que l'on distille de manière à recueillir 250 centimètres cubes de produit ; celui-ci est additionné de 100 centimètres cubes d'eau de chaux pour saturer les acides, et le mélange est de nouveau distillé de manière à recueillir 250 centimètres cubes de produit ; on en prend la température et le degré

---

1. Pour la recherche spéciale des matières colorantes, on consultera avec fruit les *Documents sur les falsifications des substances alimentaires* du Laboratoire municipal de Paris, et *La coloration des vins* de M. Cazeneuve. (J.-B. Baillière et fils.)

alcoolique, on fait la correction et divise le résultat corrigé par 2 pour connaître le degré alcoolique de la bière.

Dosage de l'extrait sec. — Dans une capsule de platine ou de nickel à fond plat, de 7 centimètres de diamètre, on place 20 centimètres cubes de bière que l'on évapore au bain-marie (fig. 4, page 6) jusqu'à poids constant ; on multiplie le résultat par 50 pour le rapporter au litre. L'extrait varie dans les bières françaises de 30 à 90 grammes. Pour les bières riches en extrait, on évaporera seulement 10 centimètres cubes.

Dosage des cendres. — On évapore, par additions successives, 100 centimètres cubes de bière dans une capsule de platine tarée ; on calcine le résidu sec, après l'avoir carbonisé, comme nous l'avons indiqué pour les vins.

Détermination de l'acidité. — On mesure 100 centimètres cubes de bière que l'on place dans un ballon de 300 à 400 centimètres cubes surmonté d'un réfrigérant ascendant ; on fait bouillir assez longtemps pour expulser tout l'acide carbonique.

Après refroidissement, on étend d'eau pour obtenir un liquide jaune pâle (au besoin on fait un volume déterminé dont on prend une fraction connue seulement). On y ajoute quelques gouttes de solution alcoolique de phénol-phtaléine à 1 pour 100, et on titre au moyen de la liqueur décime de soude jusqu'à virage au rouge.

Chaque centimètre cube de cette liqueur correspond à $0^{gr},0049$ d'acide sulfurique monohydraté.

On détermine ainsi l'acidité totale.

Si l'on veut connaître la proportion d'acides volatils (qui

est en général le $\frac{1}{30}$ de l'acidité totale), on évapore à consistance sirupeuse 100 centimètres cubes de bière, on reprend par 20 centimètres cubes d'eau distillée, on évapore de nouveau et recommence trois fois cette opération, pour chasser l'acide acétique.

Finalement, on étend le résidu d'une assez grande quantité d'eau et on titre l'acidité fixe comme précédemment.

La différence des deux titrages correspond aux acides volatils.

§ 7. Analyse du cidre.

Les dosages à effectuer sont ceux de l'alcool, de l'extrait sec à 100°, l'acidité totale et l'acidité fixe, les cendres, le tannin, les sucres réducteurs et quelquefois la glycérine.

Les méthodes employées pour les vins s'appliquent sans modification aux cidres [1].

Nous reproduisons ci-dessous les analyses d'un certain nombre de cidres de provenances diverses dues à M. Lechartier [2].

L'extrait sec a été déterminé sur 10 centimètres cubes par dessiccation à l'étuve Gay-Lussac pendant 7 heures.

Le sucre a été dosé sur le cidre déféqué au sous-acétate de plomb puis *inverti*.

L'*alcool total* est la somme de l'alcool existant, de celui que pourrait donner le sucre non transformé et de celui qui correspond à l'acide acétique.

1. Voyez Paul Hubert, *l'art de faire le cidre*, Paris, 1895.
2. Lechartier. (*Comptes rendus de l'Académie des sciences*, 6 décembre 1886.)

PROVENANCE	ALCOOL existant en volumes 0/0	ALCOOL TOTAL en volumes 0/0	MATIÈRES SUCRÉES	DIFFÉRENCE entre l'extrait et le sucre	CENDRES
Calvados. . . .	1,6 à 6,7	5,9 à 9,4	2,8 à 65,0	17,4 à 30,8	2,27 à 3,22
Seine-Inférieure.	2,2 à 6,5	6,0 à 8,9	21,7 à 78,3	18,9 à 34,5	1,84 à 4,91
Eure.	3,6 à 4,6	5,3 à 7,6	6,4 à 68,0	20,2 à 21,3	2,28
Orne. . . .	3,7 à 6,7	6,1 à 7,2	1,7 à 43,6	15,1 à 24,2	2,22 à 2,86
Manche. . . .	6,7 à 7,6	7,3 à 8,4	1,2 à 17,5	16,4 à 19,9	1,91
Sarthe. . . .	5,8 à 7,5	7,6 à 8,9	20,5 à 26,7	22,5 à 24,6	2,92 à 3,27
Mayenne. . . .	2,4 à 4,5	5,7	16,9 à 53,4	16,7 à 25,5	1,84 à 2,05
Ille-et-Vilaine.	2,6 à 7,0	5,1 à 7,7	4,1 à 35,5	12,3 à 20,1	1,70 à 2,14
Côtes-du-Nord. .	3,4 à 4,9	6,4 à 6,6	25,3 à 48,4	14,7 à 21,3	2,09 à 2,72

§ 8. Analyse du vinaigre.

On doit déterminer dans les vinaigres : l'acide acétique et l'extrait sec, et rechercher les acides minéraux libres, la dextrine et le glucose.

Dosage de l'acide acétique. — On prend 10 centimètres cubes de vinaigre qu'on additionne d'assez d'eau distillée pour que le liquide soit à peine coloré ; on y ajoute quelques gouttes de solution alcoolique à 1 pour 100 de phtaléine du phénol, puis on titre au moyen de la solution normale de soude jusqu'à virage au rose.

Le produit du nombre de centimètres cubes de soude par 0,6 indique le titre du liquide en acide acétique monohydraté pour 100 (en volume).

Dosage de l'extrait sec. — On le détermine par évaporation au bain-marie de 10 ou 20 centimètres cubes de vinaigre, comme on l'a vu pour le vin.

On admet que dans les vinaigres de vin, le rapport de l'acide acétique contenu dans 1 litre de vinaigre à celui de l'extrait sec ne doit pas dépasser 5.

Recherche et dosage des acides minéraux libres. — On ajoute à 10 centimètres cubes de vinaigre quelques gouttes de solution de violet de méthylaniline à 1 pour 1000; si la liqueur vire au vert, il y a des acides minéraux.

Pour en déterminer la quantité, on titre au moyen d'une solution de soude décime jusqu'à ramener la couleur au violet : soit n le volume de cette solution ; le vinaigre contient par litre $0,49\ n$ d'acides minéraux exprimés en acide sulfurique monohydraté.

Recherche de la dextrine et du glucose. — Si l'on mélange le vinaigre avec le double de son volume d'alcool à 90°, il se forme un précipité floconneux quand il contient de la *dextrine*.

D'autre part, on neutralise par la potasse un peu de vinaigre et on chauffe à l'ébullition avec un égal volume de liqueur de Fehling : s'il y a du *glucose,* il se forme un précipité rouge d'oxydule de cuivre.

On peut doser ce glucose par les méthodes précédemment indiquées.

§ 9. Huiles végétales.

Nous indiquerons dans ce paragraphe la détermination des constantes des huiles végétales les plus répandues, qui permettent de les identifier [1].

1. Nous renvoyons pour les réactions des huiles aux ouvrages

Densité. — On détermine la densité des huiles autant que possible à la température de 15°. Si la température est différente t, on corrigera le résultat d'après la formule :

$$D_{15} = d + 0,00064\,(t - 15).$$

On emploie soit un densimètre spécial (oléomètre), soit la balance de Mohr.

Nous donnons dans le tableau suivant la densité moyenne des principales huiles.

Huile d'amande douce .	0,9183	Huile de lin	0,9325
— arachide. . .	0,9171	— navette. . .	0,9151
— cameline. . .	0,9259	— noix. . . .	0,926
— chènevis. . .	0,9255	— œillette. . .	0,924
— colza. . .	0,9142	— olive. . . .	0,9153
— coton. . . .	0,923	— ricin. . . .	0,9645
— faine. . . .	0,920	— sésame. . .	0,9225

Pouvoir rotatoire. — La plupart des huiles agissent sur la lumière polarisée : mais, sauf quelques exceptions, leur pouvoir rotatoire est faible. Nous citerons les chiffres suivants, qui se rapportent aux huiles examinées en tube de 20 centimètres, à la lumière du sodium, exprimés en degrés saccharimétriques :

Huile d'amande douce. .	— 0,7	Huile de lin	— 0,3
— arachide . . .	— 0,4	— navette. . .	+ 10
— cameline. . .	— 2,3	— noix. . . .	— 0,3
— chènevis . . .	— 0,5	— œillette. . .	0
— colza. .	— 1,6 à — 2,1	— olive. . . .	+ 0,6
— coton. . . .	— 0,7	— ricin. . . .	+ 43
— faine. . . .	0	— sésame..	+ 3 à + 9

spéciaux, et en particulier au mémoire de M. P.-J.-S. Girard (*Moniteur scientifique*, Quesneville, 1889, pages 937, 1050, 1166), au

Point de solidification des acides gras. — Cette détermination remplace avec avantage celle du point de solidification des huiles, qui offre beaucoup moins de régularité.

Pour isoler les acides gras on chauffe 50 grammes d'huile à 125° dans un ballon à fond rond de 1 litre et demi ; on verse sur l'huile chauffée un mélange de 50 centimètres cubes de lessive de soude à 36° Beaumé, et de 50 centimètres cubes d'alcool à 95°. On agite, en continuant à chauffer jusqu'à ce que la matière soit homogène et limpide, puis on ajoute 1 litre d'eau distillée chaude et on fait bouillir pendant trois quarts d'heure ; on ajoute assez d'acide sulfurique étendu pour décomposer le savon. On décante l'eau au moyen d'un siphon, puis on transvase les acides gras liquides dans une petite capsule que l'on place à l'étuve à une température inférieure à 100° pour assurer la séparation des dernières parties d'eau qui se rassemblent au fond de la capsule ; on décante doucement les acides gras dans une autre capsule où on les laisse se solidifier.

S'ils restent liquides on les décante à la pipette.

Dans tous les cas on en remplit aux deux tiers un tube à essai de 10 centimètres de long et de 2 centimètres de diamètre qu'on chauffe légèrement pour maintenir les acides gras liquides.

rapport de MM. Müntz, Durand et Milliau sur les procédés employés pour reconnaître les falsifications des huiles d'olive comestibles et industrielles (*Bulletin du Ministère de l'agriculture*, 1895, pages 89 et 139) et au livre de G. Beauvisage, *les matières grasses, caractères, falsifications et essais des huiles, beurres, graisses, etc.* Paris, 1891.

On fixe le tube dans un bouchon de liège qui est lui-même placé sur un flacon à large ouverture destiné à régulariser le refroidissement. On dispose ensuite un thermomètre très sensible, très exact, divisé en dixièmes, que l'on suspend à une potence de façon que son réservoir soit au centre du liquide, et on observe le thermomètre (fig. 74). Lorsque la cristallisation a gagné le tour du tube, on agite légèrement les acides gras en imprimant au thermomètre un mouvement circulaire trois fois à droite, trois fois à gauche.

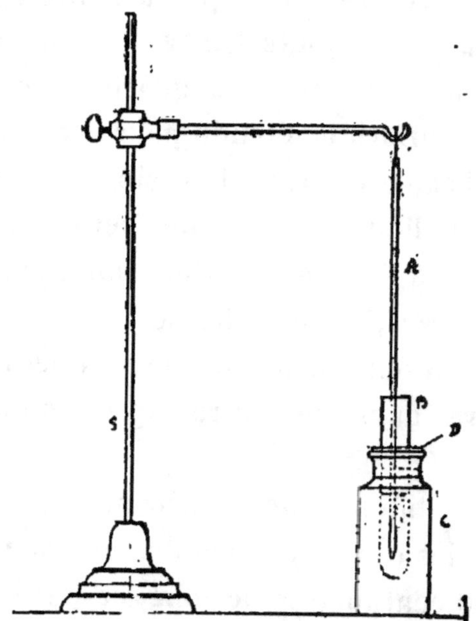

Fig. 74. — Détermination du point de solidification.

On remarque que le thermomètre a baissé après l'agitation de quelques dixièmes de degré puis qu'il remonte rapidement pour rester stationnaire au moins deux minutes ; c'est ce point de solidification que l'on note.

Pour les principales huiles on obtient les résultats suivants :

Huile d'amande douce.	5°	Huile de lin	21
— arachide. . .	31	— navette. . . .	17
— cameline. . .	Liquide	— noix.	16
— chènevis. . .	19	— œillette. . . .	16,5
— colza. . . .	18	— olive.	24
— coton. . . .	35	— ricin.	3
— faîne. . . .	17	— sésame. . . .	23

Échauffement sulfurique. — *Degré Maumené.* — Il est essentiel, pour obtenir des résultats comparables dans cette détermination, d'opérer toujours dans des conditions identiques, en ce qui concerne les vases, la densité de l'acide et la manière d'agiter. On choisit des verres à pied de 125 centimètres cubes, de même forme et de même poids ; on y introduit 20 grammes d'huile, et on y plonge un thermomètre à boule sphérique, à parois assez épaisses pour que le thermomètre puisse servir d'agitateur ; ce thermomètre est suspendu à une potence. On note la température t de l'huile ; puis on y fait couler 20 grammes d'acide sulfurique concentré, au moyen d'une pipette spéciale ; on agite par un mouvement circulaire pour mélanger les couches et on note la température maxima T. Le degré Maumené est égal à T-t.

La table suivante a été obtenue au moyen d'acide de densité 1.835 ; il est bon que chaque opérateur fasse sa table lui-même, en employant toujours le même acide, les mêmes vases, le même thermomètre.

HUILES	ÉCHAUFFEMENT sulfurique	HUILES	ÉCHAUFFEMENT sulfurique
Amande douce. . .	53°	Lin.	133°
Arachide. . . .	44	Navette. . . .	57
Cameline. . . .	56	Noix.	101
Chènevis. . . .	98	Œillette. . . .	86
Colza.	50	Olive.	42
Coton.	55	Ricin.	47
Faîne.	65	Sésame. . . .	68

Indice d'iode. — *Chiffre de Hübl.* — Les matières grasses contiennent des acides non saturés capables de fournir des composés d'addition avec le chlore, le brôme et l'iode. On emploie en particulier ce dernier et on désigne sous le nom d'indice d'iode ou de chiffre de Hübl la quantité d'iode fixée par 100 parties du corps gras.

On pèse dans une petite nacelle de verre, qu'il est facile de construire (fig. 75), 0^{gr},3 d'huile siccative et 0^{gr}5, s'il s'agit d'huile non siccative.

On introduit cette nacelle dans un flacon de 250 centimètres cubes, fermant à l'émeri avec 10 centimètres cubes de chloroforme, 25 centimètres cubes de solution d'iode (iode pur 25 grammes, alcool à 95° — 500 centimètres cubes), puis 20 centimètres cubes de solution alcoolique de bichlorure de mercure (bichlorure de mercure 30 grammes, alcool à 95° — 500 centimètres cubes).

Dans un flacon semblable, on introduit exactement les mêmes quantités de réactifs (sauf l'huile), et on laisse le contact durer pendant 2 heures (Ballantyne et Thomson indiquent 3 heures pour l'huile de lin et l'huile de phoque).

On verse alors dans chaque flacon 20 à 25 centimètres cubes de solution d'iodure de potassium pur dans l'eau distillée (solution à 10 pour 100) ; on ajoute 100 centimètres cubes d'eau distillée, 2 centimètres cubes de solution d'empois d'amidon à 2 pour 100, et on titre au moyen d'une liqueur titrée d'hyposulfite de soude à $24^{gr},8$ par litre.

Soient N et n les nombres de centimètres cubes d'hyposulfite employés pour la décoloration du flacon témoin et de l'essai, la quantité d'iode fixée par le corps gras sera

$$(N - n) \times 0^{gr},0127$$

On ramènera cette quantité à 100 grammes de corps gras.

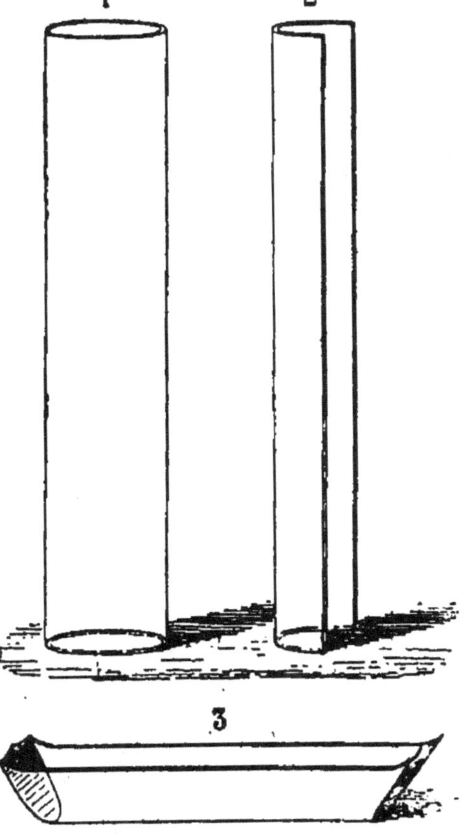

Fig. 75. — Construction de la nacelle en verre.

Remarque. — MM. Müntz, Durand et Milliau[1] recom-

1. Müntz, Durand et Milliau. Rapport à MM. les Ministres de l'Agriculture et de la Marine, sur les procédés employés pour reconnaître les falsifications des corps gras. (*Bulletin du Ministère de l'Agriculture*, décembre 1896.)

mandent de déterminer l'indice d'iode sur les acides gras séparés comme nous l'avons indiqué pour la détermination du point de solidification (page 409), mais lavés à l'eau distillée bouillante jusqu'à neutralité de l'eau de lavage et desséchés à 105° jusqu'à poids invariable.

Cette modification permet de supprimer l'emploi du chloroforme.

Le résultat obtenu est multiplié par 0,955 pour passer du chiffre des acides gras au chiffre de l'huile.

Nous donnons dans le tableau ci-dessous les indices d'iode d'après Girard, Merkling et autres et nous y joignons quelques nombres discordants :

DÉSIGNATION DES HUILES	INDICES D'IODE			
	GIRARD et autres	HUBL	THOMSON et BALLANTYNE	MUNTZ, DURAND, MILLIAU
Amande douce. . .	78 à 99	»	»	»
Arachide.	87 à 98	103	76 à 98	»
Cameline.	132	»	»	»
Chènevis.	122 à 127	143	»	»
Colza.	96 à 100	»	83 à 110	»
Coton.	106 à 110	»	106 et 187	94 à 105
Faine.	104	»	»	»
Lin.	152 à 158	»	105 à 178	»
Navette	103	»	»	»
Noix.	143 à 145	»	»	»
Œillette. . . .	130 à 136	»	»	»
Olive.	78 à 86	»	»	»
Ricin.	82 à 88	»	»	»
Sésame..	102 à 105	»	»	»

CHAPITRE IV

PRODUITS ANIMAUX.

Nous décrirons dans ce chapitre les procédés d'analyse et d'essai applicables aux produits animaux qui se présentent habituellement à l'examen du chimiste agricole ; ce sont : le lait, le beurre, le fromage.

§ 1. Lait.

Essai rapide du lait. — Emploi du lacto-densimètre et du crémomètre. — La recherche du mouillage et de l'écrémage du lait peut dans un grand nombre de cas se borner à la détermination de la densité du lait entier, du volume de crème séparé après un repos de 24 heures à la température de 15°, et à la prise de densité du lait bleu après enlèvement de la crème.

Pour donner des résultats certains, cette méthode doit être appliquée comparativement au lait à examiner et à un échantillon moyen authentique de la traite des vaches dont provient le lait soumis à l'analyse ; en ce qui concerne en particulier le dosage de la crème, il est à recommander d'employer des crémomètres identiques et de soumettre à l'écrémage *en même temps* les échantillons à comparer.

Le lait doit être mélangé par agitation modérée avant de prendre les échantillons pour l'analyse.

V. — Table de correction pour le lait entier
(non écrémé).

TEMPÉRATURES DU LAIT

	9	10	11	12	13	14	15	16	17	18	19	20	21
19	18,3	18,4	18,5	18,6	18,7	18,8	19,0	19,1	19,3	19,5	19,7	19,9	20,1
20	19,2	19,3	19,4	19,5	19,6	19,8	20,0	20,1	20,3	20,5	20,7	20,9	21,1
21	20,2	20,3	20,4	20,5	20,6	20,8	21,0	21,2	21,4	21,6	21,8	22,0	22,2
22	21,2	21,3	21,4	21,5	21,6	21,8	22,0	22,2	22,4	22,6	22,8	23,0	23,2
23	22,2	22,3	22,4	22,5	22,6	22,8	23,0	23,2	23,4	23,6	23,8	24,0	24,2
24	23,2	23,3	23,4	23,5	23,6	23,8	24,0	24,2	24,4	24,6	24,8	25,0	25,2
25	24,1	24,2	24,3	24,5	24,6	24,8	25,0	25,2	25,4	25,6	25,8	26,0	26,2
26	25,1	25,2	25,3	25,5	25,6	25,8	26,0	26,2	26,4	26,6	26,9	27,1	27,3
27	26,1	26,2	26,3	26,5	26,6	26,8	27,0	27,2	27,4	27,6	27,9	28,2	28,4
28	27,0	27,1	27,2	27,4	27,6	27,8	28,0	28,2	28,4	28,6	28,9	29,2	29,4
29	27,9	28,1	28,2	28,4	28,6	28,8	29,0	29,2	29,4	29,6	29,9	30,2	30,4
30	28,8	29,0	29,2	29,4	29,6	29,8	30,0	30,2	30,4	30,6	30,9	31,2	31,4
31	29,8	30,0	30,2	30,4	30,6	30,8	31,0	31,2	31,4	31,7	32,0	32,3	32,5
32	30,8	31,0	31,2	31,4	31,6	31,8	32,0	32,2	32,4	32,7	33,0	33,3	33,6
33	31,8	32,0	32,2	32,4	32,6	32,8	33,0	33,2	33,4	33,7	34,0	34,3	34,6
34	32,7	32,9	33,1	33,3	33,5	33,8	34,0	34,2	34,4	34,7	35,0	35,3	35,6
35	33,6	33,8	34,0	34,2	34,4	34,7	35,0	35,2	35,4	35,7	36,0	36,3	36,6

Indications du lacto-densimètre.

La densité est prise au moyen du lacto-densimètre de Quévenne (fig. 76), en même temps qu'on détermine la température du liquide.

On corrige l'indication du lacto-densimètre au moyen de la table spéciale V (page 416) et on note le chiffre corrigé.

Si la densité est inférieure à 1,029, le lait est probablement *mouillé,* et l'échelle colorée en *jaune* sur la tige du lacto-densimètre indique approximativement l'importance du mouillage.

On remplit ensuite avec le lait le crémomètre (fig. 77) jusqu'au trait marqué 0 ; pour rendre la lecture ultérieure plus facile, il est bon de colorer le lait du crémomètre au moyen d'une trace de bleu d'aniline ou de carmin d'indigo, qui ne colorent pas la matière grasse, et rendent la ligne de séparation très nette.

On abandonne ensuite le crémomètre couvert d'une plaque de verre pendant 24 heures autant que

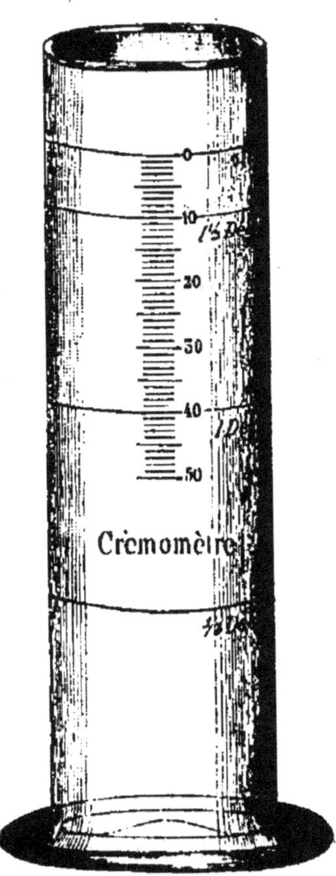

Fig. 77. — Crémomètre.

Fig. 76.
Lacto-densimètre
de Quévenne.

possible à 15°; il est commode de placer les crémomètres dans un bassin plein d'eau recevant un filet d'eau froide.

Après ce temps, on lit sur le crémomètre l'épaisseur de la couche de crème séparée et on la note. (Le lait moyen d'une bonne étable donne de 10 à 14 pour 100 de crème).

On enlève ensuite complètement la crème au moyen d'une petite cuiller ou d'une pipette, et on prend de nouveau la densité et la température comme on l'a fait pour le lait entier; on corrige cette densité, si la température diffère de 15° d'après les indications de la table spéciale VI (page 419).

Si cette densité est inférieure à 1.032, le lait est *probablement* mouillé, et l'échelle teintée en bleu sur la tige du lacto-densimètre indique approximativement l'importance du mouillage.

La comparaison des densités avant et après écrémage, celle des volumes de crème séparés, pour le lait soumis à l'analyse et pour l'échantillon authentique, donnent les éléments nécessaires pour la constatation du mouillage et de l'écrémage et le calcul de leur importance.

Lorsque l'on ne dispose pas d'un échantillon de comparaison, les conclusions doivent être beaucoup plus réservées.

Il est cependant un cas assez fréquent que l'essai du lait par le procédé précédent permet de résoudre, lors même qu'on ne possède pas d'échantillon authentique de lait pour la comparaison : c'est le cas d'écrémage et de mouillage simultanés et ménagés. Dans ce cas, la densité du lait soi-disant entier est normale (1,029 ou 1,030), mais le

VI. — Table de correction pour le lait bleu
(lait écrémé).

TEMPÉRATURES DU LAIT.

Indications du lacto-densimètre.	9	10	11	12	13	14	15	16	17	18	19	20	21
24	23,3	23,4	23,5	23,6	23,7	23,9	24,0	24,1	24,2	24,4	24,6	24,8	24,9
25	24,2	24,3	24,4	24,5	24,6	24,8	25,0	25,1	25,2	25,4	25,6	25,8	25,9
26	25,2	25,3	25,4	25,5	25,6	25,8	26,0	26,1	26,3	26,5	26,7	26,9	27,0
27	26,2	26,3	26,4	26,5	26,6	26,8	27,0	27,1	27,3	27,5	27,7	27,9	28,1
28	27,2	27,3	27,4	27,5	27,6	27,8	28,0	28,1	28,3	28,5	28,7	28,9	29,1
29	28,2	28,3	28,4	28,5	28,6	28,8	29,0	29,1	29,3	29,5	29,7	29,9	30,1
30	29,2	29,3	29,4	29,5	29,6	29,8	30,0	30,1	30,3	30,5	30,7	30,9	31,2
31	30,2	30,3	30,4	30,5	30,6	30,8	31,0	31,2	31,4	31,6	31,8	32,0	32,2
32	31,2	31,3	31,4	31,5	31,6	31,8	32,0	32,2	32,4	32,6	32,8	33,0	33,2
33	32,2	32,3	32,4	32,5	32,6	32,8	33,0	33,2	33,4	33,6	33,8	34,0	34,2
34	33,2	33,3	33,4	33,5	33,6	33,8	34,0	34,2	34,4	34,6	34,8	35,0	35,2
35	34,1	34,2	34,3	34,4	34,6	34,8	35,0	35,2	35,4	35,6	35,8	36,0	36,2
36	35,1	35,2	35,3	35,4	35,6	35,8	36,0	36,2	36,4	36,6	36,9	37,1	37,3
37	36,1	36,2	36,3	36,4	36,6	36,8	37,0	37,2	37,4	37,6	37,9	38,2	38,4
38	37,1	37,2	37,3	37,4	37,6	37,8	38,0	38,2	38,4	38,6	38,9	39,2	39,4
39	38,0	38,2	38,3	38,4	38,6	38,8	39,0	39,2	39,4	39,6	39,9	40,2	40,4
40	38,9	39,1	39,2	39,4	39,6	39,8	40,0	40,2	40,4	40,6	40,9	41,2	41,4

crémomètre n'indique que 6 ou 8 pour 100 de crème et le lait écrémé après repos de 24 heures au crémomètre ne possède plus qu'une densité de 1,025 à 1,030 ; l'addition d'eau au lait écrémé à l'étable compense l'augmentation de densité due à la soustraction de la crème, mais elle se fait sentir par une *diminution* anormale de la densité du lait écrémé ; l'ensemble de ces constatations permet donc de conclure à coup sûr au mouillage et à l'écrémage.

Analyse chimique du lait. — Lorsque les procédés sommaires ne suffisent pas pour établir la pureté d'un lait, et dans tous les cas, lorsque l'on veut établir sa composition chimique, on a recours aux déterminations suivantes.

Dosage de l'extrait sec et de l'eau. — Dans le tube représenté figure 9, page 9, on introduit du sable siliceux fin, calciné, lavé aux acides et tamisé pour en éliminer la poussière (ou de la pierre ponce fine ayant subi les mêmes traitements) de manière à remplir à moitié l'ampoule inférieure ; on dessèche à 100° et on tare le tube sur une balance sensible ; on y introduit ensuite 10 centimètres cubes de lait, on tare de nouveau et on place le tube dans un bain-marie en le reliant aux appareils de dessiccation comme il est indiqué dans la figure 10, page 10.

On pousse l'évaporation à sec assez loin pour que deux pesées successives indiquent le même poids. Les trois pesées permettent de connaître le poids du lait employé (10 centimètres cubes) et le poids de l'extrait sec.

Dosage des cendres. — On évapore à sec 20 centimètres cubes de lait dans une capsule de platine tarée et on carbonise le résidu à basse température ; on achève la combustion au moufle chauffé à peine au rouge sombre, et on pèse.

On multiplie le résultat par 50 pour le rapporter au litre et on divise le chiffre obtenu par la densité pour le ramener au kilogramme.

Dosage du beurre. — A. PAR EXTRACTION. — On introduit dans le tube de Liebig (fig. 9) qui contient l'extrait sec de 10 centimètres cubes de lait environ 10 centimètres cubes d'éther ; on laisse digérer pendant une demi-heure et on décante le liquide éthéré sur un très petit filtre sans plis disposé dans un entonnoir sur une petite fiole d'Erlenmeyer. On répète cinq ou six fois ce lavage, puis on relie la petite fiole à un réfrigérant et on distille au bain-marie pour recueillir la plus grande partie de l'éther. On achève la dessiccation au bain de sable ou à l'étuve à 100-110°. La fiole étant tarée vide, on s'assure de la constance du poids par deux pesées, dont la dernière permet de calculer le taux de beurre par litre.

B. MÉTHODES VOLUMÉTRIQUES. — a) *Méthode du Dr Adam.* — On emploie l'appareil spécial (fig. 78) désigné sous le nom de galactimètre du Dr Adam, qui ne nécessite pas de description.

On ouvre le robinet et on plonge l'extrémité inférieure de l'appareil dans le lait bien homogène ; on aspire par la partie supérieure de manière à remplir et au delà la petite boule *b* ; on ferme le robinet, puis on le manœuvre de façon à affleurer le ménisque au trait 10 centimètres cubes. On introduit alors par l'ouverture supérieure jusqu'au trait 32 centimètres cubes la liqueur éthéro-alcoolique am-

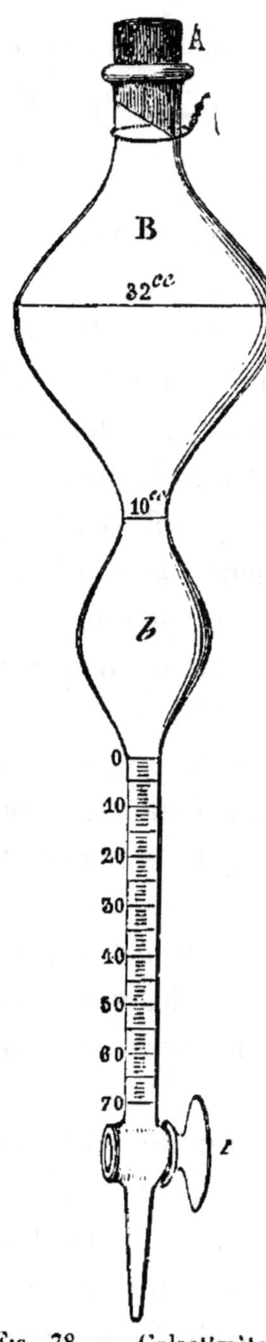

Fig. 78. — Galactimètre du Dr Adam.

moniacale du Dr Adam, composée ainsi qu'il suit : mélanger dans un ballon jaugé de 1 litre 833 centimètres cubes d'alcool à 90°, 30 centimètres cubes d'ammoniaque de densité 0,925, compléter jusqu'au trait avec de l'eau distillée ; le mélange obtenu est ensuite additionné de 1,100 centimètres cubes d'éther pur à 65°.

On bouche ensuite solidement le tube et on le renverse de manière à faire passer lentement tout le liquide dans la grande boule ; on retourne plusieurs fois le tube jusqu'à ce que le mélange soit homogène : les parois doivent être bien nettes.

En dernier lieu, le tube étant renversé, on ouvre rapidement le robinet, de façon que la pression intérieure chasse la goutte de lait qui restait dans le tube effilé ; on le referme, retourne l'appareil et le laisse reposer verticalement jusqu'à séparation complète des deux couches qui se forment ; cela demande quelques minutes au bout desquelles on débouche ce tube et décante à peu près complètement le liquide inférieur en tournant le robinet ; puis on ferme le tube, on le roule verticalement entre les mains, on laisse reposer ; il se sépare une nouvelle quantité de liquide aqueux. On répète plusieurs fois cette manœuvre en éliminant chaque fois la presque totalité du liquide séparé. On verse ensuite par la partie supérieure 10 centimètres cubes d'eau distillée que l'on laisse couler doucement le long des parois pendant qu'on fait tourner l'appareil de la main gauche.

Après repos de 5 minutes on soutire cette eau aussi complètement que possible ; puis on verse dans l'appareil avec les précautions indiquées, de l'acide acétique à 15 pour 100 (150 centimètres cubes d'acide acétique cristallisable et eau distillée pour faire 1 litre), jusqu'au trait 33 centimètres cubes de la boule supérieure ; on plonge l'appareil dans un bain d'eau dont on élève lentement la température jusqu'à 90° ; on soutire alors le liquide acide de manière que le beurre arrive dans la boule b ; on replace le tube dans le bain à 90° jusqu'à ce que le beurre soit parfaitement limpide ; on ouvre alors le robinet pour amener le beurre dans le tube gradué. On reporte le tube dans un bain à 80° où il séjourne 5 minutes ; on lit le volume occupé par le beurre : chaque division représente 1 gramme de beurre par litre.

b) Méthode de Marchand. — M. Démichel a modifié avantageusement le lactobutyromètre de Marchand, au point de vue de la sensibilité et de la commodité de l'opération ; il lui a donné la forme que représente la figure 79[1].

Par l'entonnoir latéral on introduit dans l'appareil 20 centimètres cubes de lait, 4 gouttes de lessive de soude à 36° Baumé ; on agite puis on introduit 20 centimètres cubes

1. *Revue de chimie analytique appliquée*, tome V, n° 2.

d'éther à 65°; on mélange puis on ajoute 20 centimètres cubes d'alcool à 90°, on mélange de nouveau et on place l'appareil dans un bain d'eau dont on élève la température à 40°; au bout de 10 minutes, le beurre étant séparé, on ajoute par l'entonnoir latéral de l'eau puisée dans le bain-marie pour amener le beurre dans le tube divisé, jusqu'à ce que la partie inférieure de la colonne de beurre affleure à la division 12,6; on lit à la partie supérieure la division avec laquelle coïncide la surface du beurre : c'est le poids de beurre par litre de lait.

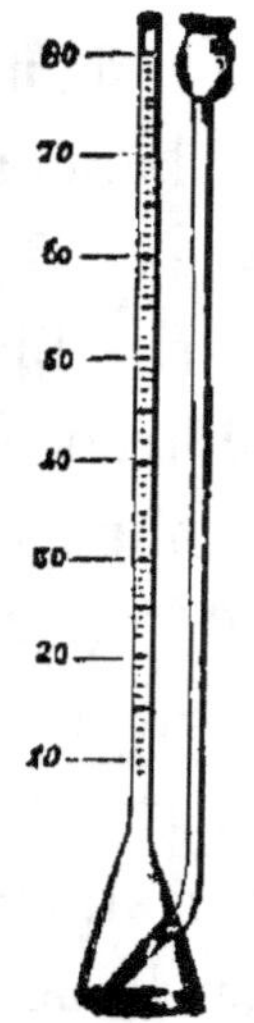

Fig. 79.
Lactobutyromètre de Marchand, perfectionné par M. Démichel.

Dosage du sucre de lait. — A.

PAR LES LIQUEURS CUIVRIQUES. — Si l'on a dosé la matière grasse par le procédé du Dr Adam (page 421) on a pu recueillir dans une fiole jaugée à 100 cetimètres cubes les liquides aqueux séparés du beurre, avant l'addition d'acide acétique; on y ajoute 2 centimètres cubes d'acide acétique à 15 pour 100, on complète le volume jusqu'au trait de jauge avec de l'eau distillée, on mélange bien en agitant vivement avec une baguette de verre, après avoir transvasé le liquide dans un verre à précipiter. On laisse reposer en couvrant le vase, puis on décante la partie limpide sur un filtre; le liquide filtré qui représente le lait étendu au dixième, sert au dosage du sucre de lait par la liqueur cuivrique, soit par la méthode volumétrique (page 321) soit par la méthode pondérale (page 324).

Dans le premier cas, on comptera que 10 centimètres

cubes de liqueur de Fehling bien titrée correspondent à 0^{gr},0670 de lactose; mais il sera bon de déterminer directement son titre par rapport au lactose pur. Dans le deuxième cas, on comptera 0,135 de cuivre pour 0,100 de sucre de lait, ou mieux on mêlera 25 centimètres cubes de chacune des deux liqueurs d'Allihn (page 320); on ajoutera 50 centimètres cubes de la solution filtrée de lait obtenue ci-dessus, puis 50 centimètres cubes d'eau distillée, et on chauffera pendant 6 minutes à l'ébullition. On filtre, lave, sèche et réduit l'oxyde de cuivre dans le tube de Soxhlet (page 326) et on pèse.

La table suivante due à Soxhlet permet de calculer le lactose en partant du cuivre réduit: on la complète par interpolation.

TABLE DE SOXHLET

CUIVRE PESÉ en milligrammes	SUCRE DE LAIT correspondant en milligrammes
392,7	300
363,6	275
333,0	250
300,8	225
269,6	200
237,5	175
204,0	150
171,4	125
138,3	100

Si l'on n'a pas à sa disposition le liquide résultant du dosage du beurre par la méthode du Dr Adam, on peut extraire par l'eau distillée chaude le sucre de lait restant dans le tube de Liebig après extraction de la graisse; on lave huit ou dix fois le sable au moyen de 10 centimètres cubes d'eau bouillante chaque fois, en passant la liqueur sur un petit filtre disposé sur une fiole jaugée à 100 centimètres cubes, jusqu'à obtenir ce volume : on fait refroidir à 15°, on complète le volume avec de l'eau froide, et on opère comme ci-dessus.

B. PAR LE SACCHARIMÈTRE. — On étend au dixième du sous-acétate à 30° Baumé, en ajoutant quelques gouttes d'acide acétique pour faire disparaître le trouble laiteux qui se produit ; puis on additionne 50 centimètres cubes de lait d'un égal volume de sous-acétate étendu, on agite fortement, puis on filtre et examine le liquide filtré au saccharimètre en tube de 20 centimètres.

En raison de la dilution, 1 degré saccharimétrique correspond à $4^{gr},15$ de lactose par litre de lait ; 1° d'arc $= 19^{gr},05$ et 1' $= 0^{gr},3175$ de lactose.

Si l'on voulait vérifier le pouvoir rotatoire au moyen de lactose pur, il ne faut pas oublier que ce sucre présente la multirotation : son pouvoir rotatoire augmente continuellement après la dissolution pendant plusieurs heures ; pour le fixer à sa valeur définitive, il faut ou bien faire bouillir la solution, puis refroidir, ou laisser la solution à froid 24 heures avant de procéder aux mesures.

Dosage de la caséine. — M. Duclaux conseille de déterminer la caséine par différence, les autres dosages ayant été exécutés avec soin par les méthodes pondérales (surtout le beurre) ; la raison en est que la caséine n'est pas une substance bien connue et que les divers précipitants qui servent à la séparer ne donnent pas une précipitation totale.

J'indiquerai cependant[1] la méthode du Dr J. Roux, de Bordeaux. On épuise dans un entonnoir à décantation 10 centimètres cubes de lait par 25 centimètres cubes de solution éthéro-alcoolique ammoniacale du Dr Adam (page 421); on recueille la solution aqueuse séparée du beurre en lavant plusieurs fois par décantation; on ajoute à la solution aqueuse 2 centimètres cubes d'une solution d'acide trichloracétique à 50 pour 100. On agite modérément et filtre sur un filtre taré équilibré; on lave au moyen de 50 centimètres cubes d'eau distillée additionnée de 1 centimètre cube d'acide trichloracétique à 50 pour 100, en laissant chaque fois le filtre se vider complètement. On sépare les deux filtres, on les essore en les pressant entre des doubles de papier à filtre et on sèche ensuite à 100° jusqu'à poids constant.

L'augmentation du poids de l'un des filtres par rapport à l'autre est multipliée par 100 pour rapporter la caséine à 1 litre de lait.

§ 2. Beurre.

L'analyse des beurres peut être faite à deux points de vue: soit pour établir la proportion de leurs éléments normaux: eau, matière grasse, caséine, lactose, acidité, matières minérales (éventuellement sel marin), soit pour la recherche de l'addition de matières grasses étrangères.

Dans ce deuxième cas, les déterminations les plus impor-

---

1. Voyez Halphen. *La pratique des essais commerciaux*. Matières organiques, p. 153.

tantes à effectuer sont : le point de fusion du beurre, le point de solidification des acides gras, le dosage des acides gras volatils, celui des acides gras fixes ; le nombre de saponification (Kœttstorfer) et l'indice d'iode (Hübl) fournissent également des renseignements très utiles.

Lorsque les déterminations précédentes conduisent à admettre la présence de graisses étrangères, on doit procéder au moyen des réactifs spéciaux à la recherche de certaines huiles.

Enfin il y a souvent lieu d'étudier la coloration des beurres et de rechercher s'ils ont été additionnés d'agents de conservation.

1. Analyse du beurre.

Dosage de l'eau. — La méthode que M. Duclaux a employée dans ses recherches classiques sur les produits de la laiterie est la plus convenable pour cette détermination ; elle s'applique également bien au lait, au beurre et au fromage.

L'appareil de M. Duclaux (fig. 80) se compose d'un tube en U dont une branche est très large et l'autre étroite a ; celle-ci est relié par un tube de caoutchouc à un tube laveur b contenant de l'acide sulfurique concentré. L'autre branche communique par l'intermédiaire d'un tube à boule o avec une trompe à eau destinée à produire un courant d'air à travers le système. Dans la large branche du tube en U, on introduit d'abord un court fil de platine façonné en épingle qui obture presque complètement l'orifice du tube étroit, puis un morceau d'éponge fine (dégraissée à l'éther), taillé de façon à remplir la partie inférieure du tube ; enfin un autre morceau d'éponge taillé en forme de disque plat formant bouchon à mi-hauteur.

L'appareil est monté comme l'indique la figure, puis on

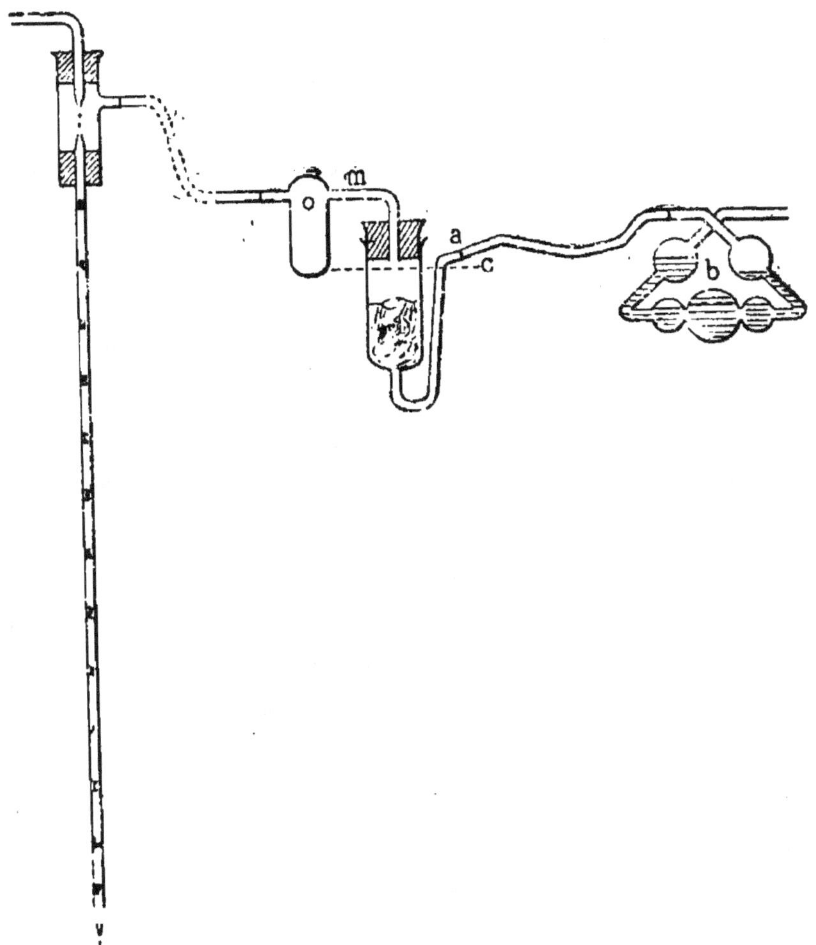

Fig. 80. — Appareil de M. Duclaux pour le dosage de l'eau dans le lait, le beurre et le fromage.

dispose un bain-marie de façon que le tube en U y pénètre aux trois quarts. On chauffe à l'ébullition, on fait agir la trompe, et au bout d'une heure, on détermine la tare du tube en U.

On enlève alors le bouchon d'éponge, on glisse dans le tube un fragment de beurre de 2 ou 3 grammes, on replace l'éponge et on pèse pour connaître le poids du beurre employé. On dispose ensuite le tube dans le bain-marie et on fait fonctionner l'appareil pendant 2 heures; au bout de ce temps la dessiccation est complète; on pèse, on remonte l'appareil qu'on fait fonctionner encore une demi-heure : une nouvelle pesée ne doit pas donner de différence avec la première.

On déduit de là le taux d'eau par un calcul très simple.

Dosage de la matière grasse. — On verse de l'éther ou du sulfure de carbone dans le tube de manière à imbiber complètement les éponges, puis on en ajoute assez pour chasser le premier qui s'est chargé de matière grasse ; on continue ce lavage jusqu'à ce que quelques gouttes du liquide ne donnent plus de résidu par évaporation à sec.

On peut recueillir la solution de beurre, l'évaporer, dessécher et peser la matière grasse ; mais il est plus rapide de dessécher le tube dont on a extrait la graisse, et de déterminer celle-ci par la perte de poids.

Dosage du sel marin. — On retire les éponges du tube, on les imbibe d'eau distillée tiède, puis on les comprime entre les doigts et on les lave ainsi plusieurs fois pour en extraire tous les produits solubles dans l'eau ; le liquide obtenu est trouble, mais on y dose malgré cela très facilement le sel marin par la liqueur décime d'argent en présence de chromate jaune de potasse.

Dosage des cendres. — On incinère 10 grammes de beurre dans une capsule de platine en ayant soin de ne pas dépasser le rouge sombre surtout si le beurre est salé. Le poids des cendres est multiplié par 10.

En retranchant de 100 la somme des poids de l'eau, de la matière grasse et des cendres, on connaît le taux de la caséine et du sucre de lait : si ce taux dépasse 6 ou 7 pour 100, il y a lieu de doser directement la caséine et le sucre de lait, et de rechercher les matières étrangères: amidon, pulpe de pommes de terre, saccharose (qu'on trouve parfois dans les beurres de conserve), si les chiffres trouvés pour la caséine et le sucre ne suffisent pas pour combler le déficit.

Dosage de la caséine. — On pèse 20 grammes de beurre que l'on place dans une capsule plate à 110° jusqu'à élimination complète de l'eau ; après refroidissement on dissout le beurre dans l'éther, et on filtre sur un filtre taré ; on lave à l'éther jusqu'à élimination de la matière grasse, puis on sèche le filtre à 120° et on pèse : le poids obtenu représente la caséine et les sels de 20 grammes de beurre et celui des matières étrangères. L'examen microscopique du résidu permet souvent de reconnaître celles-ci. Souvent on se borne à calciner le résidu et à défalquer de son poids celui des cendres : la différence est comptée comme caséine.

Il est préférable d'attaquer tout ou partie du résidu par la méthode de Kjeldahl (page 38) ; on multiplie ensuite le poids d'azote obtenu par 6,25 pour calculer la caséine : le nombre obtenu doit être très voisin du poids total du résidu laissé par l'éther.

Dosage du lactose. — On fait fondre au bain-marie 20 grammes de beurre en présence de 10 centimètres cubes d'eau distillée ; on agite vivement pour émulsionner la masse, puis on laisse refroidir en plaçant dans le vase 2 baguettes de verre dont l'une est dressée le long de la paroi : après refroidissement on retire les baguettes ce qui permet d'écouler le liquide dans une fiole jaugée à 100 centimètres cubes ; on répète deux ou trois fois la même opération et on étend ensuite d'eau distillée jusqu'au trait de jauge.

Dans ce liquide que l'on filtre au besoin on dose le sucre de lait par les méthodes cuivriques, comme nous l'avons indiqué pour le lait (page 317).

On garde le reste du liquide pour la recherche des agents de conservation.

Recherche des acides gras libres. — Dans une fiole d'Erlenmeyer on introduit 10 grammes de beurre avec 30 centimètres cubes d'alcool à 90°, et on chauffe jusqu'à fusion du beurre ; puis on titre au moyen de potasse décime-normale en présence de phtaléine du phénol.

On peut exprimer le résultat en acide oléique (1 centimètre cube de potasse décime correspond à 0gr,282 d'acide oléique pour 100 de beurre), ou simplement on multiplie le nombre de centimètres cubes de potasse décime par 10 : le produit est le chiffre de Bürstynn ; il ne doit pas dépasser 8 pour un beurre normal.

Recherche de la coloration. — On agite le beurre fondu avec de l'alcool étendu tiède ; on décante et évapore l'alcool.

Le résidu laissé par le *rocou* est rouge-brun ; il passe au bleu par l'acide sulfurique concentré.

Le *safran* donne un précipité orangé par le sous-acétate de plomb.

Le *curcuma* laisse un extrait rouge-brun, brunissant par l'ammoniaque, et plus encore par l'acide chlorhydrique ; sa solution dans la benzine ou dans l'alcool est fluorescente.

La *carotte* devient verte par les alcalis.

RECHERCHE DES AGENTS DE CONSERVATION. — La solution aqueuse qui a servi en partie au dosage du lactose est concentrée puis partagée en deux portions ; l'une est acidifiée par l'acide chlorhydrique, puis additionnée de quelques gouttes de perchlorure de fer très étendu : une coloration violette dénote l'*acide salicylique*.

L'autre partie, réduite à siccité est additionnée d'une goutte d'acide sulfurique, puis de 4 ou 5 centimètres cubes d'alcool à 95° qu'on enflamme, la couleur verte de la flamme indique l'*acide borique* et le *borax*.

2. Recherche des corps gras étrangers.

Les déterminations qui doivent conduire à la constatation de la pureté ou de la falsification du beurre doivent être précédées de l'*examen microscopique*.

On écrase sur une lame porte-objet quelques parcelles de beurre prises en différents points de l'échantillon, en appuyant doucement la lamelle couvre-objet ; puis on porte la préparation sous le microscope et on la soumet à un examen attentif : souvent les beurres margarinés présentent des cristallisations que l'examen en lumière polarisée rend beaucoup plus visibles (fig. 81 et 82)[1].

1. Voyez Ch. Girard et de Brévans. La margarine et le beurre artificiel. Paris, 1889.

MM. Padé et Dubois ont également recommandé l'examen microscopique des acides gras, qui peut fournir des renseignements utiles sur la nature de la graisse animale ajoutée au beurre ; les figures 83, 84, 85 et 86 que nous reproduisons ci-dessous, montrent l'aspect que présentent au mi-

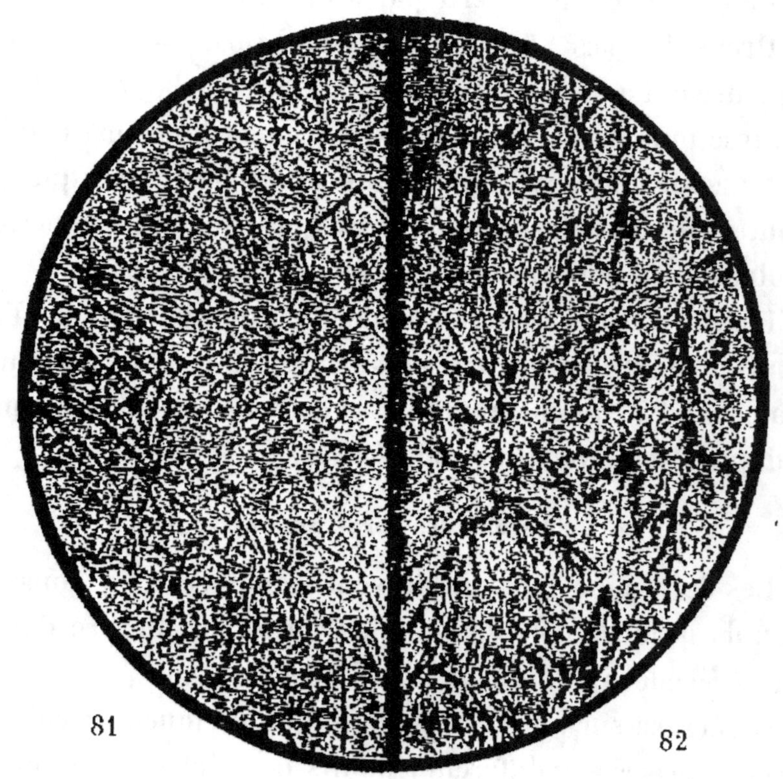

Fig. 81 et 82. — 81, beurre; 82, margarine.
D'après une photographie de MM. Padé et Dubois.

croscope les acides gras des graisses de mouton, de veau, de porc, de bœuf.

Détermination du point de fusion du beurre. — On fait fondre à l'étuve chauffée à 50° au moins

80 grammes de beurre sans l'agiter, puis on décante le beurre fondu sur un filtre placé dans l'étuve, en ayant soin de ne pas faire passer d'eau sur le filtre. On mélange

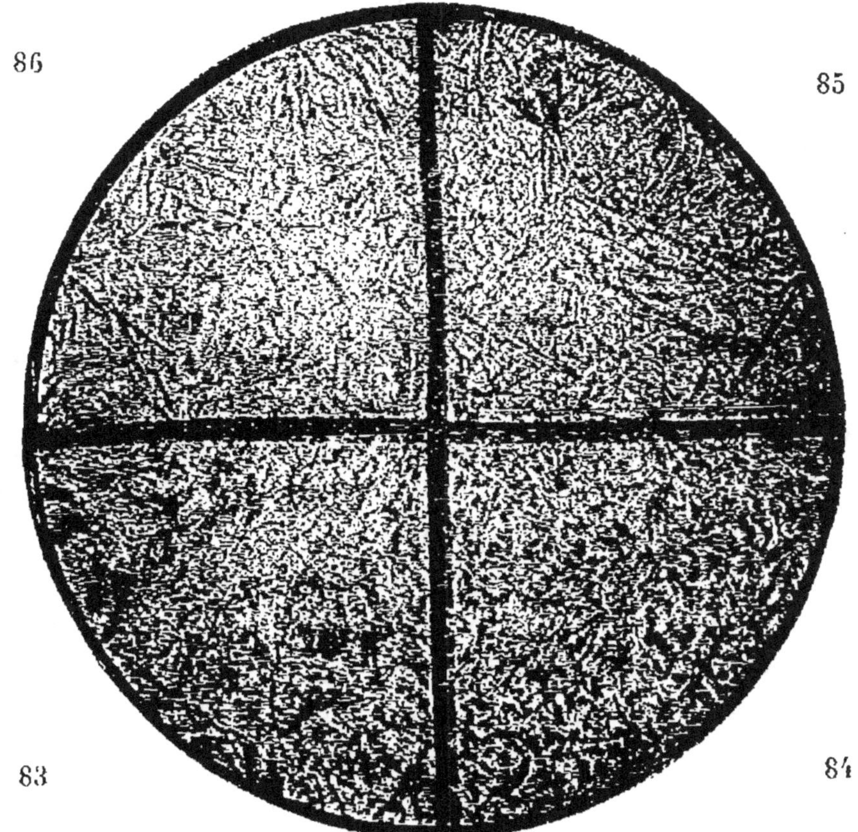

Fig. 83 à 86. — Caractères microscopiques des acides gras.
83, mouton; 84, veau; 85, porc; 86, bœuf.

D'après une photographie de MM. Padé et Dubois.

par agitation le beurre fondu filtré et on en remplit complètement deux ou trois petits flacons que l'on bouche et conserve à l'abri de la lumière; le reste est versé dans un tube à essai dans lequel plonge un thermomètre sensible.

On laisse la solidification s'opérer, puis on place le tube dans un bain-marie dont on élève lentement la température pendant qu'on agite le beurre avec le thermomètre.

On note à titre d'approximation la température à laquelle le beurre est parfaitement limpide, puis on laisse le bain-marie se refroidir, et on note définitivement le point où se produit une légère opacité par suite d'un commencement de cristallisation.

Le beurre fond à 31°, les oléomargarines ont des points de fusion variables ; les suifs fondent à 45° (bœuf) et 50° (mouton), le saindoux à 40, 42°.

Détermination du point de solidification des acides gras. — On prépare les acides gras insolubles comme nous l'avons indiqué pour les huiles (page 409), ou plus simplement on utilise les acides gras fixes résultant du dosage que nous exposons plus loin. On détermine le point de solidification par la méthode décrite pour les huiles (page 409) en employant l'appareil figure 74, page 410.

Dosage des acides gras volatils. — *Méthode de M. Müntz.* — On fait fondre à basse température le beurre filtré conservé dans un des flacons dont nous avons parlé ci-dessus, on agite pour bien le mélanger et on en pèse 5 grammes dans un becherglas à bec de 5 centimètres de diamètre sur 7 de hauteur, préalablement taré. Pour cette pesée on emploie avec avantage une pipette à boule, que chacun peut souffler, et qui est grossièrement graduée à 6 centimètres cubes.

La pesée est faite au milligramme.

Avant que le beurre soit figé, on y ajoute 2cc,5 d'une solution *saturée* à 20° de potasse à l'alcool dans l'eau (il faut environ 120 grammes de potasse pour faire 100 centimètres cubes de solution). On mélange aussitôt la solution de potasse au beurre fondu au moyen d'une baguette de verre, jusqu'à ce qu'on ait obtenu une masse dure succédant à une émulsion épaisse et homogène ; puis on laisse la matière en repos pendant 10 minutes : la saponification est *complète* à froid.

On verse ensuite sur le savon 40 centimètres cubes d'eau bouillante, on place le verre au bain de sable et on agite pour dissoudre la masse ; on transvase ensuite la solution dans un ballon spécial (fig. 87) au moyen d'un petit entonnoir ; on lave à l'eau bouillante le verre et l'entonnoir, mais avec 20 centimètres cubes d'eau au maximum.

On introduit dans le ballon une quantité suffisante de solution concentrée d'acide phosphorique dans de l'eau pour *sursaturer légèrement* la quantité de potasse employée. On la détermine par un titrage alcalimétrique. On ajoute enfin au liquide quelques grains de pierre ponce sulfurique que l'on a calcinée au rouge, puis lavée, séchée et recalcinée.

Pour éliminer l'acide carbonique, on fait le vide pendant quelques minutes dans le ballon à froid pendant qu'on l'agite ; puis on monte l'appareil comme l'indique la figure : la tubulure latérale du ballon est munie d'un bon caoutchouc à pince ; le col étiré est relié à un réfrigérant de Liebig qui déverse les produits de distillation sur un petit filtre sans plis disposé sur une fiole jaugée à 400 centimètres cubes ; enfin le ballon est disposé dans un bain-marie contenant une solution de chlorure de calcium bouillant à 120° (marquant 38° Baumé). On chauffe le bain-marie à l'ébullition, et lorsque le liquide est presque entièrement distillé, on ajoute par la tubulure latérale T au moyen d'une pipette 20 centimètres cubes d'eau distillée bouillie bouillante, en manœuvrant la pince *p*, de façon que l'atmosphère du ballon ne communique pas avec l'extérieur ; on distille de

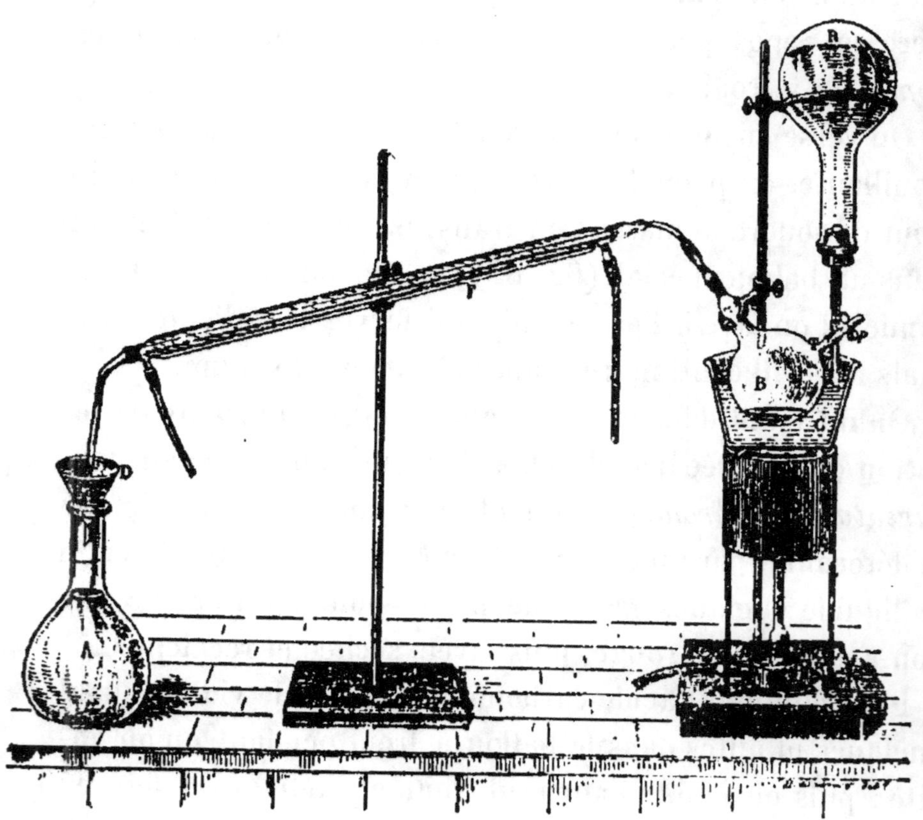

Fig. 87. — Distillation des acides gras volatils [1].

nouveau presque à sec, on réintroduit 20 centimètres cubes d'eau bouillante, et ainsi de suite, seize ou dix-sept fois jusqu'à ce que l'on ait recueilli 400 centimètres cubes de

1. Figure empruntée au livre de M. Grandeau. *Analyse des Matières agricoles*, t. II.

liquide : l'opération dure cinq heures, mais on peut en conduire un certain nombre à la fois.

Le liquide recueilli contient les acides gras volatils solubles ; on y ajoute de la teinture de tournesol sensible (toujours le même volume), puis 50 centimètres cubes d'eau de chaux titrée, que l'on verse d'un coup au moyen d'une pipette ; on complète le titrage jusqu'à réaction bleue franche au moyen de la même eau de chaux contenue dans une burette ; on calcule le résultat en acide sulfurique monohydraté.

Nota. — On peut, pour appliquer les résultats obtenus antérieurement par la méthode de Reichert, calculer l'acidité de 5 grammes de beurre fondu en centimètres cubes de potasse décime-normale : on obtient ainsi le *chiffre de Reichert-Meissl* qui est pour les beurres : 26 à 32; pour les oléo-margarines de 0,5 à 3 pour les suifs, 0,2 pour le saindoux 0. Mais il est préférable de déterminer soi-même les chiffres d'acides volatils en opérant sur des beurres purs, des graisses étrangères et des mélanges en diverses proportions de beurres purs et de graisses.

Dosage des acides gras fixes. — On saponifie comme ci-dessus 10 grammes de beurre fondu par 5 centimètres cubes de potasse saturée dans un becherglas à bec, taré, de 250 centimètres cubes. Après saponification on dissout le savon dans 150 centimètres cubes d'eau distillée chaude, on porte à 100° sans faire bouillir, puis on met en liberté les acides gras en ajoutant à la solution limpide de savon 15 centimètres cubes d'acide sulfurique au cinquième. On chauffe jusqu'à ce que les acides gras forment une couche huileuse limpide ; on doit faire attention de ne pas atteindre tout à fait 100°, car la formation brusque de vapeurs provoquerait des projections.

On fait ensuite passer les acides gras sur un filtre épais et résistant ne présentant aucun défaut : ce filtre est coupé rond de 11 à 14 centimètres de diamètre ; mais on ménage en un point de la circonférence un appendice de 20 millimètres de large et de 5 à 6 millimètres de hauteur ; en pliant le papier on s'arrange pour que cet appendice se trouve sur la partie du filtre qui n'a qu'une épaisseur de papier (fig. 88).

Ce filtre doit s'appliquer exactement sur l'entonnoir lorsqu'il est mouillé ; on verse les acides gras, puis le liquide aqueux sur le filtre en essuyant chaque fois le bec du verre sur l'appendice qui doit dépasser le bord de l'entonnoir.

On a disposé un ballon contenant de l'eau distillée bouillie et maintenue par un fourneau à gaz à 95-98° ; dans ce ballon plonge un siphon dont la grande branche est un tube de caoutchouc muni d'une pince p, d'un ajutage de verre effilé E et d'un disque de liége L monté sur l'ajutage et destiné à permettre de manier l'appareil sans se brûler.

On lave le verre en dirigeant le jet d'eau chaude convenablement et en recevant le liquide sur le filtre, cela à 5 ou 6 reprises ; puis on lave les acides gras sur le filtre pendant très longtemps, en promenant le jet d'eau bouillante à leur surface de manière à les remuer et à entraîner les acides solubles : il faut employer à ce lavage 1 litre 1/2 d'eau.

Quand le lavage est terminé, on plonge l'entonnoir contenant le filtre dans un verre rempli d'eau froide, de façon

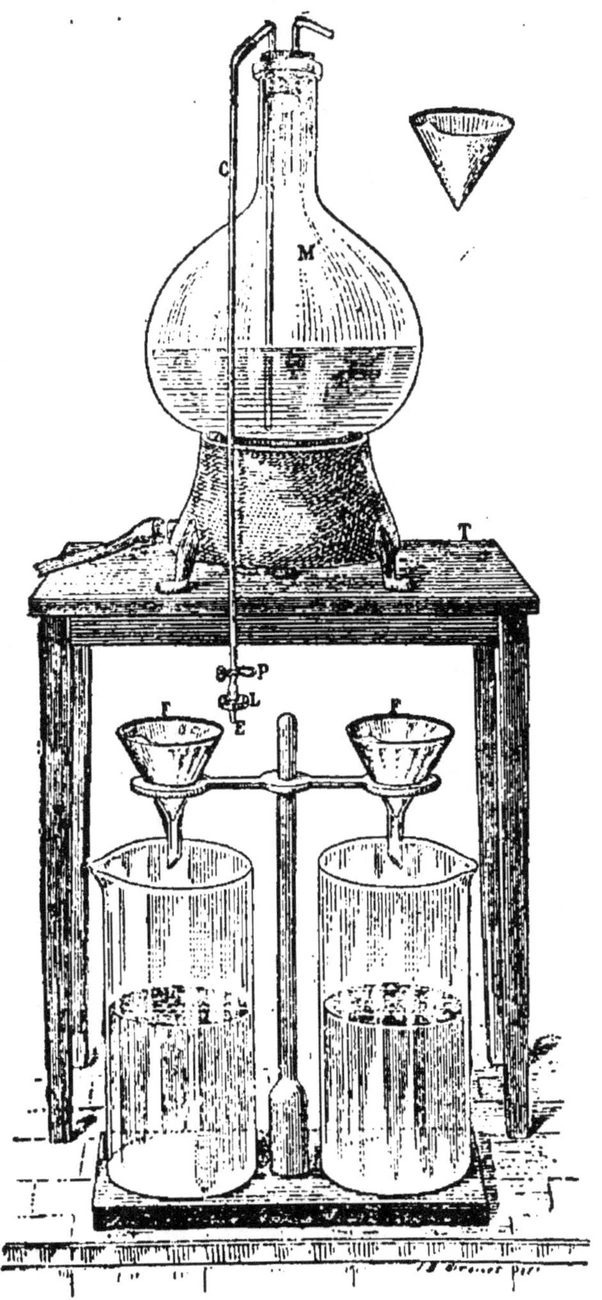

Fig. 88. — Lavage des acides gras fixes [1].

1. Figure empruntée au livre de M. Grandeau, *Analyse des Matières agricoles*, t. II.

que cette eau arrive extérieurement au niveau supérieur des acides gras ; au bout d'un quart d'heure on retire l'entonnoir, on le laisse bien égoutter, puis on sort le filtre, qu'on déploie et étale sur des doubles de papier filtre. On enlève le pain conique d'acides gras qu'on dépose sur un verre de montre ; au moyen d'un canif on détache les petites quantités d'acides qui adhèrent au filtre et on les ajoute au reste. Enfin on examine avec soin la surface des eaux de lavage refroidies : il s'y trouve quelquefois quelques gouttelettes d'acides gras ayant traversé le filtre, et qui sont maintenant figées ; on les recueille avec la pointe d'un canif et on les joint au lot déjà recueilli.

Le filtre est séché à l'air, puis introduit dans un tube effilé disposé au-dessus d'un petit cristallisoir en verre de Bohême taré. On épuise le filtre avec de l'éther anhydre que l'on fait passer d'abord dans le vase où l'on a fait la saponification, de manière à rassembler les petites quantités d'acides gras du verre et du filtre en solution éthérée dans le cristallisoir.

On laisse l'éther s'évaporer spontanément, puis on porte le résidu dans l'étuve de Gay-Lussac à 100° pendant une heure ; on y joint alors le reste des acides gras, recueilli sur le verre de montre ; puis on remet le tout à l'étuve bouillante pendant 12 heures exactement : on laisse refroidir et on pèse.

On multiplie le résultat par 10.

Avant la pesée, lorsqu'on retire le cristallisoir de l'étuve, on doit s'assurer qu'il ne reste pas au fond quelques gouttes d'eau protégées par la matière grasse : cela n'arrive jamais si l'opération a été conduite avec soin.

L'opérateur devra procéder à un grand nombre de dosages

sur des beurres purs et sur des mélanges préparés par lui-même avec des proportions variables de graisses étrangères, non seulement pour se familiariser avec la pratique du dosage, mais pour obtenir une base d'appréciation pour les recherches qu'il devra faire sur des beurres de composition inconnue.

Nota. — Dans la méthode de Hehner-Angell modifiée par Dalican, la saponification a lieu à chaud, en présence d'alcool, de même que dans le procédé de Reichert-Meissl pour le dosage des acides volatils : la saponification par la potasse saturée à froid indiquée par M. Müntz est beaucoup plus rapide et plus facile.

Les chiffres donnés par le procédé Hehner sont pour les beurres purs de 85 à 88,5 pour 100 d'acides gras fixes, 95,5 pour les margarines, suifs et saindoux. Les huiles végétales donnent un chiffre compris entre 95 et 96.

DÉTERMINATION DU NOMBRE DE SAPONIFICATION (*chiffre de Kœttstorfer*). — Le chiffre de Kœttstorfer est le nombre de milligrammes de potasse (KO HO ou KHO) nécessaire pour saponifier 1 gramme de graisse débarrassée de l'eau et des matières insolubles.

Ce chiffre est plus élevé pour le beurre, qui contient des acides volatils à poids moléculaires faibles à côté des acides gras fixes, que pour les graisses qui ne contiennent guère que des acides fixes à poids moléculaires élevés.

Le renseignement donné par cette méthode ne peut suffire pour conclure, mais il est très facile à obtenir et possède à titre de recherche préliminaire une grande valeur.

Pour l'appliquer, on mélange à 1 litre d'alcool à 96° environ 75 centimètres cubes de lessive de potasse à 45°

Baumé, ou bien on dissout 30 à 40 grammes de potasse caustique dans un litre d'alcool.

On laisse déposer, puis on filtre dans un flacon à col étroit que l'on bouche ensuite au caoutchouc.

Ce réactif doit être préparé suivant le besoin car il ne se conserve pas bien.

On prépare ensuite de l'acide chlorhydrique demi-normal que l'on titre directement comme il est indiqué page 32, 3°, ou indirectement par rapport à une liqueur alcaline titrée.

On place ensuite 3 à 5 grammes de beurre fondu filtré dans une fiole de 125 grammes avec 25 à 50 centimètres cubes de solution alcoolique de potasse : on prépare une fiole témoin, contenant *le même volume* de potasse alcoolique seule ; on couvre les fioles avec des verres de montre et on les chauffe au bain-marie jusqu'à limpidité complète. Lorsqu'elle est obtenue on chauffe encore un quart d'heure, puis on ajoute dans chaque fiole quelques gouttes de phtaléine du phénol en solution alcoolique à 1 pour 100, et on titre au moyen de l'acide chlorhydrique demi-normal. Soient N le volume d'acide employé par la fiole témoin, n le volume employé pour la fiole contenant le corps gras,

$$(N-n)\ 28,05$$

sera le poids de potasse en milligrammes absorbés pour la saponification de la prise d'essai ; en divisant le poids en milligrammes par le poids en grammes de la prise d'essai, on aura le chiffre de Kœttstorfer.

Le beurre pur donne 221 à 232, en moyenne 227. Les autres graisses animales (margarines, suifs, etc.) donnent 195 à 196.

Les huiles applicables à la falsification du beurre donnent de 190 à 196.

DÉTERMINATION DE L'INDICE D'IODE. — Le chiffre de Hübl peut quelquefois donner des renseignements utiles : il varie pour le beurre de 26 à 35, pour l'oléomargarine et le saindoux de 55 à 58, pour les suifs de 35 à 37 ; cette dernière différence est peu sensible ; mais pour les huiles le chiffre d'iode est toujours supérieur à 80 et souvent à 100. On comprend le parti que l'on peut tirer de sa détermination dans le cas de falsification par des huiles.

On le déterminera comme nous l'avons indiqué pour les huiles (page 412) soit sur le beurre fondu filtré et alors on aura directement le chiffre, soit sur les acides gras fixes ; dans ce dernier cas le résultat trouvé devra être multiplié par le *taux d'acide gras fixe* fourni par l'analyse, et non par le facteur 0,955 qui ne se rapporte qu'aux huiles.

3. Recherche spéciale des huiles végétales.

Lorsque l'analyse a démontré l'addition au beurre d'une graisse étrangère, il est utile de rechercher si elle est d'origine végétale. Les procédés suivants permettent cette détermination ; le premier est cependant plutôt un procédé préliminaire.

Procédé de M. Brullé. — Dans un tube bouché on introduit 12 centimètres cubes de beurre filtré et 5 centimètres cubes de solution alcoolique de nitrate d'argent ($2^{gr},5$ de nitrate d'argent cristallisé dans 100 centimètres cubes d'alcool absolu), on mélange par agitation et on plonge le tube dans un bain-marie bouillant : on compare la teinte du mélange avec celles que donnent des types de beurres fraudés préparés.

En présence d'huile de *coton*, le masse noircit ; s'il y a de l'huile d'*arachide*, elle devient rouge-brun puis verdit en perdant sa transparence ; elle est rouge-brun foncé, s'il y a de l'huile de *sésame* ; enfin les huiles de colza et d'œillette produisent une coloration vert jaune et un trouble dans le liquide.

Procédé de M. Milliau. — Ce procédé donne des indications plus nettes que le précédent ; mais il nécessite la saponification du beurre et l'extraction des acides gras.

On chauffe à 110° 25 à 30 centimètres cubes de beurre fondu et filtré ; puis on y ajoute lentement un mélange de 20 centimètres cubes d'alcool à 95° avec autant de lessive de soude à 36° Baumé ; on fait bouillir, et dès que la masse est devenue limpide et homogène, on ajoute 150 centimètres cubes d'eau distillée chaude et on continue à faire bouillir pour chasser tout l'alcool. On déplace alors les acides gras par l'acide sulfurique au dixième, jusqu'à réaction acide, et on les recueille immédiatement à l'aide d'une petite cuiller de platine ou de verre ; on les lave en les agitant dans un tube à essai avec deux ou trois fois leur poids d'eau distillée, puis on fait égoutter l'eau et on les partage en deux portions à peu près égales.

La première est placée dans un tube à essai de 9 centimètres de long et de 2,5 centimètres de diamètre ; on y ajoute 15 centimètres cubes d'alcool à 92° et 2 centimètres cubes de solution de 3 parties de nitrate d'argent dans 100 d'eau.

On place le tube à l'abri de la lumière dans un bain-marie à 90° et on laisse évaporer au tiers ; on ajoute alors 10 centimètres cubes d'eau distillée, on continue à chauffer quelques instants puis on observe les acides insolubles qui surnagent : s il y a de l'huile de *coton*, les acides gras sont colorés en noir par un précipité miroitant d'argent métallique.

La deuxième moitié des acides gras est portée à l'étuve à 105° après avoir été bien égouttée ; lorsque l'eau est à peu près complètement éliminée, et que les acides gras commencent à fondre, on les verse sur la moitié de leur volume d'acide chlorhydrique pur, dans lequel on vient de faire dissoudre à froid et jusqu'à saturation du sucre finement pulvérisé, et l'on agite vivement le tube à essai ; la présence de l'huile de *sésame* est toujours nettement indiquée par la coloration rose ou rouge que prend la couche acide.

§ 3. Fromage.

Lorsque l'analyse du fromage doit renseigner sur sa valeur alimentaire et sur sa qualité (fromage maigre ou fromage gras), il suffit de déterminer l'eau, la matière grasse, les cendres, le sel marin et par différence la caséine. On recherche également l'acide borique.

Dans certains cas, il sera bon d'examiner la matière grasse, considérée comme *beurre*, pour vérifier si le fromage n'a pas été fabriqué avec du lait écrémé, additionné d'huiles végétales et réémulsionné avant la mise en présure. On appliquera à cette étude les moyens indiqués dans le paragraphe précédent.

On peut également se proposer d'examiner le fromage au point de vue de ses transformations successives ; on devra alors déterminer, outre les éléments indiqués plus haut, la caséine solubilisée pour en déduire le *rapport de maturation* et l'ammoniaque libre ou combinée.

Enfin l'étude des acides volatils doit être entreprise dans les recherches scientifiques dont le fromage est l'objet [1].

Dosage de l'eau. — On prélève un échantillon moyen de fromage débarrassé de la croûte, d'un poids de 30 grammes environ ; on le triture au mortier de manière à le rendre homogène, ou bien on le découpe en minces lanières que l'on hache en tous sens.

On en pèse 4 ou 5 grammes que l'on broie au mortier avec 20 grammes de sable de Fontainebleau calciné, lavé aux acides et calciné de nouveau ; puis on introduit le mélange dans le tube de l'appareil de M. Duclaux (fig. 80) débarrassé des éponges.

On nettoie le mortier et le pilon avec une partie du sable que l'on a réservée, et que l'on introduit ensuite dans le tube. La dessiccation a lieu comme pour le beurre.

Dosage de la graisse. — On lave le tube contenant la matière sèche à l'éther anhydre ou au sulfure de carbone, comme il est dit pour le beurre ; on sèche ensuite et la perte de poids fait connaître la quantité de matière grasse.

Dosage des cendres et du sel marin. — On calcine 10 grammes de fromage dans une capsule de platine tarée, dont le fond est protégé du contact de la flamme par un bloc de terre cuite ; ou bien on chauffe la capsule par ses bords au moyen d'un bec de Bunsen tenu horizontalement.

On pèse les cendres, puis on les traite par l'eau et on détermine dans la solution le sel marin par un titrage au

---

1. Nous renverrons pour cette étude aux excellents ouvrages de M. Duclaux, *Le Lait*. (Bibliothèque scientifique contemporaine, J.-B. Baillière et fils, Paris) et *Principes de laiterie*, (Paris, Armand Colin et Cⁱᵉ.)

moyen de la liqueur décime de nitrate d'argent en présence du chromate jaune de potasse.

Caséine. — La différence entre 100 et la somme du taux d'eau, de matières grasses et de cendres est complétée comme caséine, aucun procédé ne permettant de la doser directement.

Acide borique. — On recherche l'acide borique comme il a été indiqué pour le beurre.

Caséine filtrable au travers de la porcelaine. — M. Duclaux indique de broyer au mortier 10 grammes de fromage en y ajoutant peu à peu de l'eau de façon à en faire une masse pulpeuse et homogène, qu'on étend ensuite à 100 centimètres cubes.

On connaît le poids des matériaux insolubles : caséine et matière grasse ; on sait donc combien il y a d'eau dans le volume total : c'est une approximation qui suffit dans le cas actuel.

On plonge dans le mélange une bougie Chamberland en porcelaine dégourdie dans laquelle on fait le vide au moyen d'une pompe pneumatique ou d'une trompe, de manière à recueillir 30 à 40 centimètres cubes de liquide filtré ; on en évapore 10 centimètres cubes dans une capsule tarée, au bain-marie, puis on dessèche à 105°.

On pèse le résidu ; on le calcine à basse température et on déduit le poids des cendres du poids du résidu.

La matière organique ainsi déterminée est comptée comme caséine filtrable : le rapport de son poids au poids total de la caséine est le *rapport de maturation*.

Le reste du liquide filtré est employé au dosage de l'ammoniaque libre (par distillation simple) et de l'ammoniaque combinée (en déplaçant celle-ci du résidu de la première distillation par la magnésie).

L'ammoniaque et les sels ammoniacaux varient dans le même sens que le rapport de maturation.

Composition de quelques types de fromages

(d'après M. Duclaux).

| | GRUYÈRE | CANTAL | | HOL-LANDE | ROQUE-FORT | BRIE |
		vieux	très vieux			
Eau.	36,00	36,26	50,68	35,37	38,84	50,05
Matière grasse.. . .	29,29	34,70	28,31	24,72	35,18	27,04
Caséine.	30,84	24,59	16,01	34,12	20,00	19,34
Sel marin.	0,57	2,23	5,00	2,89	4,21	2,67
Cendres.	3,30	2,22		2,90	1,77	0,90
	100,00	100,00	100,00	100,00	100,00	100,00
Caséine filtrable. . .	4,33	13,61	11,52	8,43	8,81	6,51
Rapport de maturation	0,14[1]	0,56	0,72	0,25	0,44	0,34
Ammoniaque par kgr.	0ᵏ77	9ᵏ00	29ᵏ01	0ᵏ95	5ᵏ80	5ᵏ4
Acide butyrique. . .	2,5	»	»	1,5	2,1[2]	»

NOTA. — Les fromages à pâte molle, frais, contiennent souvent du lactose, que l'on peut déterminer comme il est indiqué à propos du beurre et du lait.

[1]. Ce rapport est le plus faible que M. Duclaux ait rencontré dans les gruyères.

[2]. L'acidité est comptée en acide butyrique, quoique ce soit de l'acide valérianique en majeure partie.

APPENDICE.

§ 1. Analyse de l'air.

La composition de l'air envisagée au point de vue de ses deux constituants les plus importants a été déterminée avec précision par Dumas et Boussingault : ils ont établi que l'air atmosphérique est essentiellement formé de

$$20,96 \text{ volumes d'oxygène.}$$

et

$$79,04 \text{ volumes d'azote.}$$

Mais à côté de ces éléments qui forment la grande masse de l'air, existent des corps qui jouent dans la vie végétale et animale un rôle des plus importants, quoique leur quantité soit assez petite pour échapper aux mesures gazométriques.

Ce sont principalement la vapeur d'eau, l'acide carbonique, l'ammoniaque, l'ozone, l'argon, les corpuscules organisés, etc.

Le dosage et l'étude des variations de ces corps sont du ressort des observatoires spéciaux qui consacrent leurs travaux à l'étude de la physique du globe[1].

1. Nous renvoyons pour ces questions aux travaux de M. Schlœsing (dosage de l'ammoniaque aérienne), de MM. Müntz et Aubin (dosage de l'acide carbonique), de M. Schlœsing fils (dosage de l'argon). Ces méthodes sont décrites avec détail dans le *Traité d'analyse des matières agricoles de M. Grandeau* (3ᵉ édition, 2 vol. Paris.) Je renverrai également à cet excellent ouvrage pour la description de

§ 2. **Liqueur hydrotimétrique** (Courtonne).

On prépare rapidement une liqueur hydrotimétrique très stable par le procédé suivant ; on mélange :

> 30^{cc} huile d'amandes douces.
> 10^{cc} lessive de soude à 36° Baumé.
> 10^{cc} alcool à 95°.

On chauffe dix minutes au bain-marie bouillant, on ajoute 900 centimètres cubes d'alcool à 60° Gay-Lussac, on laisse refroidir à 15° et on complète à 1 litre avec de l'alcool à 60°.

§ 3. **Dosage des acides libres dans les superphosphates.**

On pèse 5 grammes de superphosphate que l'on place dans un mortier de verre : on traite par 20 centimètres cubes d'alcool à 90°, et l'on agite la matière au moyen du pilon, mais sans la broyer.

On décante ensuite l'alcool sur un petit filtre disposé sur une fiole jaugée à 250 centimètres cubes ; on répète trois fois ce traitement, puis on broie finement la matière et on continue à l'épuiser par l'alcool jusqu'à ce que le liquide de lavage ne soit plus acide.

On complète le volume avec de l'alcool, on rend le liquide homogène, on filtre et on prélève deux volumes de 100 centimètres cubes (ou moins), que l'on évapore à douce chaleur pour chasser l'alcool. On reprend par l'eau, on filtre et dans les liquides filtrés on dose l'acide phospho-

l'appareil et de la méthode de M. L. Mangin, servant à l'extraction et à l'analyse de l'atmosphère des sols.

rique par précipitation au moyen de la mixture magnésienne (page 61) et l'acide sulfurique par précipitation au moyen du chlorure de baryum acidulé par l'acide chlorhydrique (page 237).

§ 4. Dosage de la potasse dans le sulfocarbonate de potassium.

Le sulfocarbonate de potassium peut être additionné du sel correspondant de sodium, ce qui ne diminue en rien sa valeur comme insecticide, mais bien sa valeur comme engrais ; il y a donc lieu de doser la potasse dans ce sel.

On place 10 centimètres cubes de sulfocarbonate à essayer dans une capsule de porcelaine de 10 centimètres de diamètre recouverte d'un entonnoir d'un diamètre un peu moindre ; on ajoute par petites portions de l'acide chlorhydrique jusqu'à cessation d'effervescence, puis on fait bouillir pour chasser l'acide sulfhydrique ; on lave ensuite l'entonnoir et on évapore à sec le liquide et les eaux de lavage. On reprend par l'eau et on étend à 100 centimètres cubes ; on filtre, et sur 20 centimètres cubes du liquide filtré, on dose la potasse au moyen du chlorure de platine (pages 77 et 79) ou de l'acide perchlorique (page 83).

§ 5. Lumière jaune pour saccharimètres.

On emploie pour éclairer les saccharimètres à lumière jaune, un bec de Bunsen de fort calibre dans la flamme duquel est disposée une cuiller de platine que l'on garnit de chlorure de sodium préalablement fondu et solidifié.

M. F. Dupont indique, dans le *Bulletin de l'Association des Chimistes,* l'emploi d'un mélange de chlorure de sodium et de phosphate tribasique de soude, fondu dans une proportion voisine de leurs poids moléculaires : ce mélange fond plus facilement que le sel seul, ne décrépite pas et donne une très belle lumière d'un jaune étincelant qui est éminemment favorable aux observations saccharimétriques.

§ 6. Table des corrections à faire subir à la densité apparente des jus de betteraves par suite de la température.

(Décret du 23 juillet 1897.)

TEMPÉRATURE	A RETRANCHER DU DEGRÉ RÉGIE	TEMPÉRATURE	A AJOUTER AU DEGRÉ RÉGIE
—	—	—	—
0	0.20	16	0.02
1	0.19	17	0.05
2	0.18	18	0.07
3	0.17	19	0.10
4	0.16	20	0.12
5	0.15	21	0.15
6	0.14	22	0.17
7	0.13	23	0.20
8	0.12	24	0.22
9	0.11	25	0.25
10	0.10	26	0.28
11	0.09	27	0.31
12	0.07	28	0.34
13	0.05	29	0.37
14	0.02	30	0.40
15	0.00	31	0.43
»	»	32	0.46

TEMPÉRATURE	A RETRANCHER DU DEGRÉ RÉGIE	TEMPÉRATURE	A AJOUTER AU DEGRÉ RÉGIE
—	—	—	—
»	»	33	0.49
»	»	34	0.52
»	»	35	0.55
»	»	36	0.60
»	»	37	0.64
»	»	38	0.67
»	»	39	0.70
»	»	40	0.74

TABLES.

I. — Table des équivalents des principaux corps simples.

HYDROGÈNE = 1

Aluminium	13,75	Iode	126,85
Antimoine	122,0	Magnésium	12,0
Argent	108,0	Manganèse	27,5
Arsenic	75,0	Mercure	100,0
Azote	14,0	Molybdène	48,0
Baryum	68,5	Nickel	29,5
Bismuth	210,0	Or	98,5
Bore	11,0	Oxygène	8,0
Brome	80,0	Phosphore	31,0
Calcium	20,0	Platine	98,5
Carbone	6,0	Plomb	103,5
Chlore	35,50	Potassium	39,1
Chrôme	26,0	Silicium	14,0
Cobalt	29,5	Sodium	23,0
Cuivre	31,7	Soufre	16,0
Étain	59,0	Strontium	43,75
Fer	28,0	Uranium	60,00
Fluor	19,0	Zinc	32,50

II. — Table des facteurs pour le calcul des analyses.

SUBSTANCE CHERCHÉE		SUBSTANCE TROUVÉE	
Acide carbonique.	CO^2	CaO, CO^2 . .	0,440
— nitrique.	AzO^5	AzH^3	3,176
— —	AzO^5	Az	3,857
— phosphorique. . . .	PhO^5	$PhO^5Fe^2O^3$ . .	0,470
— —	PhO^5	$PhO^5Al^2O^3$ . .	0,582
— —	PhO^5	PhO^52MgO . .	0,640
— —	PhO^5	PhO^53CaO . .	0,458
— sulfurique.	SO^3	$C^2O^3, 3HO$ . .	0.635
— —	SO^3	BaO, SO^3 . .	0,343
— tartrique. . . .	$C^8H^6O^{12}$	SO^3	1,875
Alumine.	Al^2O^3	PhO^5, Al^2O^3 . .	0,418
Ammoniaque.	AzH^3	Az	1,214
Argent.	Ag	$AgCl$	0,753
Azotate de potasse	$KOAzO^5$	KO	2,146
— —	$KOAzO^5$	Az	7,221
— de soude. . . .	NaO, AzO^5	Az	6,071
Azote.	Az	AzH^3	0,823
—	Az	SO^3	0,350
Baryte.	BaO	BaO, SO^3 . .	0,656
Carbonate de chaux. . . .	CaO, CO^2	CaO	1,786
— —	CaO, CO^2	CO^2	2,273
— —	CaO, CO^2	SO^3	1,728
— de magnésie. . .	$2(MgO,CO)^2$	$PhO^5, 2MgO$.	0,757
— — . . .	$2(MgO,CO)^2$	MgO	2,100
— de potasse. . .	KO, CO^2	KO . . .	1,467
— de soude. . . .		NaO . . .	1,742
Carbone.	C	CO^2	0,273
Chaux.	CaO	$CaOSO^3$ . .	0,412
—	CaO	CO^2 . . .	1,273
—	CaO	$CaOCO^2$ . .	0,560
Chlore.	Cl	KCl	0,476

SUBSTANCE CHERCHÉE		SUBSTANCE TROUVÉE	
Chlore.	Cl	$NaCl$	0,607
—	Cl	$AgCl$	0,247
Chlorure de sodium.	$NaCl$	Cl	1,647
— de potassium.	KCl	Cl	2,101
— —	KCl	$KCl, PtCl^2$	0,305
Cuivre.	Cu	CuO	0,798
Fer.	Fe	FeO	0,778
—.	Fe	Fe^2O^3	0,700
— (protoxyde).	$2FeO$	Fe^2O^3	0,900
— (peroxyde).	Fe^2O^3	$2FeO$	1,111
— (protoxyde).	FeO	Fe	1,286
— (peroxyde).	Fe^2O^3	Fe	1,428
Magnésie.	MgO	$PhO^5, 2MgO$	0,360
Potasse.	KO	KCl	0,632
—	KO	KO, SO^3	0,541
—	KO	$KCl, PtCl^2$	0,193
—	KO	KO, Cl^2O^7	0,339
—	KO	Pt	0,478
Protéique (matière)		Az	6,250
Soude.	NaO	$NaCl$	0,530
Soufre.	S	$BaOSO^3$	0,137
Sucre de canne.	$C^{12}H^{11}O^{11}$	$C^{12}H^{12}O^{12}$	0,950
— —	$C^{12}H^{11}O^{11}$	CuO	0,430
— —	$C^{12}H^{11}O^{11}$	Cu	0,540
— de raisin.	$C^{12}H^{12}O^{12}$	CuO	0,453
— —	$C^{12}H^{12}O^{12}$	Cu	0,569
Sulfate de chaux.	CaO, SO^3	CaO	2,428
— —	CaO, SO^3	SO^3	1,700
— — hydraté.	$CaO, SO^3, 2HO$	CaO	3,071
— — —	$CaO, SO^3, 2HO$	SO^3	2,150
— de cuivre.	$CuO, SO^3, HO + 4Aq$	Cu	3,934
— de fer.	$FeO, SO^3, HO + 6Aq$	Fe	4,964
— —	$Fe^2O^3, 3SO^3 + 9Aq$	Fe	10,041
— de potasse.	KO, SO^3	KO	1,849

III. — Table des tensions maxima de la vapeur d'eau.

t	F (mm)	t	F (mm)
5	6,51	18	15,3
6	6,97	19	16,3
7	7,47	20	17,4
8	8,0	21	18,5
9	8,5	22	19,6
10	9,1	23	20,8
11	9,8	24	22,1
12	10,4	25	23,5
13	11,1	26	25
14	11,9	27	26,5
15	12,7	28	28,1
16	13,5	29	29,7
17	14,4	30	31,5

IV. — Table pour le dosage de l'azote en volume.

t	COEFFICIENTS	t	COEFFICIENTS
5	0,00162311	18	0,00155047
6	0,00161728	19	0,00154515
7	0,00161149	20	0,00153986
8	0,00160574	21	0,00153462
9	0,00160004	22	0,00152941
10	0,00159438	23	0,00152423
11	0,00158875	24	0,00151909
12	0,00158317	25	0,00151398
13	0,00157762	26	0,00150891
14	0,00157211	27	0,00150387
15	0,00156665	28	0,00149887
16	0,00156121	29	0,00149389
17	0,00155582	30	0,00148896

Usage de la table. — Dans les dosages d'azote en volume, le poids de ce corps est donné par l'expression :

$$P = V \frac{1}{1 + 0,003667\, t} \frac{H - F}{760}\ 1^{gr}252$$

V étant exprimé en centimètres cubes, P est exprimé en grammes. La table ci-dessus donne le facteur

$$\frac{1,252}{(1 + 0,003667\, t)\, 760}$$

Il suffit donc de multiplier le coefficient correspondant à la température t par le volume et par le terme H-F, H étant la hauteur barométrique ramenée à 0

$$H = H' \frac{5550}{5550 + t'} (1 + 0,00001879\, t')$$

(H′ hauteur lue sur une échelle de laiton à la température t')

et F la tension maxima de la vapeur d'eau à t, donnée par la table III.

TABLE DES MATIÈRES

DEUXIÈME PARTIE.

TROISIÈME PARTIE.

ANALYSE DES SOLS ET DES ROCHES.

QUATRIÈME PARTIE.

EAUX.

CINQUIÈME PARTIE.

ANALYSE DES MATIÈRES VÉGÉTALES ET ANIMALES. MÉTHODES GÉNÉRALES.

SIXIÈME PARTIE.

PRODUITS VÉGÉTAUX ET ANIMAUX.

APPENDICE.

TABLES POUR LE CALCUL DES ANALYSES.

—————

TABLE ALPHABÉTIQUE.

TABLE ALPHABÉTIQUE

ERRATA

Page 7, fig. 6, *lire :* B entrée du gaz, A sortie du gaz.

76, ligne 1, *au lieu de* § 1 et 3 et chapitre III, *lisez* A p. 258, B p. 265, C p. 266.

77, ligne 5, *au lieu de :* très facilement acide, *lisez* très faiblement acide.

80, ligne 17, *au lieu de :* consistance simpeuse, *lisez* consistance sirupeuse.

— ligne 23, *au lieu de :* chloroplatine de soude, *lisez* chloroplatinate de soude.

84, ligne 9, *au lieu de :* poids de la potasse, *lisez* taux de la potasse.

99, ligne 27, *au lieu de* figure 48, *lisez* figure 60, p. 331.

102, ligne 14, *au lieu de* on détruit, *lisez* on déduit.

151, ligne 13, *au lieu de* sodée, *lisez* rodée.

184, ligne 6, *au lieu de* capacité, *lisez* compacité.

226, ligne 10, *au lieu de* figure 48, *lisez* figure 50.

270, ligne 1, *supprimer :* pour le premier cas les expressions ci-dessus deviendraient 10 $(n - 20) \times 0^{mgr},315$, etc.

288, avant ligne 1, *ajouter :* légèrement le robinet. On agite et le liquide s'éclaircit presque immédiatement. On ouvre alors le robinet pour faire tomber tout le mercure.

CHARTRES. — IMPRIMERIE DURAND, RUE FULBERT.